ペットへの愛着

人と動物のかかわりのメカニズムと動物介在介入

著者
Henri Julius, Andrea Beetz, Kurt Kotrschal,
Dennis Turner, Kerstin Uvnäs-Moberg

監訳
太田光明
東京農業大学 農学部 教授

大谷伸代
麻布大学 獣医学部 講師

緑書房

German language version: Bindung zu Tieren - Psychologische und neurobiologische Grundlagen tiergestützter Interventionen
Authors: H. Julius, A. Beetz, K. Kotrschal, D.C. Turner, and K. Unväs-Moberg

English language version: Attachment to Pets - An Integrative View of Human-Animal Relationships with Implications for Therapeutic Practice
Authors: H. Julius, A. Beetz, K. Kotrschal, D.C. Turner, and K. Uvnäs-Moberg

Copyright © 2014 Hogrefe Verlag GmbH & Co. KG Göttingen

Japanese translation rights arranged with Hogrefe Verlag GmbH & Co. KG, Göttingen, Germany through Tuttle-Mori Agency, Inc., Tokyo

Hogrefe Verlag GmbH & Co. KG 発行の Bindung zu Tieren（英語版タイトル；Attachment to pets : an integrative view of human-animal relationships with implications for therapeutic practice）の日本語に関する翻訳・出版権は株式会社緑書房が独占的にその権利を保有する。

Attachment to Pets

An Integrative View of Human–Animal Relationships
with Implications for Therapeutic Practice

Henri Julius, Andrea Beetz,
Kurt Kotrschal, Dennis Turner,
& Kerstin Uvnäs-Moberg

序にかえて

■生物学と心理学を結びつける新分野への科学的アプローチ

　古えから続く人とペットとの共生関係は、近年における臨床分野での動物介在療法の急成長を特徴とする新たな局面に入った。動物介在療法は、子ども、青年、成人の情動表出の制御、社会的技能、健全な精神的成長をサポートし、その実現のために人とペット（主に哺乳類）との感覚的な理解を利用する。この取り組みの効果を評価することに特別な知識は必要ない。例えば家に帰る道を見つけようとした"名犬ラッシー"に憧れたり、"ナナ（ピーターパンの映画に出てくるダーリング家の子ども達の子守役のペット）"が自分の眠りを守ってくれることを願ったりする子ども達に聞いてみるといいだろう。これらは、子どもと動物との特別な絆（Bond）を賞賛する物語のうちのわずか2つにすぎないが、動物との交わりは単に楽しみをもたらすだけではなく、我々の情緒的健康や快適な暮らしまでも促進するということは純然たる事実である。

　本書では、この新しく重要な研究について、前述の基本的な概念を超えてその理由を科学的に分析する。何が、異なる種間で親密な絆を築き、動物が人に対する治療効果を持つことを可能にさせるのだろうか。本書の著者達は、生物学者と心理学者の協力、そして彼らの洗練された生物学的知識と心理学的知識の統合（Integration）を説明している。この統合は、人と動物による治療のための包括的な科学的根拠、また、新しい治療介入の開発、導入、評価を促進する基礎を構築している。

　本書は動物行動学の古典的枠組みの観点からまとめられている。動物行動学は Niko Tinbergen、Konrad Lorenz、Robert Hinde といった偉大な動物学者によって確立された、行動の生物学的本質を研究する分野であり、Tinbergen は「行動的現象を完全に理解するためには、①生殖適応度や自然淘汰に関する適応機能、②進化史、③行動の発達、ならびに④生産・管理に必要な生理学的・心理学的機構といった4種類の因果関係に取り組まなければならない」と提案している。動物行動学的アプローチは、人と動物の関係（Human-Animal Relationship）を含む人の経験の複雑性と生物学的遺産という異なる分野の橋渡しを可能にする。

　この著者達は、人と動物の関係に関連する広範なトピックからの重要な構成概念、理論、および最新の研究結果を説明している。例えば社会生物学分野では、適応機能や排他的な絆の普遍性についての仮説が提示されている。一般的に、永続的な絆や関係は他者からの注目や資源を個人に独占させ、競争相手を拒絶することによって生殖適応度を促進する。心理学的相互依存や利他的行為の構成要素は、競争的過程に起源を発する。社会生物学的観点からいうと、人と動物の絆の構築はほぼ不可能であるが、それらはパートナー間の互いの利益のために疑いもなく選択されてきた。自然

淘汰は、両種の利益のために人の意図的な淘汰によって増大されてきた。著者達が指摘するように、犬の品種は独占的関係を構築する能力を多様にするために開発されてきた。例えば"使役犬"および"猟犬"は、多くの所有者を受け入れなければならないのに対して、侵入者を撃退する"番犬"は、非常に排他的でなければならない。

人と動物の絆（Human-Animal Bond）、あるいはすべての永続的な絆の構築の可能性は、"犬と共通の"我々の遠い祖先に由来する脳の特徴と機能に基づく。ホルモンを生成し社会的行動とストレスへの反応を制御する前脳や中脳に、系統発生学的に古いネットワーク部位を共有している。研究によって明らかになってきているが、社会的関係は動物の日常のストレスやその緩和、対処のために不可欠な相互制御機構でもある。さらに我々は、親子間、配偶者や他の社会的パートナー間、そして人とそのペット間といったすべてのタイプの社会的絆に不可欠な"潤滑油"と考えられている神経ペプチド「オキシトシン」をペットと共有するようである。オキシトシンは、中枢神経系に受容体を有し、分娩および授乳における役割に加えて、重要な社会的機能を果たす。これらは、さまざまなパートナーへの近接および社会的相互作用の促進、不安の軽減や落ち着きの誘発、痛みの閾値の上昇を含む。特にオキシトシンは、撫でること、皮膚と皮膚が接触すること、場合によっては注視することによっても、人と動物の両方において放出される。この効果は、人と信頼するペットの間でより高められる。

人の愛着や養育から生まれる絆の科学的研究は、動物行動学にも起源を持つ。愛着理論は、精神分析医のJohn Bowlbyによって1960年代および1970年代に最初に提案され、Mary Ainsworthによって、"nature of the child's ties（子どもの絆の本質）"の科学的基盤をもたらすために実験的に扱うことができるようになった。この理論から派生した50年以上の研究により、幼年期や生涯を通じての「愛着」が動物行動学的に十分確立され、Bowlbyによって取り入れられた構成概念である「神経行動学的システム」に基づいていることが広く理解されている。Bowlbyが推測し、SolomonとGeorgeが詳説した、相互適応した「養育行動システム理論」は、先の動物行動学的システムに同様に基づいている。この行動システムとは、重要な適応機能を持つ目標に対してその行動を柔軟に体系化するというものである。愛着について言えば、仮定される内的目標は"安全であると感じること"であり、特定の養育者への近接の維持によって達成される。養育について言えば、目標は"子どもが安全であると感じる"ことであり、通常は子どもへの近接によって達成され、必要ならば子どもを探すことによって達成される。前述の脳の経路は、これらの行動システム

の重要な役割を果たす。

　著者達は、「なぜ動物との絆が、人間同士でも得ることのできない潜在的な治療効果を持つのか」といったことも含めて、人と動物の絆を解明するために、これまで進められてきた人に関する愛着および養育についての研究を考察している。現代の愛着理論は、人の愛着・養育関係が二者相互作用の歴史と親と子どもの相互作用の心的表象（内的ワーキングモデル）の両方をどのように反映するかについての研究を進めてきた。心的表象は行動効率と関係の安定性を促進するが、それらは行動の柔軟性の欠如と不適応ももたらす。これは、虐待された経験のある子どもが新たに出会った教師、友人、配偶者との関係にも虐待や放棄を予想する場合のように、親子関係における子どもの表象が新しい関係に広められる時に生じる。著者達は、人をパートナーとして求めているペットは認知的複雑性が不足している部分はあるが、人の関係性の構築に適しており、子どもや成人へ過去の経験の"打破"をもたらし、重大な心理的変化を与えることを示唆している。

　本書によって達成している生物学的・心理学的領域からの知識の統合は、異なる専門分野間のコミュニケーションを改善したり、新しい種類の研究や仕事を生み出したりすることに大きな可能性を持っている。例えばそれは、「どのように動物の関係表象モデルを評価するのか？」、また「どのようにして人の認知特性がペットの行動を導くのか？」、「これらの関係の治療効果を改善するために、特定の人の要求と動物の能力とを一致させることができるのか？」、「ある動物との交流中に、特定の疾病の症状を示す子どもまたは成人を観察することによって、人の行動障害について何か学ぶことがあるのか？」といった問題である。本書で成し遂げられる統合は、人間同士の関係に焦点を当てている人々にとっても同じ価値を持っている。人の絆の生物学的基礎を構築するにあたって、これよりも有効なものや省略する手段はない。

　生物学者と心理学者による協力がいかに有意義なものであるかということは、過去の経験から明らかである。本書が近い将来、両方の分野への重要な影響を持つことが出来ると期待するのは至極当然である。

Judith Solomon
Oakland, CA, March 2012

■動物の福祉問題についてではなく、動物の愛着過程についての書籍

　人は、若干の例外はあるものの、ペットを愛している。愛情の科学的な特徴を分析することは本書のテーマであるが、ペットが死ぬ時にほとんどの飼い主が感じる強い悲しみを否定することは誰にもできない。人と比べたペットの寿命を考えれば、そのような悲しみから逃れることはほぼ不可能と言ってよいだろう。人と人との相互関係の形成には、幼少期における動物とかかわった経験が大きな役割を持つことは以前から知られているが、その確立に必要な条件については議論が続けられている。当初は、愛着の確立は内因性の成長過程により形成されるという見解であった。いわゆる臨界期は、はっきりとした境界を持つと見なされてきた。しかしながら、鳥類の刷り込み（imprinting）に関する研究によって、これらの見解は修正された。刷り込みという言葉によって強く暗示される1回限りの過程という概念は、間違いであることが示されただけではなく、学習過程が起こる期間は考えられていたより適応性があることが判明した。例えば、動物の経験を制限させることで、影響を受けやすい時期を伸ばせることが分かり、ゆえに"臨界期"という用語は、"感受期"という言葉に置き換えられた。

　考え方の変化によって競争的排除の概念が生まれたが、これは、「動物が1人の相手を好むようになると、その他の容易に識別できる潜在的対象を好む可能性は確実に低下する」というものである。これらの考えは、犬と猫の研究にも応用されており、犬の場合、人との触れ合いが社会化の効果的な手段となる期間は、子犬が固形食を食べ始める後にまで及ぶ。接触の正確な量は重要ではなく、早い時期からのわずかであっても頻繁な触れ合いが、絆を構築する効果的な方法である。もしもそれが出来ない場合、離乳後にさらに多くの接触が必要となるが、接触をあまり遅くまで（おおよそ生後12週以降）伸ばし過ぎると、その子犬がよいペットになる可能性は低いだろう。特別な状況下では、生後早期に人への社会化がなされなかった犬であっても、後に人の伴侶に対して深い愛着を感じる可能性はある。しかしそれは慢性のストレスを経てのことである。

　これらの全般的な結論は、猫にも当てはまる。長年、妻と私は純血種の猫を小規模で繁殖させてきた。6頭またはそれ以上の同腹子が生まれた場合、一部の子猫、特に最後に生まれた子猫は非常に小さかった。これらの小さな子猫は、よい乳頭を得るために大きな兄弟姉妹との争奪戦で苦労していた。このような場合、我々夫婦はシリンジを用いて人工乳を与えた。彼らはシリンジによる授乳にすぐに慣れたため、我々はプランジャーを押す必要がなかった。子猫達はだんだんと活発に行動し始め、我々が近づくとケージから出てきて、追加のフードを求めて愛らしく鳴くようになった。当然のことながら、後年これらの子猫達は、素晴らしいペットになった。

人と動物との関係においては、動物よりも人側に変わった行動を呼び起こすことがある。一部のペットの飼い主は、歩行困難、てんかん発作、心疾患、眼の奇形、呼吸困難、皮膚の感染症、誤った繁殖から生じる多くの形態異常や健康障害を持つ動物の世話を積極的に行う。決してすべてのブリーダーではないが、一部のブリーダーにとって犬や猫の繁殖の目的は彼らの動物がショーで成功することにある。一方、その他の人々は、ブリーダーが育てた品種に心を奪われる。そして彼らが動物の健康または福祉問題に関心を持つということもこれらの変わった愛情の1つの表れである。ただし、人側のそのような行動が正当な行為であるかどうかは、別の問題である。

　しかしながら、本書は福祉問題についてではなく、人に多くの楽しみや助けを与えてくれる動物の愛着過程についての書籍であり、このような過程についての知識がどのようにすれば一般化されるのかについて述べられている。多くは、John Bowlby、Robert Hinde、Mary Ainsworth、その他大勢の研究者によって促された人の愛着形成から分かってきたものである。

　哺乳類の絆に必要なホルモン条件も明らかになってきており、人と動物との愛着形成においてはオキシトシンの重要性を理解することが中心となっている。このような知識によって、動物を人の治療に使用すること、また、人を助けることに活用することを見出せる。これらの進歩は、本書の核を成す部分であり、今後、大いに歓迎されることは言うまでもない。

Sir Patrick Bateson
Cambridge, UK, February 2012

執筆者一覧

Prof. Dr. Henri Julius lives in Berlin, Germany, and is currently Professor of Special Education at the University of Rostock, Germany. Henri Julius studied special education and psychology at the Universities of Oldenburg and Trier and was a research scholar at San Francisco State University and at the University of Hawaii at Manoa. He is well known for attachment-based interventions for behaviorally and emotionally disordered children, which he developed over the course of the last decade. His research interest in human-animal interactions as well as their neurobiological underpinnings has its roots in the work with these children.

Dr. Andrea Beetz is a psychologist and has been working as a researcher in the field of human-animal interactions and animal-assisted interventions for over 15 years, with a focus on attachment in human-animal relationships and a background in human attachment theory. She currently teaches and works at the Department for Special Education of the University of Rostock, Germany, and the Department of Behavioral Biology, University of Vienna, Austria. She is a board member of the International Association of Human-Animal Interaction Organizations (IAHAIO) and the International Society for Anthrozoology (ISAZ).

Prof. Dr. Kurt Kotrschal, Mag. rer. nat., is a professor in the Department of Behavioral Biology at the University of Vienna as well as Director of the Konrad Lorenz Research Station in Gruenau and co-founder and co-director of the Wolf Science Center in Ernstbrunn (all Austria). He qualified at the University of Salzburg, Austria, and completed research years at the University of Arizona, Tucson, AZ, USA, and the University of Denver, CO, USA. His research interests are comparative neurobiology, particularly of chemosensory systems, social complexity and cognition and, increasingly, human-animal relationships and their evolutionary foundations. He has published more than 200 peer-reviewed articles as well as several books.

Dennis Turner was president of the International Association of Human-Animal Interaction Organizations (IAHAIO) for 15 years and is now Delegate of the Board for European Issues. He is co-founder and secretary of the International Society for Animal-Assisted Therapy (ISAAT) and author, co-author, co-editor of journals, books, and numerous research articles in the field of human-animal interactions, especially with domestic cats.

Kerstin Uvnäs-Moberg, M.D., Ph.D., is recognized as a world authority on oxytocin. She lives in Djursholm, Sweden, and conducted her research at the Karolinska Institute in Stockholm as well as at the Swedish University of Agricultural Sciences in Uppsala. She is currently Professor of Physiology at the Swedish University of Agriculture in Skara and the University of Skövde. Kerstin Uvnäs-Moberg is the author of more than 400 scientific papers and several book, including *The Oxytocin Factor*. She has supervised 30 Ph.D. students and lectures widely in Europe and the US. Her work has been influential in a variety of fields, including obstetrics, psychology, animal husbandry, physical therapy, pediatrics, and child development.

ご　注　意

上記の各執筆者の所属等は、ドイツ語版「Bindung zu tieren」（2014 年）制作時のものです。予めご承知おきください。なお、本書はドイツ語版に先行して刊行された英語版を翻訳し発行しています。

監訳をおえて

　今から16年前（1999）、わが国の「ヒトと動物の関係学」（Anthrozoology）を立ち上げるために、麻布大学獣医学部で教育と研究を始めた。そのときは、"人が動物に癒される"のは当たり前である、とのいわば宗教に近い考えしかなかった。そして、厚生労働省科学研究費（「ひきこもり等の精神問題に対する精神的なアプローチに関する研究：動物介在療法及び音楽療法の臨床的な応用、2001-2003)の中間報告で、居並ぶ医学者の"動物の何が人の健康に影響を与えるのか？"との問いに納得のいく答えができなかったことを懐かしく思い出す。これは当時、動物介在活動／教育／療法（現在はこれらをまとめて「動物介在介入」と言う）が「科学」としての正しい情報があまりに乏しかったからに他ならない。

　このことは日本のみならず、この分野の先進国であるイギリスやアメリカでも同様であった。例えば、本書の主題である「愛着」という抽象的な「概念」を科学的に扱うことは、これまですべての研究者が避けてきたとしか思えないほど科学的な視点が欠けていた。私自身、「なぜ動物が人の心身の健康によい影響を与えるのか」を科学的に明らかにしない限り、動物介在介入は成り立たないことを十数年世界に向かって発信し、先頭に立って取り組んできた。本書の共著者であり、長年の友人であるデニス・ターナー博士（スイス）、アンドレア・ビーツ博士（ドイツ）、カート・コートショー教授（オーストリア）は、私のこうした話をいつも聞いてくれていた。

　その十数年にわたる思いが「ペットへの愛着～人と動物のかかわりのメカニズムと動物介在介入～」となって、ようやく結実した。科学として、間違いなく第一歩を踏み出した。本書のタイトルは「動物がなぜ人の健康によい影響を与えるのか～その科学的根拠！～」と言い換えてもよい。表や図が少なく、文章がほとんどである。難解な表現が多いが、少しでも分かりやすくするために再構成しつつ「正確」であることを優先させた科学書であることをあらためて述べたい。

　最後に、本書を勇気を持って出版し、また難解な和訳を編集していただいた緑書房の関係者に心から感謝したい。

2015年7月

東京農業大学　教授

太田光明

「愛着」という言葉を、新聞などのメディアで目にする機会が増えたなと思っていた頃、本書の日本語訳の話を受けた。愛着はもともと母子間で研究が始められたもので、成長後の人格や行動の形成に大きな影響を与えることが分かっている。著者紹介を見てもらうと分かるが、専門分野が全く異なる「その道のプロ」が、その愛着という幹に枝葉をつけたものが本書である。一般の共著書は、共著者がそれぞれの専門分野に対応する章を担当し、章ごとでの執筆者がある。つまり主題である幹から出る枝ごとに、似てはいるが少しづつ異なる葉や花が咲くというイメージである。ところが、本書はあえて全員で議論しながら書き進める形を取っている。従って、重複もしくは類似した内容・表現が時々見受けられるが、愛着という幹から出る枝全体に、「人と動物の関係」にかかわる少しづつ異なった葉や花が混じり合った状態を想像していただけるといいかもしれない。

　専門用語が多く、表現も難しいところがいくつか見受けられるが、出来るだけ原文を反映するようまとめたつもりである。また原書はもともとドイツ語で書かれた原稿を英語に翻訳し出版されたもので、それを今回日本語に翻訳したので、出版当時からさらに新たに愛着にかかわる研究結果が報告されている。この本を読んで「愛着」や「オキシトシン」に関心を持たれた方は、ぜひそういった最新の研究結果にも目を通していただきたい。

　最近は特になんらかの犯罪に関連して愛着という言葉を目にするようになったように感じる。本書を読めば、母子間の愛着関係はペットと人の間でも形成可能であることが理解いただけると思う。子どもの虐待など、早期介入を行わなければ連鎖が形成されることも明らかになっている。特に、これからの時代を担う一方、数も少なく取り巻く環境の変化も著しい今の子ども達の発達に、ペットなど動物との愛着を築いて有効に利用していくことが求められるのではないだろうか。

　本書は内容も難しいところがあり、翻訳から完成までかなり時間を費やした、難産でかつ手のかかる「子ども」だけに、完成した時の安堵感は言葉に表せない。本書が社会に出て、人とペット、親と子、そして人と人のよりよい関係の構築に少しでも役立つことを祈るのみである。

2015年7月

麻布大学　講師
大谷伸代

目　次

序にかえて　Judith Solomon ……………… 004

　　　　　　Sir Patrick Bateson ……………… 007

執筆者一覧 …………………………………… 009

監訳をおえて　太田光明 …………………… 010

　　　　　　　大谷伸代 …………………… 011

第1章
人と動物の不思議な関係　015

第2章
なぜ人は動物とかかわろうとする意志と能力があるのか　～進化生物学の観点から～　021

◇比較生物学者のアプローチ ………………… 021
　　なぜ人と動物は互いにかかわるのかという
　　　ことへの4段階アプローチ

◇人のバイオフィリアおよび動物への興味 ‥ 024
　　霊的な始まり
　　社会生物学的な背景

◇人と動物の関係の基本メカニズム ………… 026
　　人はどのように動物とのかかわりに引き込まれた
　　　のだろうか？～養育を引き起こす信号刺激～
　　脊椎動物における社会認識の類似点
　　他者の感情表現への社会化
　　ストレス対処
　　個性、気質、性格

◇家畜化による社会的認知の一致 …………… 042

◇どの伴侶動物か？ …………………………… 043

第3章
人と動物のかかわりによる健康、社会的交流、気分、自律神経系、およびホルモンへの効果　045

◇序章 …………………………………………… 045

◇健康へのプラス効果 ………………………… 046
　　一般的な健康への効果
　　心臓血管の健康

◇他者からの肯定的な社会的注目の改善と
　　社会的行動の刺激 ………………………… 054

◇学習の改善 …………………………………… 057

◇共感能力 ……………………………………… 057

◇恐怖と不安の軽減と落ち着きの促進 ……… 058

◇信頼および信頼性の増加 …………………… 059

◇前向きな気分と抑うつの軽減 ……………… 060

◇疼痛管理の改善 ……………………………… 061

◇攻撃性の軽減 ………………………………… 061

◇生理的効果 …………………………………… 061
　　自律神経系（心拍数、血圧、体温）への効果
　　内分泌反応～コルチゾール、エピネフリン、
　　　ノルエピネフリン～
　　免疫系への効果
　　オキシトシンへの効果

◇結論 …………………………………………… 065

第4章
関係性の生理学
～オキシトシンの統合機能～ 067

- ◆闘争・逃走反応、成長とリラクゼーション
  　反応・落ち着きと連結反応 ………… 067
- ◆オキシトシン作動系の化学的性質と形態 ……068
- ◆オキシトシン受容体 …………………………069
- ◆オキシトシン作動系の機能 ………………070
  - 動物へのオキシトシン投与効果
  - 人へのオキシトシン投与効果
- ◆臨床的障害 …………………………………073
- ◆動物におけるオキシトシン放出 …………073
  - 不快感を与えない刺激によって活性化される皮神経
  - 非侵害神経刺激の効果
  - オキシトシンと非侵害感覚刺激により誘発される
  　　効果との関連性
  - 血液循環による影響　vs.　脳内にもたらされる影響
- ◆人におけるオキシトシン放出 ……………076
  - 分娩中のオキシトシンの役割
  - 授乳中のオキシトシンの役割
  - 乳児の哺乳におけるオキシトシンの役割
  - 皮膚と皮膚の接触中および親密さにおける
  　　オキシトシンの役割
  - 哺乳や皮膚と皮膚の接触によって生じる
  　　オキシトシン効果の類似点と相違点
- ◆機能的結果の実例 …………………………080
  - 母親の能力の反映としてのオキシトシン濃度
- ◆母子間の一般的なオキシトシン効果 ……082
- ◆オキシトシンと人と動物のかかわり ……083

第5章
対人関係
～愛着と養育～ 085

- ◆序章 …………………………………………085
- ◆愛着と養育とは？ …………………………086
- ◆補説～行動システム～ ……………………086
- ◆行動システム～愛着と養育～ ……………087

- 愛着と養育の目標および機能（基準１）
- 行動システムの進化（基準２）
- 愛着と養育システムの活性化と失活化（基準３）
- 行動システムの相互作用（基準４）
- 愛着と養育システムの心的表象（基準５）
- 行動システムは目標修正的である（基準６）
- ◆愛着システム ………………………………093
  - 安定型愛着
  - 不安定回避型愛着
  - 不安定両価型愛着
  - 無秩序型愛着
- ◆養育システム ………………………………096
  - 柔軟性のある養育モデル
  - 不安定型愛着に関連する養育
  - 養育と無秩序な愛着
  - 愛着と養育システムの発達（個体発生）（基準７）
- ◆愛着と養育パターンの分布 ………………100
- ◆不安定型と無秩序型愛着パターンの影響
  　………………………………………………101
- ◆愛着および養育と社会的サポートとの関連性
  　………………………………………………102
- ◆親密な関係への愛着と養育の伝達 ………103
- ◆十分に発達した愛着と養育関係　vs.
  　安定した愛着を積極的に受け入れる姿勢
  　………………………………………………105

第6章
愛着および養育と
その生理学的基礎とのつながり 107

- ◆序章 …………………………………………107
- ◆愛着と神経内分泌学システム ……………108
  - 愛着とストレス系
  - 愛着とオキシトシン作動系
- ◆生理的反応パターンと養育スタイル ……123
  - 養育、ストレス系、オキシトシン作動系

第7章
人と動物の関係
～愛着と養育～　127

◇序章 ………………………………………… 127
◇人と動物の関係は、愛着関係として
　概念化することは可能か？ ……………… 127
　　一般化愛着関係は、人と動物の関係に
　　　伝達されるのか？
　　結論
◇人と動物の関係は、養育関係として
　概念化することは可能か？ ……………… 131
　　養育基準
　　一般化養育表象は、人と動物の関係に
　　　伝達されるのか？
◇愛着と養育行動との関連性 ……………… 134
◇人と動物の"不安定"で愛着のない関係 ‥ 134
◇愛着と養育～動物の要素～ ……………… 135

第8章
要素を結びつける
～人と動物の関係における
愛着と養育の生理学～　137

◇人と動物の関係における愛着の基礎を成す
　生理学的・内分泌学的パターン ………… 137
◇人と動物のかかわりの健康促進作用に
　対する説明 ………………………………… 139

第9章
治療への実用的意義　143

◇治療との関連 ……………………………… 143
　　社会的潤滑油としての動物～オキシトシンの役割～
　　療法士との安定型関係の重要性
　　人と動物のかかわりのプラス効果は、子どもと
　　　療法士との安定した関係を築くためにどのよ
　　　うに用いられるのだろうか？
◇動物介在介入の前提条件としての
　動物と療法士との関係 …………………… 146
◇セラピー動物の選択 ……………………… 147
◇人と動物にとっての動物介在介入の
　潜在的リスク ……………………………… 148
◇社会における伴侶動物の健康促進潜在力 ‥ 149

ボックス1	間脳と被蓋野社会的行動ネットワーク…027
ボックス2	行動的表現型……………………………028
ボックス3	社会脳仮説………………………………030
ボックス4	脳とその構成要素と社会的脳ネットワークに含まれる脳機構…………………032
ボックス5	知覚行為機構……………………………036
ボックス6	ストレス系………………………………040
ボックス7	動物介在療法、動物介在教育、動物介在活動、動物介在介入の定義……………055
ボックス8	絆と愛着…………………………………090
ボックス9	同化と調節………………………………095
ボックス10	発達精神病理学…………………………102
ボックス11	Ainsworth Strange Situation Test（ASST）…109
ボックス12	Trier Social Stress Test（TSST）……113
ボックス13	古典的条件付け…………………………118
ボックス14	Adult Attachment Interview and Adult Attachment Projective …………………121

■参考文献 ………………………………… 151
■索引 ……………………………………… 176

第1章

人と動物の不思議な関係

最初に、人がいかに動物と強い結びつきがあり、その関係がいかに不思議で、いかに人にとって有益なものであるかをいくつかの実話を用いて紹介しよう。

Pomaiという2歳の女の子が大都市に住んでいた。毎日、父親がベビーカーに乗せて散歩に連れて行くと、彼女はさまざまな風景と出会った。彼女はこれらの風景にはめったに反応しなかったが、Pomaiが鳩や犬を見た時にはとても興奮した。彼女は動物を指さし、父親に微笑みながら「ワンワン、ワンワン、ワンワン」や「鳥さん、鳥さん、鳥さん」と叫んだ。

Timという7歳の男の子は、遊戯療法を始める6カ月前に両親をヘロインの過剰摂取によって亡くした。治療を始めた最初の2カ月間、Timは他者をまったく受け入れなかった。彼は何が起こったのかを思い出すことはできたが、感情を失ったかのように見えた。療法士の犬のTotoがセッションに参加した時、彼は劇的に変化した。Timが部屋に入った時、Totoは熱烈に歓迎し、Timはうれしそうに反応した。彼は最初に犬を撫でてから抱きしめた。それまでセッション中に何も頼み事をしたことのなかったTimが、次回もTotoを連れて来てくれるよう療法士を説得した。次のセッション中、Timは犬を撫でたり抱きしめたりしてほとんどの時間を過ごした。ある時Totoが Timの頬を舐めると、彼は泣き始めた。彼はTotoを抱きしめ、両親の死について犬に語りながら30分ほど泣き続けた。次のセッション中、療法士はTimと信頼関係を築くことができ、死によるトラウマを克服させることができた。

EvaとOlleは結婚して20年になる。Olleは繊維工業の仕事で高い地位にあったが、10年早く退職した。一方、彼より10歳若いEvaは療法士として働き、いまだ活動的だった。彼女は長時間働き、旅行によく行った。Olleは退屈し、寂しさと虚しさを感じた。彼はいつも文句を言い、Evaが仕事を辞めて彼と一緒にもっと時間を費やしてくれるよう望んだ。Evaは悩んでしまった。なぜならEvaは仕事を愛していたので辞める気はまったくなかったからである。彼らの関係はぎくしゃくし、四六時中口論をするようになった。これらの問題を解決するため、彼らは子犬を買った。彼らは2人とも小さなシュナウザーをとても熱心に世話した。これによって、お互いの面倒見のよさや愛情面を見いだした。1年後、Olleは日中1人でいることを楽しみ、Evaを家にいさせようとすることはなくなった。しばらくして、犬に対する愛情のこもった彼の行動は彼のパートナーにも伝わり、彼らの雰囲気はより楽しいものとなった。

4年のうちに夫と2人の親友を亡くしたBray夫人の健康は悪化し始めた。歩行が困難になり、物忘れが激しくなった。彼女の3人の子どもと孫達は皆、他の町に住んでいた。彼女

は、76歳の誕生日に長女のPamの家に近い介護福祉施設に入居する決心をした。しかしすでに精神的に落ち込んでいたため、入所してから孤独感はさらに強まった。自分の家や古くからの近所の友達が恋しくなり、入所者と仲良くなることはなかった。ある日、大学の研究者達が入所者に会って実験について説明し、インコを飼って実験への参加協力をしてくれる人を募った。Bray夫人は、彼女の子ども達が幼少時にペットを飼っていたため実験に志願し、鳥を受け取ることになった。インコのFritziは彼女の生活を変えた。鳥の世話と鳥への語りかけをすることによって、彼女は誰かから必要とされることをどれだけ望んでいたのかに気付いた。朝の起床が楽になり、鳥に関する本を買うために外出さえするようになった。Bray夫人は他の鳥の飼い主と知り合いになり、小さな伴侶の健康、行動、食習慣について話した。Bray夫人は、Fritziのような小さな鳥がこれほど大きな喜びを彼女の人生に取り戻すことができたことに大変驚いた。

7歳の小学2年生のBillにとって朗読学習は困難であった。教師やクラスメートの前で朗読をするたびに失敗を覚悟した。彼の心臓の鼓動は早まり、緊張した。彼はたびたび文字を取り違えたりどもったりしたので、クラスメートは笑い、教師は首を振った。そしてBillは精神的ブロック（感情的要因に基づく思考・記憶の遮断）を経験した。彼はもはや一言も読むことができなくなった。そのうちにBillは家でも朗読の練習を拒むようになった。それから、Billは動物介在朗読プログラムに6週間参加した。教師やクラスメートの前で朗読をするのではなく、1日おきにScooterというセラピー犬に向けて物語を読んだ。BillはScooterに読み聞かせをする時、とても意欲的だった。学校でセラピー犬に会う前の夜はいつも、自分の持っている本の中からScooterに翌日読み聞かせる物語を選んだ。BillはScooterの隣に座り、犬を撫でながら朗読した。その結果、Billは落ち着き、もはや緊張しなくなった。それ以降、朗読に順調な進歩が見られた。

Paulineは学校が大好きな小学1年生だった。しかし、両親が学校はどうか尋ねても、Paulineは"うん"としか答えなかった。もっとたくさんの話を聞き出そうと、Paulineの父親は定期的に娘を乗馬に連れて行った。Paulineが馬に乗って父親が横を歩く間、彼女は自発的に前日に学校であったことを父親に話し始めた。

Connorは過去2年間を刑務所で過ごした25歳だった。郊外で育った彼はギャングに入り、ドラッグを売り、ある日、喧嘩をした。ナイフで相手に重傷を負わせたため懲役10年の判決を受けた。これが警鐘となり、Connorは刑務所内でのルールを何とか守ろうとした。そのため、ムスタング（野生馬）を穏やかにして、障がい者のための乗馬療法に適するよう訓練するプログラムへの参加が許された。彼は馬に接したことがまったくなかったが、Peppermintに初めて会った時この野生馬に深いつながりを感じ、信頼されるようやさしく訓練しなければならないことを悟った。Connorは短気で、Peppermintに対して大きな声を出したり攻撃的だったりしたため、突然の動き、聞きなれない音、見知らぬ物体を怖がらないようPeppermintに教えることは最初のうちは困難であった。しかしトレーナーのおかげで、Peppermintの恐怖心について学び、慣れない場所で馬を落ち着かせることができるようになり、自分自身の衝動も抑えることができるようになった。Connorは訓練後にPeppermintにブラシをかけたり、おやつをあげたりといった世話や、時にはPeppermintにただ寄りかかることが好きだった。仕事を持って一生懸命働くということは彼の今までの人生ではなかったにもかかわらず、数週間のPeppermintの世話は、彼にとってとても重要なこととなった。Connor

はこの先何年間も服役しなければならなかったが、一方でPeppermintは障がいを持った子ども達のための乗馬療法で働く訓練に移った。1カ月をともに過ごし、親しくなった友にさよならを告げなければならなかった時、Connorは涙を流した。

　37歳のJohnはウォール街で成功した多忙な株の仲買人で、妻と2人の子どもとともにニュージャージー州の持ち家で暮らしていた。彼は2年間一生懸命働いて住宅ローンを払い終えたが、家族と過ごす時間はほとんどなかった。ある日の帰宅途中、彼は強い胸の痛みで倒れた。心臓発作から回復するまで数週間かかった。ペットを飼い始めるのに適した時期とは思えなかったが、彼と彼の妻は娘の願いを叶えるため、保護施設からSpotというダルメシアンの雑種を引き取った。Johnは幼少時に犬を飼っていたにもかかわらず、Spotとともに過ごし、彼や子ども達と遊んだり、散歩をすることがこんなにも楽しいものだということに驚いた。しばらくして復職した（異なるポジションではあるが）が、彼は自分自身が以前よりリラックスしていることに気付いた。4カ月後、彼はSpotのトレーニングに関してより寛大になり、Spotがソファに上がることや、朝ベッドの足元に上がることさえ許した。定期的な通院の記録によると、Johnの健康は安定し、血圧は正常値近くになった。

　9歳のMarthaという女の子は、深刻な問題行動を示したため特殊教育に紹介された。Marthaは、両親が育児放棄および身体的虐待を行っていたため、児童養護施設に入所していた。彼女は仲間に対して攻撃的で、施設の職員や、特殊教育施設の中でもすべての大人を拒否した。特殊教育の教員の存在によってMarthaはますます殻に閉じこもってしまった。ある日、1人の教師がWillyという犬を連れてきた。この犬の面倒を毎朝見てくれる母親が数日間入院してしまい、犬を家や車内で留守番させたくなかったからだ。Marthaが初めてWillyに会った時、彼女はかがんで、犬に呼びかけた。犬は駆け寄ってきて、挨拶で彼女を舐め始めた。その日の朝ずっと、MarthaはWillyにぴったりとくっついていた。それまで決して教師に近づかなかった少女が、犬にフードをあげてもいいかどうかを教師に尋ねてきた。授業の終わりに、彼女は翌日もまたWillyを連れてきてもらえるかどうか教師に思い切って尋ねた。幸いにも特殊教育の教師は、犬がいるとMarthaに近付きやすいことに気付いた。数週間のうちに、Marthaはまさしく犬の世話係になった。Willyにフードをあげ、ブラシをかけ、休み時間中に散歩に連れて行った。教師はMarthaに拒絶されることなく近づくことができるようになり、少女が犬のそばにいる時はなおさらだった。これがMarthaとの信頼関係の始まりだった、と後に教師はつづった。

　これらの実例は非常に異なるが、いくつかの共通点がある。はっきりいえば、これらは人と動物の関係に関連した多くの効果を示している。多くの人は、不安とストレス（血圧と他の自律神経を含む）を軽減し、攻撃傾向と抑うつ傾向によい影響を与え、社会的コミュニケーション、自分の情動の把握、他者への信頼および学習を促進させる可能性がある関係で表される動物に強い関心があるようだ。

　有益であり、病気にも効く可能性のある効果が人と動物の関係に起因するものなのかを調べるためには、同種間における社会的関係の基礎的な生体心理学的基準を満たす"本当の"関係を、人と動物が築くことができるのかを最初に議論する必要がある。第2章の行動生物学と進化論は、人と動物が社会行動の根底にある脳と生理学的構造・機構を共有するということを明らかにしている。これは人と伴侶動物が本当の関係を築くことを可能にする基礎的で必要な条件である。

　人が本当に真の社会関係を伴侶動物と築くこ

とができるとしたら、次の質問は、上述の治療効果が「人と動物の関係に起因するものなのか」ということだろう。第3章の人と動物の交流に関連する潜在的な効果の総括はおそらくその実例だろう。

第4章では、人と動物の関係に関連する治療効果がこれらの効果につながるより深い機構に起因するものなのかどうかを考察する。我々はオキシトシン系をそのような基礎的な機構の1つだと認識している。オキシトシンは視床下部で生成され、ホルモンとしても神経伝達物質としても作用する。オキシトシンは多くの哺乳類の社会的相互作用・行動に同じように関連していることが立証されている。オキシトシンを含む神経の広範な分布によって、この機構が活性化された場合にさまざまなオキシトシン作用が統合される。人と人以外の動物の研究結果から、オキシトシン分泌は社会的相互作用や接触によって促進され、特に社会領域において数多くの効果を引き起こすことが示されている。この本のトピックに関連して、オキシトシンは(a)不安、ストレス、攻撃性や抑うつを緩和し、(b)社会的相互作用とコミュニケーションを刺激・促進し、(c)他者への信頼を増加し、(d)学習と情動状態へのアクセスを促進する。これらのすべての効果は人と動物の関係に関連することから、オキシトシン系はこれら効果の背景となる中枢の神経生物学的構造として、取り上げられ議論されるだろう。

オキシトシンの分泌はすべての社会的相互作用によって生じるわけではない。むしろ、オキシトシン媒介効果を含むオキシトシン分泌は特定の関係性の質を要する。そのような関係性の質は、心理学的に定義された愛着と養育の概念によって言い表し、識別するのが最も合っているようである。これらの概念は、対人関係の分野において、過去数十年かけて発達してきた。ゆえに、人と動物の関係にこれらの概念を当てはめたり拡大解釈する前に、第5章でこれらの概念を本来の枠組みの中で紹介する。

"愛着"はそもそも子どもと養育者の永続的な感情のつながりとされていた。最近になって、愛着の概念は恋愛のような他の人間関係にまで拡大した。特に子どもがストレスを受けたり危険にさらされたりしている場合、愛着システムの機能は子どもと愛着対象の近接を維持したり確立したりすることである。いわゆるしっかりと愛情を受けている子どもの場合、養育者の近接によって恐怖やストレスは緩和される。ゆえに、愛着システムは、子を守り、養育を確実なものにし、ストレスを緩和させるため、特に子どもにとって有益なものである。

愛着システムは柔軟性があるので、支援の必要な状況のみならず、準最適環境やよくない環境にさえ適応する。保護者の育児放棄、一貫性のない子育て、さらに虐待に子どもがさらされる場合、この子どもはしっかりとした愛着パターンを築くことができないだろう。実際、不安定な両価型、不安定な回避型、無秩序型といった3つの不安定な愛着スタイルが確認されている。不安定型愛着スタイルを持つ子どもは、自分の両親と一緒にいることで恐怖やストレスを軽減することが難しく、無秩序型愛着パターンの子どもは、養育者の存在によってさらにストレスを受けることさえある。これらの子ども達は特にさまざまな心理学的症状を示す。

子どもの愛着の質にとって最も重要な要因は、手助け、呼びかけ、アイコンタクト、笑顔、慰め、および身体的接触（例：抱っこや撫でること）による近接の維持といった愛着対象の養育行動である。養育の質は、感受性と反応性の側面によって図ることができる。感受性は、近接に対する子どものシグナルを適切に認識・解釈できる養育者の能力に基づく。反応性は、養育者がこれらシグナルに適切に反応することができる程度を表す。子ども達の安定型愛着と不安定型愛着パターンに対応する4つの養育モデルが特定されている。

オキシトシン系と愛着と育児の間につながりがあることを示すかなりの証拠がある。この因果関係が第6章のテーマである。母親と幼児の親密な関係は、オキシトシン分泌と母親と子どもの双方のオキシトシン関連の効果パターンの発現に関係している。それによって社会的交流が促進され、不安とストレスが軽減される。子どもの発達後期には、母親の存在のみではなく、他の養育者の存在によってもオキシトシンは分泌される。ストレスの下方制御は、愛着システムの中心的役割の1つであることから、しっかりと愛情を受けている子ども達は、主な養育者やその他の養育者との関係から、正常なオキシトシン系機能が発達するように思われる。それとは相補的に、十分な養育を行う母親や父親もまた正常に機能するオキシトシン系を持つ傾向がある一方で、不適切な養育はオキシトシン系の異常と関連する傾向がある。

　十分な愛情を受けずに育った子どもでは、愛着対象が適切なオキシトシン分泌を引き起こさないため、子どもを落ち着かせたりストレスを緩和したりはできない。無秩序な愛着、すなわち頻繁に家庭内暴力や育児放棄を経験したことのある子どもの主要な養育者は、ストレスや関連ホルモンによって引き起こされる子どもの闘争・逃走反応さえ活性化させることがある。したがってこのような養育者は、子どもの恐怖や不安やストレスを取り除くことができないばかりか、逆の神経生物学系を活性化させてしまう。つまり子どもに警告し、潜在的に危険な生命体に備えるよう適応するのである。

　このような子ども達は養育者を信じなくなり、愛着システムは病的な状態に適応し、この適応が支配的な精神的サバイバルを確実にし、その結果子どもが悪条件下で最大限の努力をするようになるのもつじつまが合う。しかしながら、これは大きな犠牲を払う適応である。なぜなら、主要な養育者による拒絶や危険を経験した子どもは、感情的にストレスの多い状況において、親切で、面倒見がよく、信頼できる養育者や社会的パートナーに頼らないことを学ぶからである。これは、そのような子どもの社会性の発達を深刻に脅かすことになる。

　愛着と養育は、オキシトシン系と密接に結びついており、オキシトシンのプラス効果は、人と動物の関係のプラス効果と重なり合うことから、人と動物の関係は、愛着や養育関係として概念化されるものなのかどうかを第7章で問う。実験に基づいた証拠によって、人は動物と養育関係および愛着を築くことができることが示唆されている。さらに、人と人との関係性に根差した不安定な愛着と養育パターンは、人がペットと築く愛着や養育パターンと一致しないことも示されている。発達障害や精神的疾患の危険がある群では、ペットへの安定した愛着と柔軟な養育パターンの割合は、人への安定した愛着と養育パターンに比べて4倍もある。

　これは、人と人の関係で築かれた不都合な愛着と養育パターンがペットへの関係に伝達されないことを意味する。愛着や養育パターンは、通常親密な人同士のあらゆる関係に伝達されるため、これらの結果は大変興味深い。子どものさらなる成長を大変な危険にさらすため、無秩序な愛着パターンの子どもにとっては特に悲劇である。

　人が安定した愛着と柔軟な養育関係を伴侶動物と築くことができるなら、人への彼らの愛着パターンとは無関係に、そのような関係はプラス効果を含むオキシトシン系の正常な機能に反映されるだろう。ゆえに、人と動物の関係は、適応性がある健全な社会性発達を促進する可能性が考えられる。この仮説を裏付ける証拠については、第8章で紹介して議論する。

　不安定で無秩序な愛着と養育経験を回避するために動物が本当に適切な仲介者となるなら、動物をそばに置きながら療法士や他の医療専門家は患者とよい関係を築くことができ、素晴らしい治療効果をもたらすことができるかもしれ

ない。この治療効果については、第9章で議論する。神経生物学的なプラス効果は人との適切な関係の構築を促進するだろう。動物との親密な関係によって引き起こされる神経生物学的効果は、接近行動と他者への信頼を促進し、傲慢さを抑えるようである。その結果、他者との関係の構築を促進するのだろう。そのような状況下で、不安定な子どもや青年や成人の愛着システムは、人同士の関係における新しい経験と直面し、愛着システムを精神的および身体的健康の発達をサポートできる状態に適応させることとなる。人への不安定な愛着や無秩序な愛着は精神的健康にとって危険因子であるため、これは非常に重要である。

本書は、提示モデルの実用化を含む要約と展望で締めくくる。この本は心理学、行動生物学、生理学、および神経内分泌学の統合であるため、各章でこれらの分野の主要な概念を定義または説明する囲み記事「ボックス」（1〜14）を記載している。

第2章
なぜ人は動物とかかわろうとする意志と能力があるのか
～進化生物学の観点から～

本章では、「なぜ人は伴侶動物と関係を築こうとする興味と能力があるのか」という進化の仕組みを記載する。

比較生物学は、進化の過程で保守的に維持されたり、同時に進化したために、社会的側面に関連して人と動物が共有する行動学、生理学、脳の異なるレベルに一連の基礎構造や機能があることを明らかにしている。この一連の基礎構造と機能は、例えば絆の機構、感情システム、そしておそらく共感や利他的衝動の神経基盤さえも司る一連の神経核領域からなる、進化的に古い"脳のソーシャルネットワーク"を含んでいる。

この基本的なシステムと哺乳類の前頭前皮質のような高次認知中枢間のクロストークによって、行動出力の決断が下される。また、種間のコミュニケーションと交流に影響を及ぼす重要な生物学的能力は、異なる種における個性の多様性の原理が似ているのと同様に、ほとんどの脊椎動物の系統で共有するストレス系を含む。だからこそ、絆、愛着、養育、社会関係の管理のような心理学的な現象の基礎は、一般的に大きく生物学に関するものである。

これら心理学的および行動学的システムは、ある一定の社会的状況の中で機能するために発展してきた。しかし、個体が遭遇するかもしれないさまざまな状況に適応するため、これら心理学的・行動学的システムは本質的に順応性がある。

比較生物学者のアプローチ

第1章の実例集は、人の社会的パートナーと同じように、人は人以外の動物と関係を築く能力と意思があるというメッセージを伝えている。しかしながら、人における動物との交流と対人関係の単なる表面的な類似ではない。事実、人同士の交流で機能する基本的な行動学的、神経学的、生理学的機構は、動物との交流においても同じように関係している。特に犬、猫、馬といった我々の伴侶動物になり得る主要な動物との交流は、一方通行ではないようだ。通常関わる動物は、単に人の社会的注目を受動的に受け取るだけのみならず、遺伝的背景と適切な社会化が備わっていれば人に反応し、社会的パートナーの役割を務めることができる。

本書は、人の観点から人と動物の関係の機構と理論的基礎を解説する。具体的にその目標を念頭において、比較論的および進化論的観点から明らかにしていく。したがって、本章の焦点は2つの要素からなる。

第1に、人が自然、特に動物に対して最も探究心と社会的興味を示す種であることは、重要である。人以外のすべての動物から人を識別するための数少ない特徴は、あらゆる文化圏の人々が単によい生活を送ることに満足しているわけではなく、自分のルーツや将来を明らかにしたがる、いわゆる再帰的感情を持つということである。第2に、例えば奴隷狩りをする蟻の

ように完全に本能に基づいているのではなく、産業化時代に発達した退廃的な習慣でもなく、はるか先史時代にさかのぼる頃から伴侶動物と住んでいたのは人だけである（Serpell, 1986）。

つまり、人が"バイオフィリア"（Wilson, 1984）であることが事実だとしたら、それは何を意味し、そもそもなぜそのような関係が種間で可能なのだろうか。また、なぜ人は伴侶動物と個別に異なる親密な関係を築くことができ、動物の存在、特に伴侶動物の存在によって安心感や落ち着きを得ることができるのだろうか（なお、人は動物の存在によってストレスを受けたり、怒りや恐怖を感じたり、彼らを避けようとすることもあるため、これは不変のルールではない）。

このように、無生物よりずっとはるかに動物は、人々にとって意味を持つ。考え方や信念が動物に投影されるのは避けられない。明らかに、動物の存在は人の気持ちに影響を与え、動物から人に気持ちが伝わったり、その逆も可能と思われる。これは、互いの行動に影響を及ぼし、ある程度の同期をもたらす。行動生物学者はこのメカニズムを"社会的促進"と呼んでいるが、この情緒的コミュニケーションは動物と人との一方的なものではない。

通常十分社会化された伴侶動物は、必ずしも"擬人化"されたり、人の愛情の標的として悪用されるわけでもない。教養のある人の交わりは、概して伴侶動物の社会的要求も満たすだろう。人と動物が"真の"社会的関係を持つことができるかのように見えることがよくあるが、これは少しおかしく思える。なぜなら、人は、ペットである犬、猫、馬、鳥と異なって見えるだけではなく、感情表現にも種間で明白な違いがあるからである。それでも、人によって"感じられる"だけではなく、客観的方法で測定できる行動学的・生理学的に同等な深い、非言語的な感情理解があるだろう。ゆえに、人と伴侶動物が共有し、社会的相互関係に関わる構造とメカニズムを検討することが本章の主な目標である。

これらの社会的構造とメカニズムは種間で共有されるため、"相同"あるいは"相似"を表すダーウィンの連続性によるものに違いない。相同形質は、共通の祖先によって脊椎動物の系統の特定部位に広がる可能性がある。一方、類似した淘汰圧によって異なる種間で同時に収斂進化する特徴を"相似"と呼ぶ。脳内では、このような相似の構造は同様の基本的な構成要素で作られる。例えば社会的制御脳は、相同のニューロン成分が哺乳類の前頭前皮質と鳥類のニドパリウム帯（nidopallium caudolaterale）を構成する（O. Gunturkun, personal communication, Bochun, Germany, April 2007）。種間で交流する能力に関する特徴の多くは、まるで相同のようである。すなわち共通の祖先に由来し、しかも"基本的な社会的脊椎動物モデル"は、生物の異なる見た目よりも生物の多くの構造の方がはるかに似ているということから示唆される。

なぜ人と動物は互いにかかわるのかということへの４段階アプローチ

現象と特徴を進化論の観点から説明するため、有機生物学者は通常比較手法を用いる。この手法は、進化心理学と人における現象を説明しようとする概念を共有し、なぜ彼らがそこにいて、何を彼らがしているのかを議論するため、より近縁または遠縁の動物を総体的に見ることを要する。４段階のアプローチだけが、体の大きさから性格特性までのほとんどすべての進化によって生まれた"自然"な特徴を完全に説明できる。そのため、このような比較構成では、"なぜ？"という質問は、４つの異なるレベルで取り組む必要がある（Tinbergen, 1963）。

それゆえに、なぜ人は他の動物とかかわる能力と意思があり、なぜ相互のことが多いのかを説明するため、生物学者は以下の４段階の分野

第2章 なぜ人は動物とかかわろうとする意志と能力があるのか〜進化生物学の観点から〜

を研究する。

> レベル1．人と動物の関係の潜在的適応値
> レベル2．背景にある生理学的、神経学的、および心理学的メカニズム
> レベル3．特に発達早期における関係性の個体発生的発達
> レベル4．進化の歴史の中でどのように発達してきたか

■ 人と動物の関係の適応値

"適応値"であるために、動物と関わるということは、その人の存在価値だけでなく進化適応度も高める可能性があるに違いない。すなわち、動物と関わらない人よりも繁殖力のある子孫を残すことができる。協力者としての犬は、少なくとも群れレベルで狩りの手助けや敵への警告によりそのような効果を持つだろう。

しかし同時に、犬からの条虫感染や他の人獣共通感染症といった現実的な問題のように、動物との密接なつながりで予想される代償を考慮しなければならない（Zimen, 1988）。現代における動物との交わりでは、人が犬や猫との社会的関係が近い場合、動物によって得られる社会的サポートと動物と住むことによる健康促進効果（第3章参照）は、最終的に生殖能力に利益となり得るということは議論の余地があるだろう。

生殖に関して、社会的注目や養育はたいていパートナーと子どもに対して向けられる。もしも伴侶動物がこれら社会的欲求を満たすなら、人によっては現代社会においてそれに思いをめぐらし、深い対人関係を築いたり子どもを育てるということから目をそむけるようになるかもしれない。ある意味、動物との交わりは不適応でさえもあり、動物と一緒に暮らし養育するという衝動は、動物を通して人の社会的傾向である"利己的な利用"さえ表すのかもしれない（Serperll, 1986）。それゆえ、動物との交わりが現代社会において生物学的適応度に本当に影響を及ぼすのかどうかは分からず、これに検証可能な仮説を立てることは確かに困難である。

動物の進化の結果は、概して評価しやすい。伴侶動物の多くは去勢または避妊をされて生殖機能が消失しているにもかかわらず、媒介的役割として、人は猫や犬を進化的に最も成功した種の部類に入れることを可能にした。例えば、犬はほぼすべての大陸に広まって、膨大な数が住んでいるのに対して、彼らの野生原種である狼はかつての地理的範囲のほんの一部に押しやられている。

■ 人と動物の関係の背景にある生理学的、神経学的、心理学的メカニズム

先に述べたように、伴侶動物とともに暮らすための進化適応についての質問に答えるより、機構レベルでの"なぜ？"という質問に答えることの方がはるかに容易で、より率直である。比較形態学、生理学、神経学、および行動生物学は、種間社会関係を持つことに対する人と人以外の動物の多くの共通点を示す。もしこれが事実と異なるなら、医学的、薬理学的研究における動物モデルの使用は無益である。次章の大半、むしろ本書の大半は、この機構や近接レベルについて述べている。

■ 人と動物の関係の個体発生的発達

すべての成人が動物と同じように関わるわけではない、というのは疑う余地がない。また、愛犬家は必ずしも愛猫家というわけではなく（多くの人はそうだが）、その逆もある。それに反して、ほぼすべての子どもはすべての生き物に非常に興味を示し（DeLoache, Pickard, & LoBue, 2011；Wedl & Kotrschal, 2009）、この興味は成長過程において多様化し、個々に応じて明らかに異なってくる。"反対の立場"から見ると、家畜化された動物種の個体でさえ、適切な早期社会化なくしてはよいペットや伴侶動物にはなれない。信頼でき、社会的に優秀な人

がどのように後年他者と関わり、他者による情動社会的サポートからどの程度恩恵を受けるかは、人と人以外の動物の両者において、大部分は主たる養育者との早期社会的相互作用の結果である。繰り返すが、これが本書の基本テーマである。

■進化史における人と動物の関係の発展

その他のすべての特徴と同様に、人のバイオフィリアは狩猟採集民としての長い進化過程の間に発達してきたと推測することは妥当である。しかしながら、人と動物の関係の進化史は進化のシナリオに合わせて作り変えられるが、科学的な方法で検証できることはほとんどなく（Popper, 2002）、この早期の関係性は永遠に知識に基づく推測でしかない。飼い慣らされた野生動物とともに暮らすことは、おそらく狩猟と早期の霊的信仰の副産物であった。例えば、Erikson（2000）は、なぜ狩猟採集社会の多くで殺した動物の子をペットとして育てるのかについて議論した。子犬を育てる時に今日我々が満喫する楽しい感情をこれら狩猟採集社会の人々が感じていただけではなく、殺した母獣の魂を調和させるためであった（下記参照）。

本章後半で、必要に応じて、Tinbergenの「４つの問い」（p.23参照）に戻る。本章のテーマは概して主にレベル２（機能）と３（個体発生）に言及する。しかし最初に次の項では、なぜ人は動物と自然に強い関心を示すのかという質問について言及する。

人のバイオフィリアおよび動物への興味

進化史の最も長い期間を通して、人は分裂・融合グループ（すなわち、グループから分離し、狩猟採集や領土線のパトロールなどの後に再び元に戻った、別の個体からなるグループ）で、自然や動物との密接なかかわりの中で高度に適応できる狩猟採集民として生きてきた。原則として、人と最も近縁の動物であるチンパンジーは、基本的によく似た生活様式を営んでいる。今でもチンパンジーはさまざまな様式の狩猟技術を持つが（Wrangham, McGrew, de Waal, & Heltne, 1994）、古代人より生態学的にはかなり柔軟性が低い。おそらく先史時代のはるか昔から、人は一般的に大いにバイオフィリアを持ち、彼らを取り巻く環境のすべての自然現象に興味を示しただけではなく、特に狩った動物の子と関わり野生動物を飼い慣らすために、彼らの社会行動システムを早い時期に採用したのだろう（Serpell, 2000）。

自然への幅広い興味は、古代人にとって確実に適応であり、霊的理由が主ではなく、個人的に学んだり社会的に伝達された自然に関する知識を獲得するためのものである。これはニッチの拡大と新しい生息場所の植民地化を果たし、潜在的に危険な環境の中で人の安全確保に役立った。突き詰めていくとバイオフィリアは、人独自の認知と情動という特徴の"一連の関係あるもの"であり、なぜ人が地球上の他のどの動物よりもより多くの環境、すなわち熱帯雨林から砂漠、赤道から北極圏深くまで入り込めたのかを説明する主な要因であるだろう。

バイオフィリアは人の脳の進化に重要なフィードバックをもたらした可能性があり、言語、神話、象徴を処理する能力を触媒したかもしれない（Shipman, 2010）。さらにバイオフィリアは、人の精神進化の重要因子の１つである可能性が高く（Freud, 1975；Jung, 1995；Wilson, 1984）、これは自然と密接なつながりの中での暮らしは共同社会システムを余儀なくし、人の脳を同時に形成してきたからである（Byrne & Whiten, 1988）。他の身体の構造や機能のように、脳と心は永遠に選択されてきた。そしてそれは今なお変わらない。ゆえに、適応度を最適化するために形作られている。生態学的利点と同時に、先史時代から長きにわたる動物と自然と一緒の生活は、文化、特に動物、植

物、石などの自然を崇拝するアニミズム的信仰によっても促進されてきた。これに関連して、人の心は複雑化する世界の中で単純で適応的な決定を下すよう進化してきた。

霊的な始まり

　一般に、狩猟採集者は、動物を人より劣ったものと見なしたりせず、人と同じように感じたり考えたりできる感覚のある生き物として見なしている。すなわち動物は、近縁者や霊的仲介者として考えられることが多い。この枠組みの中では、動物を殺すということは罪悪感を生むがゆえに、動物の魂との和解のための適切な儀式が必要となる（Eriksson, 2000）。そうしないと不安になるのだろう。自然と関わり、自然を説明するという背景で発達したこのアニミズムとシャーマニズムの功利的形而上学は、人の宗教に対する典型的な気持ちの本質だと考えられている（Broom, 2003）。しかしながら、歴史的なシナリオとして、正式に検証をすることはできない。それにもかかわらず、人は本質的にバイオフィリアを持つようだという事実は（Wilson, 1984）、人の本質と人の心の進化といったシナリオに信憑性を与える。

　これはすべての小さな子どもが、特に心の底から、ほとんど"本能的"に動物に対して興味を抱くという事実によって支持される（DeLoache et al., 2011；Serpell, 2000；Wedl & Kotrschal, 2009）。それでも、すべての人が同じように動物と交流をしたいというわけではない。なぜなら、個体発生と性差を考慮すると、人と動物の関係などの社会的状況における興味（Paul, 2000a, 2000b）と個々の姿勢はどうしても多様化するからである。

　ペットの飼育は狩猟採集社会において一般的であったし、現存する狩猟採集社会では今でもそうである。これは、殺した獲物の魂との和解と融和策の一端として行われるのだろう（Erikson, 2000）。事実、動物との交流はバイオフィリアの基本要素である（Serpell, 1986, Wilson, 1984）。ゆえに、ペットの飼育に常に興味を抱く人がいることから、ペットの飼育は比較的最近の単なる退廃的な中産階級の習慣というわけではない。共産主義社会では、ペットの飼育を抑制したり禁止したりした事例があり、中国の都市では最近まで犬の飼育が禁止されていた（Zheng, 2007）。しかしながら、今日、自然と動物は人の環境に不可欠な要素として急激に見直され（www.iahaio.org；IAHAIO東京宣言2007）、自然や動物との定期的な接触なしで子どもを育てることは、剥奪を意味する。

社会生物学的な背景

　後述する人と伴侶動物で共有する社会性の構成単位の利用は、社会システムの一般的な機能的・進化的背景によって促進される。つまり、社会システムのための、ある一定の物理的・生態学的社会環境の中で繁殖成功を最適化する2つの性の戦術と戦略である（Trivers, 1985）。この社会生物学的な背景で発達した人の心理傾向は、系統発生的連続性（すなわち、相同的特徴）だけでなく、対応する淘汰圧（すなわち、社会的意思決定のルールの収束を作り出すこと）により、他の動物の社会的傾向と明らかに互換性がある。

　最後に、より高等な社会性のある脊椎動物間で共有される心理傾向の1つは、"我々に"と"彼らに"を識別することである。すなわち、自分自身の表現型とよく似たある種の相手を識別してつきあうことができることであり、自分の絆関係やグループに個人を含める、または除外することである（Eibl-Eibesfeldt, 2004）。相互関係が他者に対してどれほど包括的か排他的かは、外界の課題やおそらく性格、態度、性別、年齢といったパートナーの特徴（例：Larson & Holman, 1994）に加えて、機能、固有の安定性、パートナーの必要性によるだろう。相互関係がより操作可能なほど（例：さまざまな

活動におけるパートナーとしての犬）、概して人は部外者の受け入れに対してよりオープンになるだろう。

事実、使役犬は所有者が変わることを受け入れながら選別されてきた。猟犬、身体障がい者の補助犬、そり犬は、最後のパートナーとは異なる人によって訓練され、同じ犬が数人のパートナーのために働かされるだろう（Coppinger & Schneider, 1995）。しかし一方で、所有者の財産を守るように品種改良された犬は、概してパートナーに対する忠実性と排他性によっても選ばれる。

この機能的背景と理由は、なぜ人は動物と関わるのか、またその逆を説明するうえで役立つだろう。しかし、そもそもなぜ人は他の動物と交流することができるのか。すなわち、同種ではない個体となぜコミュニケーションをとり、つきあうことができるのだろうか。

人と動物の関係の基本メカニズム

前節で、「なぜ人は動物にそもそも興味を抱くのか」という質問が投げかけられた。次節では、「人と伴侶動物とのコミュニケーションと交流は可能かどうか」、そして、「どのように行われるのか」というのが主な論点であり、したがって、メカニズムの議論はTinbergenのレベル2を表す（23頁参照、メカニズムは上記参照）。

1世紀以上に及ぶ比較研究は、遠縁に当たる脊椎動物門の特徴ある社会認知構造的、機能的類似点のみではなく、異種の個体が取り巻く環境との対処に関する明らかな質的・量的差異を発見した。これは、人と伴侶動物を含む種間社会的コミュニケーションの明らかな基礎となる。魚類、鳥類、哺乳類といった遠縁に当たる脊椎動物分類群でさえ、今日の生物学者が受け入れている以上の社会認知類似点を有する。社会の複雑さと認知技能は、魚類の単純な認知と霊長類の洗練された認知を特徴とした明確な *scala naturae*（自然の階段）の手段で、実際脊椎動物全般に広がっているわけではない。むしろ、基礎的な"社会的ツールボックス"は、主に類似する淘汰圧に起因する共通の構造と機能の量的変化により、真骨魚類（現代の硬骨魚：Bshary, Wickler, & Fricke, 2002）、鳥類（Bugnyar, Schwab, Schloegl, Kotrschal, & Heinrich, 2007；Emery, 2006；Kotrschal, Schloegel, & Bugnyar, 2007）、哺乳類（Byrne & Whiten, 1988）に類似した適応的社会認知の放散を可能にする。

脊椎動物の脳の主な構造と機能は古来からのもので、間脳と被蓋野社会的行動ネットワーク（Googson, 2005；**ボックス1**参照）のように、すべての無顎類脊椎動物（無顎類や魚類）において共通である。または、哺乳類や鳥類の前頭前皮質（Gunturkun, 1005；Jarvis et al., 2005）のように異なる分類群で類似して発達した。人は、おそらく主要な哺乳類とペットの鳥類と共感の中核メカニズムを共有するだろう。これは、なぜ犬や猫が彼らの所有者の感情の表出を読み取ることができるのかを説明する（Zahn-Waxler, Hollenbeck, & Radke-Yarrow, 1984）。

特に社会的に"知的"な種は、人と関わることが前提条件であるが、これはこのような種がとりわけ比較的"開かれた生体プログラム"だからである。すなわち、社会行動の多くは学習に基づき、衝動抑制、かなりの社会的ワーキングメモリー、柔軟性（例：人の"実行機能"の決定的特徴、第10章参照）によって特徴づけられる。またこのような種の個体は、人の社会的環境に適合するように"文化化"することができる（Bering, 2004；Russon, Bard, & Parker, 1998）。しかし最も適応力の高い種でさえ、彼らの"反応基準"（すなわち、遺伝と発達の枠内：Sakar, 1999；Wolterek, 1922）の限界によって制約されるだろう。

どの種が開かれた生体プログラムで、それゆ

ボックス1　間脳と被蓋野社会的行動ネットワーク

　比較手法に基づいてGodson（2005）は、哺乳類の社会的行動ネットワークと相同があり、驚くほど機能的にも類似している鳥類と硬骨魚類の前脳と中脳内の神経核領域を"社会的行動ネットワーク"と命名した。神経核とこのネットワークを形成する領域は相互につながっている。これらは、性ステロイドホルモンの受容体を有し、さまざまな形の社会的行動にかかわっている。

　このネットワークの構造的および神経化学的特徴は、分類群を超えて非常に類似している。硬骨魚類から鳴き鳥や哺乳類へのこういった進化的保存性は、魚類と鳥類モデルが、哺乳類の社会性の根本的メカニズムに関する質問への妥当な答えをもたらすのかもしれないということを暗示する。

　Goodson（2005）は、異なるパターンの社会的行動に関するネットワーク内の機能的な違いを検討する2つの研究を発表した。性的に多様な形をとる魚において、自然淘汰は、性腺制御と性特有の行動調節に関する視床下部神経内分泌機能とは無関係だということが証明された。2つ目の鳥類の比較実験によって、特定の領域と社会的行動ネットワークのペプチド構成要素は、社会性の発散と収束と並行して進化する機能特性を有することが示された。

　このネットワークの神経ペプチドの種類と分布でさえ保守的に維持された。この社会的行動ネットワークは、扁桃体内側核、外側中隔、視索前野、前視床下部、視床下部腹内側核、および中脳の6つの主要な構成要素から成る。"社会的脳ネットワーク"は、個体や種がどの程度まで社交か縄張り意識が強いかを調節することにも関与しており、ストレス対処の非常に保守的な（脳）メカニズムと関係がある。これは、社会性と競争力の制御、パートナー同士の社会的な性的活動の同期、絆の形成に関わっている。

　それゆえに、脊椎動物の歴史を通してのほぼ普遍的な分布からして、古生代から4億5,000万年以上存在していたかもしれない。また種間でさえ、社会的関係を持つ能力の核になっている可能性がある。

え文化化されるかについては、主に前頭前皮質の機能によって決定される（下記および第10章参照）。さらに、行動学的表現型（性格）の多様性が似ているすべての動物種において、行動は同じ原理に基づいて分類されるため、人とその伴侶動物は互いに適応する能力を持つ（**ボックス2**参照）。

　これは本質的に、ストレスに対処するための系統発生的保守的なメカニズムに基づく。最後に、家畜化を通した従順さと協調傾向の選択と同時に適切な早期社会化によって、人と動物の適合が促進される。

人はどのように動物とのかかわりに引き込まれたのだろうか？
～養育を引き起こす信号刺激～

　人と伴侶動物との絆の始まりは、子犬やひよこの"かわいらしさ"によって促進される。そして、自然に撫でるという行為（Spindler, 1961）と養育したいという衝動を引き起こすのだろう。フワフワした生き物や羽の生えた生き物は、人の養育への気持ちを活性化させる（Eibl-Eibesfeldt, 1999, 2004）。それに対して、昆虫、魚、両生類への興味は、主に自然への探索的好奇心が動機となる（Wilson, 1984）。

　"本能的"な親の反応に関連する脳のメカニズムが最近になって確認された（Krin-gelbach et al., 2008）。種間でも同じことが言えるのかどうかはまだ検証されていないが、例えばローレンツの"kindchenschema（ベビースキーマ）"によると、このようなメカニズムはおそらく人だけに存在するわけではなく、すべてではないが自分の子どもを親として入念に育てる種のほとんどにおいて同様である可能性が高い。ローレンツ（1943）は、kindchenschemaの特徴として、体のわりに大きく丸い頭と突き出た頬、大きな目、短い脚、丸みを帯びた体などを挙げた。ローレンツの仮説は科学的精査に

かなったが（Huckstedt, 1965；Gardner & Wallach, 1965）、もっと重要なことは、時間と商取引の試練に耐えて証明されたことである。商品を子どもや子犬や一般的にかわいい生き物と結びつけることによって、コマーシャルは我々の本能的な愛情に訴えかけるものであることが多い。また、ミッキーマウス（Gould, 1980）やテディベア（Hinde & Barden, 1985）による"革命"は、kindchenschemaの原理の普遍性と妥当性を明確に示す。

養育という親の行動は、誕生・孵化時に自立できない晩成性の種で主に発達した。次に、"キス"や哺乳類の毛繕いや鳥類の羽繕いのような養育行動はさまざまな種で機能が変化し、成人の絆にも適用される（Eibl-Eibesfeldt, 1970）。Kindchenschemaの特徴のような信号刺激は養育を刺激し（Eibl-Eibesfeldt, 1999）、その結果オキシトシン関連の社会的報酬システムを活性化する（De Vries, Glasper & Dentillion, 2003；Panksepp, Nelson, Bekkeda, 1997；Schults, 2000）。エストロゲン、コルチゾール、プロラクチンと関連のあるオキシトシン系は雌に多く備わっていることから、この定量的度合いは性特有である可能性が高いだろう（Curley & Keverne, 2005）。これはたいていの女性に見られる、より強固なかかわりと社会的関心と一致する（Paul, 2000b）。

家畜化は、多くの種の見た目をkindchenschemaに変えた。特にペットの小型犬は、丸い頭と体と大きな目を持つようになった。本能

> **ボックス2　行動的表現型**
>
> 多くの種に見られる主軸は、基本的に"保守的と積極的"であり（Kookhaas et al., 1999）、似たような用語がいくつかある（攻撃的か断定的：Huntingford, 1976；内気・勇敢：Wilson, 1998；Wilson, Clark, Coleman & Dearstyne, 1994；遅い・速い：Drent & Marchetti, 1999）。保守的な個体に比べて積極的な個体は、人生の困難な課題に対してより積極的にアプローチする。彼らは支配的になり、敏速だがうわべだけ探索し、型にはまった行動を形成しやすいが、それらを再び変えることに消極的で、通常自分自身で困難な課題を解決することに秀でておらず、模倣やたかりによって他者の活動から利益を得ようとする傾向がある（Giraldeau & Caraco, 2000）。
>
> これらの行動的相違は、個体の行動的表現型によって異なるストレスと対処しようとする生理学的システムに付随する。困難な課題に直面した時、積極的な個体は通常強い交感神経アドレナリン反応を示すが、グルココルチコイドの短いピークを示すだけで、保守的な個体では逆となる（Koolhaas et al., 1999）。これは、積極的な個体が敏速で攻撃的に反応する傾向に関係する"アラーム"反応をより行うことを意味する。それにひきかえ保守的な個体は、攻撃的でない方法で困難な課題に集中し、解決しようとすることで自身の中間の能力をサポートする。人と人以外の動物の性格は、実験的状況において困難な課題を作り出し、その行動的反応を解析することによって調べることができる。あるいは、ある所定の特性や特徴は各対象自身（もちろん人に限定される）や観察者によって関連づけられる。
>
> このような"観察者による評価"（Gosling & John, 1999；Goslinh, 2001）は主観的だが、適切に実施されれば、再現可能な標準化した結果を生み出す。人の性格を検証する多くのシステムの1つは、ある特定の状況でどのような態度をとるかという自己記述に依存する"big five"（Costa & MacCrae, 1999）である。文化的背景とは無関係に（McCrae, del Pilar, Rolland, & Parker, 1998）、この"特徴理論的アプローチ"は、変動性全体への貢献度の減少に従って、神経症傾向（すなわち、情動性と情動の制御）、外向性、開放性、調和性、誠実性によって5次元で対象者を分類できる。これらの次元は主成分分析から成り、したがって互いに独立して変わるべきであるが、生物学的な保守的・積極的軸に付随する可能性がある。
>
> 一方では神経症傾向、他方では外向性、開放性、調和性、誠実性の2つの間に逆相関関係がある（Kotrschal, Schpberl, Bauer, Thibeaut, & Wedl, 2009）。

的な人の愛情は、伴侶動物を用いたサービス産業に利用される可能性があるとする、"社会的利己的利用仮説"に信頼性をもたせることとなる（Serpell, 1986）。このような動物に対する養育は、種内の子の世話に対する報酬に関連した脳内の同じシステムを活性化するだろう。よって伴侶動物の重要な役割の一面は、養育を通して満足感を得るといった基本的な人の社会的必要性を満たすことだろう（第5章および第7章参照）。あるいは、世話に費やした努力と絆の強さの間には正のフィードバックさえあり（Sprencher, 1988）、精神的・肉体的努力をより費やすほど、絆はより深まるようである。ゆえに、過剰になる可能性がある。

つまりそれは、関連する刺激が強力な本質的欲求に合う時である（Tinbergen, 1951）。例えば、人々が悪評高い健康上の問題について知っていながら特定のペット種を選ぶ場合、これに当てはまる。しかしながら、これらのトピックに関する決定的なデータはまだない。それでも、多くの人々が自分の犬が自立したパートナーとなることや共有する活動からより満足感を得るのに対して、社会的サポート（下記参照）と養育は特定の飼い主とその飼い犬の関係性において中心的な要素であることは明白である（Kotrschal et al., 2009）。

脊椎動物における社会認識の類似点

人と人以外の動物の間でそのような相互の社会的絆が可能かどうかは、多くの社会的構造と機構を特徴とする共有のツールボックスによって少なくとも部分的に説明できる。後者は、通常、行動実験で観察されたり取り組まれたりする。しかし、行動生物学者は伝統的に、構造基質、脳と生理、このようなメカニズム（下記参照）について学ぶことにも興味がある。

近年、脊椎動物とりわけ哺乳類と鳥類間において、社会的メカニズムに驚くほど多くの類似点があることが明らかとなった（Bugnyar & Heinrich, 2006；Byrne & Whiten, 1988；Emery & Clayton, 2004；Kotrschal et al., 2007）。これは、"和解"と"慰め"（Aureli & de Waal, 2000；De Waal, 2000a；Kotschal, Hemetsberger, & Weiss, 2006；Weiss, Kotrschal, Frigerio, Hemetsberger, & Scheiber, 2008）、能動的な社会的サポート（すなわち、敵対的なかかわりにおける積極的な干渉）と受動的情動的・社会的サポート（すなわち、社会的パートナーの存在によるストレス軽減；Weiss & Kotrschal, 2004；Scheiber, Weiss, Frigerio, & Kotrschal, 2005）、二者関係における交流パターンの周期性と儀式化（Kotrschal, Scheiber, & Hirschenhauser, 2010；Hirschenhauser & Frigerio, 2005；Wedl et al., 2011）、離合集散機構（Dunbar, 2007；Marino, 2002）、しきたり形成（Frits & Kotrschal, 2002）を含む、長期にわたる重要な関係における対立と対立発生後の行動に関するルールを含む。

最近の研究で注目を集めている現象をいくつか挙げると、同じ動物種内の類似点は、個体識別、エピソード記憶、心の理論、第三者関係に関する知識、時間概念、将来計画（Byrne & Whiten, 1988；Emery & Clayton；2004；Kotrschal et al., 2007）を含む社会的認知の共通機能にも表される。"社会脳仮説"（**ボックス3**参照）は、社会的複雑性と認知を関連付ける（Byrne & Whiten, 1988；Dunbar, 1998；Humphrey, 1976）。社会的に複雑な大きなグループで生活することは、大きくて認知能力がある脳の進化の淘汰圧をもたらすようである。しかしながらこれは、すべての社会的複雑性がより高度な認知をもたらすというわけではない（Hemelrijk, 1997）。

事実、社会的認知の進化はモザイクのようなパターンを取り、必要な時はいつでも脊椎動物の系統発生に表れるように見える。関連のある神経系構成単位、つまり複雑な認知構築のために使われるパズルのピースは、脊椎動物の系統

発生初期においてすでに進化していたことからも考えられる（Gunturkun, 2005）。

種間の長期的関係でさえ認知能力に関連するかもしれない。例えば犬は、群を抜いて一般的で、最もよく知られた重要な伴侶動物である。人と犬の関係は、大きくて社会的知的能力を有する脳を持つ人と狼といった2つの種間の歴史的関連性に基づいていると見なされるかもしれない。"dogification"は狼の心と社会的知能を人の心と必要性に段階的に適応することと考えられるかもしれない（Hare & Tomasello, 2005；Miklosi, 2007）。この適応がどれだけ共通なのか（"共進化仮説"）は不明である。

■ 保守的な脊椎動物脳

すべての脊椎動物の脳は、共通する"設計図"を示す。腹側上の間脳と被蓋の間には連続性があるが、背側には終脳、視蓋、小脳からなる特徴ある吻側尾側配列がある（Nieuwenhuys, Ten Donkelaar, & Nicholson, 1998）。他の自然システムのすべてに当てはまることだが、進化的新奇性は、すでに現存している組織の増加と拡大に常に基づいている。全般的に脳は、進化的変化に対して比較的保守的であり、基本的な適応神経系機構は脊椎動物の進化における早い時期に確立されたようである（Welkner, 1976）。

ボックス3　社会脳仮説

比較生物学は、なぜ人がある種の知能のような最上級の能力を発達させたかということに対して、論拠を提供する。特に哺乳類では、前脳（終脳）の大きさは群れの中の個体数や社会的かかわりの複雑さに相関している（社会脳仮説：Byrne & Whiten, 1988；Dunbar, 1998, 2007；Humphrey, 1976）。大きな群れでは、個体は多くの異なるかかわりをたどり、友人と敵を見極め、他者の特別な能力を知るなどといったことをしなくてはならない。それゆえ、社会的環境は、視点取得、感情評価、心の理論といった複雑な社会認知の発達に対して最も強い選択圧の1つであっただろう（Kotrschal et al., 2007）。

これが"一般的知能"（言い換えれば、明確な社会的・生物学的課題を解決するのに適応されるだけではない知能）をも導いたかは、いまだ議論の余地がある。しかしながら、大きな脳を持つ種は、概して環境や社会に関する困難に対し、意思決定に関して比較的"開けた"（言い換えれば、学習による）様式で取り組む（Shettleworth, 1998）。

最近、霊長類のような社会認知の特徴が、カラス科の鳥（カラス、ワタリガラス、カケス）やオウム、他の鳥で示されている（Kotrschal et al., 2007；Pepperberg, 1999；Emery & Clayton, 2004）。実際、類人猿並みの相対的な大きさの脳がカラス科の鳥で示されており、鳥類と哺乳類における社会的複雑さと脳の相対的大きさは、同様に見積もられることを暗示している（Burish, Hao, & Wang, 2004；Emery, 2006；Iwaniuk & Nelson, 2003；Scheiber et al., 2007）。

社会的複雑さに加え、鳥類の（前）脳の大きさは進化する可能性を秘めている（Lefebvre, Whittle, Lascaris, & Finkelstein, 1997；Lefebvre, Reader, & Sol, 2004）。霊長類、特に類人猿（人も含む）においては、認知能力が共有されていることは驚くに値しない。人とチンパンジーはほんの400～600万年前に分かれたが、鳥類と哺乳類はおよそ2億3,000万年前に分かれた。それゆえ、鳥類で見られない霊長類の社会的現象や認知能力がほとんどないことはまったくの驚きである（Emery, 2006；Emery & Clayton, 2004；Kotrschal et al., 2007）。

最近、感動的なかかわり能力が掃除魚（cleaner fish）で見つけられた（Bshary et al., 2002）。これは、掃除魚が多数の顧客を識別でき、これらの顧客が自分にとって重要か危険かを判断できる能力である。これは、複雑な認知の発達は進化史の4億年以上にわたる自然の階段パターンをたどらなかったということを明らかに示している。

高度に派生し知能を持つ哺乳類や霊長類は、主に本能に基づいて振る舞う比較的原始的な魚から最終的に進化したというわけではない。むしろ、社会的な性的行動に対する本能的なメカニズムのほとんどは、共通起源を持つ脊椎動物間で共有されている一方で、社会的意思決定の認知要素は必要な時にはいつでも現れる。

このような構造上の普遍主義は、重要な生命維持機能の維持をも反映する。以下では、種間で社会行動のやりとりをする能力にとって重要な脳と別の部位、これらの共有要素について説明する。社会的な性的行動のための間脳と被蓋野脳中枢は、本能的な社会的な性的行動を支配し、4億年以上の進化過程において、構造と機能は基本的に変化していない。脳の社会的主要部は、5つの核領域からなり、社会的行動ネットワークと呼ばれる（Goodson, 2005；第2章 **ボックス1**参照）。この社会的行動ネットワークは、以下で説明する多くの機能要素を担う。

■ **普遍的な脳の絆の形成機能**

脊椎動物の脳における社会的行動ネットワークの間脳構成要素は、小細胞性視束前核または視床下部室傍核であり、個々の間の社会的絆の発達に主に関与している（Curley & Keverne, 2005）（社会脳ネットワークに関与する脳の構成要素と構造については**ボックス4**参照）。この核は、神経性下垂体（下垂体後葉）から放出されるオキシトシンとアルギニン・バソプレシン（arginine-vasopressin, AVP）を産生し、これら2個のペプチドは異なる脊椎動物門において機能的に類似しており、いくつかのアミノ酸置換による違いしかない（Goodson & Bass, 2001）。

例えば魚類はイソトシンであり、鳥類はメソトシンである。イソトシンは相応する視床下部神経核で産生され、魚類では人におけるオキシトシンと同じ軸索経路を経由して下垂体に輸送される。イソトシンとオキシトシンの基本的な役割の多くも変化していないが、絆と愛着におけるこの神経修飾物質とホルモンの役割は、複雑な養育を行う種においてのみ発達する。言い換えれば、すべての脊椎動物におけるこのシステムの存在は、すべての脊椎動物が高度に発達した絆システムを持つことを意味するのではなく、絆と愛着が見られるところにオキシトシンが関わるということを意味している。

他の生理学的機能に加えて、オキシトシンとAVPは、雌のオキシトシンと雄のAVPのように性特有の社会的な性的行動の調整と修飾に主に関連する（Goodson, 2005）。AVPは、特に両性における求愛行動に関与しているようである（Goodson & Bass, 2001）。これらのシステムは、人と動物の関係において明らかに重要な役割を果たす。オキシトシン系は本書第4章の主要テーマであるため、ここでは詳しく説明しない。

特に哺乳類において、オキシトシンとAVPは、子どもや男女のパートナーといった特定のパートナーと絆を築くために脳を同調させることに関連している。ここでは非常に短い要約だけ述べ、オキシトシンに関する詳細については第4章で述べる。

主な機構と機能は明らかに保守的に温存されるため、人を含む哺乳類に広く存在している。妊娠ホルモンであるエストロゲンやプロゲステロンは、脳などのオキシトシン受容体を増加させる。出産時にオキシトシンが母体で放出され、出産や乳汁射出を助け、子のにおい記憶の形成を促す。上昇したオキシトシンレベル下で、脳報酬系は十分なにおい暴露によって活性化され、母親側の母子間の絆を築く。"小さい脳"の哺乳類（例えばげっ歯類）では、この機構は主に母子間の絆の形成と維持に用いられるが、いくつかの種では一雄一雌関係の絆にも用いられる（Carter & Keverne, 2002）。"大きな脳"の哺乳類（例えば霊長類）では、このホルモン機構からのいくつかの"解放"が発見されており（Curley & Keverne, 2005）、後者のより条件的な支援システムを意味する一方で、その固有の機能は小さな脳の哺乳類においては *conditio sine qua non*（ラテン語で、"あれなければこれなし"：不可欠条件）である。マウスとラットでは、出産時のオキシトシン放出は母獣の子への同調と適切な養育を行うことへの必

ボックス４　　脳とその構成要素（上）と社会的脳ネットワークに含まれる脳機構（下）

脳とその構成要素

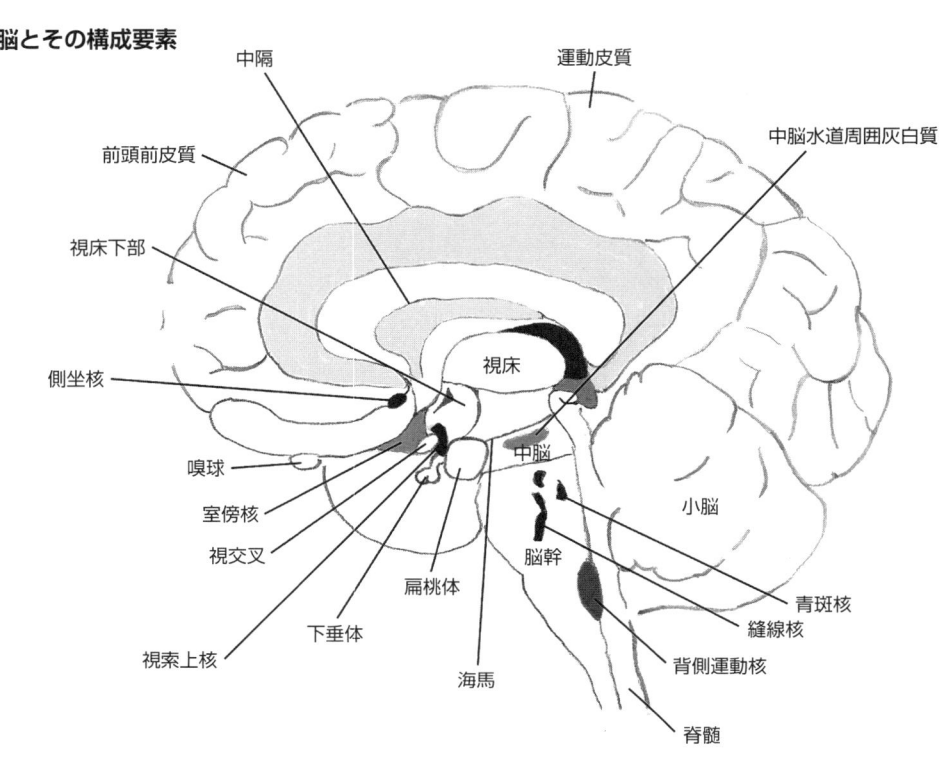

社会的脳ネットワークに含まれる脳機構

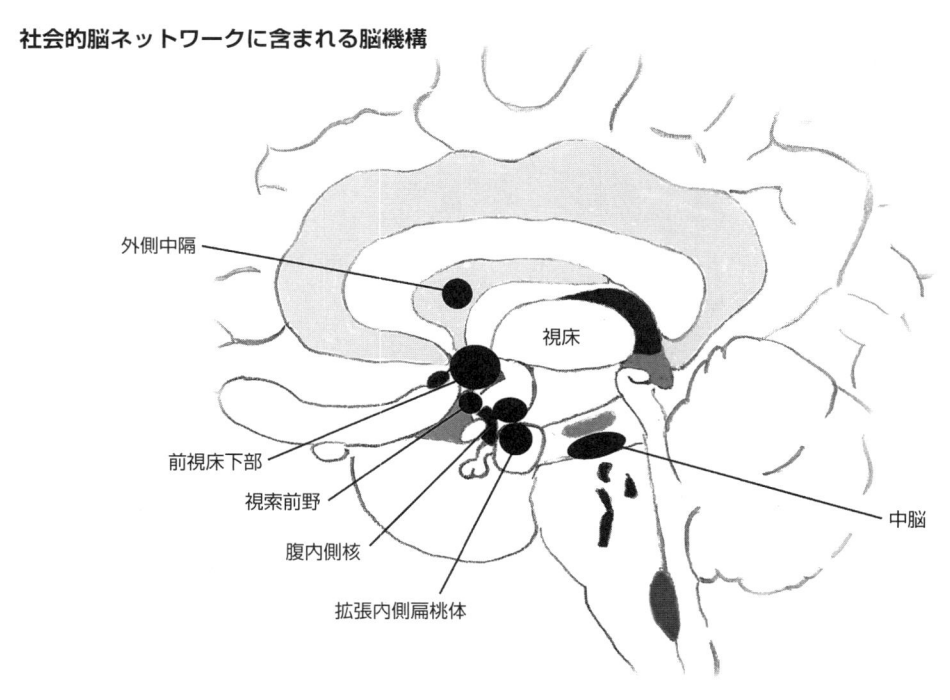

須条件である。しかしながら、犬から人まで（養子になった）子への適切な養育は、普通分娩なしで出産した場合でも行われるだろう。

このような大きな脳を持つ哺乳類における解放理由は、複雑な社会グループでの子育てにとって、比較的一定の刺激や反応社会的対処メカニズムが完全に十分ではないからだろう。オキシトシン機構を含んではいるが、それよりはむしろ本能的な機能、情動、認知の複合体が主流である（Panksepp, 2005）。事実、人を含む大きな脳の哺乳類において、オキシトシン構成要素は初歩的でもささいなことでもない。とりわけオキシトシンは、雌のオーガズムと仲間の身繕い中の触覚刺激で放出され（De Vries et al., 2003, Uvnäs-Moberg, 1998b）、長期におよぶパートナー間の"愛"の主な機構の基礎の1つであるようだ（すなわち、二者の愛着；Carter, De Vries, & Gets, 1995）。

鳥類は、哺乳類に比べると嗅覚に頼らない。それでもフェロモンは社会的な性的行動に影響を与えるようだが（Balthazart & Schoffeniels, 1979）、詳細は調べられていない。鳥類の社会行動は、哺乳類および霊長類と驚くほどの類似点がある（Emery, seed, von Bareyn, & Clayton, 2007）。哺乳類の仲間の身繕いと類似する晩成鳥（スズメ、ツバメなど）の羽繕いも、オキシトシン放出を引き起こすかどうかはまだ分かっていない。ハイイロガンのような早成鳥は羽繕いをまったくしないが、他の複合的な社会的特徴と同様に、長期にわたる絆を親子間、兄弟間、パートーナー間で築く（Kotrschal et al., 2006, Scheiber et al., 2007, Weiss et al., 2008）。

これは、メソトシン（鳥類におけるオキシトシンに相当する）・AVP系は、これら鳥類の社会的絆の形成には重要ではなく、オキシトシン・AVP系が主に視覚入力によって活性化されることを意味する。そうはいうものの多くの鳥は羽繕いをするし、カラスやオウムのように、特に長期にわたってペアの絆を築く多くの鳥は羽繕いをする。興味深いことに、このような鳥は一般に人の伴侶動物としても用いられている。哺乳類同様これらの鳥において、羽繕いはオキシトシン系を同じように刺激する。しかしながら、この分野でのさらなる研究が必要である。

種特有の特徴、基本的な性格特性との相互作用の中での早期社会化、および遺伝的多様性によって、同種内ですら絆と愛着のスタイルが大いに異なる可能性がある（第5章参照、Ainsworth, 1985；Bowlby, 1980；Hinde, 1998；Hinde & Stephenson-Hinde, 1987）。絆スタイルの個体差、伴侶動物へのかかわりかた（Topal, Miklosi, Csanvi, & Doka, 1998）、かかわる人の性格や考え方（Bagley & Gonsman, 2005；Kotrschal et al., 2009）との間に確定的関係があるに違いない。

本書の後半で述べるが、社会化は直接的な発達上のかかわりと世代にわたる愛着スタイルの連続性や、ストレス管理の生理機能をもたらす（Meaney et al., 1991；Nelson, 2000）。事実、脳の発達への社会的影響によって（Mayers, 2006）、母親の養育スタイルは世代を超えて社会的に伝播する。さらに、早期乳児期に経験した養育スタイルによって生じた母性愛着の個体差は、ドーパミン作動性（脳の報酬系に関連する）およびオキシトシン作動性神経内分泌系の発達に関連する可能性がある（Strathearn, Fonagy, Amico & Montague, 2009）。ゆえに遺伝的背景に加えて、母性スタイルは愛着に非常に影響を及ぼし、それぞれの子らが後年築くであろう社会的絆の質にも影響するのだろう。この生理学的基礎上の社会的伝統は、世代を超えて後成的に伝播される。自身の愛着スタイルは、子へのかかわりに影響するのみではなく、人のパートナー（Feldman, Gordon, & Zagoory-Sharon, 2011）や本書後半で述べる伴侶動物からの社会的支援から得るであろう潜在的利益にも影響するだろう。

■ 系統発生的に保守的な情動的・感情的システム

脳の社会的行動ネットワークに少なくとも部分的に関連するその他の機能的に重要な要素は（Goodson, 2005）、系統発生的に保守的な情動的・感情的システムである。事実、これらのシステムは人においてさえ社会的行動と複雑に関連したままであり、人の社会的関係と健康は、感情と感情反応における社会的関係の影響を介して大きく調節される（Coan, 2011）。種と個体は、"本能的"な社会的な性的行動システムと他の基礎的な行動システムに対する動機付けの基礎をもたらす情動システムを持つ。これらの広範で基本的な間脳、辺縁系、情動的・感情的システムは、探索（欲求的関心）、恐怖、"激怒"（攻撃的）、強い欲望、心配、パニック、および遊びを含む（Panksepp, 1998）。系統発生と社会組織に応じて、高い認識力（Emery & Clayton, 2004）と意識（Panksepp, 2005）を伴う情動システムの密接な相互作用があるのだろう。これらの情動システムは、前頭前皮質が意識的な判断に備えるすべての決断に関与する。そしてすべての決断は、情動システムに反応をもたらす（Koechlin & Hyafil, 2007; Sanfey, 2007）。

共通の起源により、基本的な情動システムはすべての哺乳類とおそらく鳥類によっても共有された可能性が高い（Jarvis et al., 2005）。この系統発生的分布が共通する起源に起因するなら、これらのシステムは系統発生により深く根ざしている可能性があり、爬虫類や魚類にも存在するのかもしれない。社会脳ネットワークはこれら情動システムの一部であるため、すべての脊椎動物のさまざまな分化形態においても発見される可能性がある（Good son, 2005）。

情動脳システムは、感情の表現を引き出す運動系と直接的につながっている（Darwin, 1872）。感情を表現する行動パターンは、人、犬、ガチョウでは明らかに非常に異なるが、共通する原理がある。一般に、感情表現を完全にコントロールすることは、人でさえ難しい。それに反して十分社会化された個体は、感情（気持ち）を察することに長けており、他者の微妙な感情表現さえ解読できる。これは、人（Eibl-Eibesfeldt, 2004）と人以外の動物ともにおける共感と感情能力の根本要素であるようだ。どの機構がこのような他者との基本的なかかわりを調節するのかはいまだ論じられている。しかしミラーニューロンは、これに重要な役割を果たすかもしれない。

■ ミラーニューロンに基づく行為システムと共感

ミラーニューロンに基づく行為システム、すなわち視運動反射システムは、反射経路におけるある種の視覚刺激を、視覚入力を映し出す運動出力に変えるために選ばれた。これらのシステムは、おそらく他者の動作だけではなく情動へのかかわりの中心である（Gallese, Keysers, & Rissolatti, 2004; Rizzolati & Sinigalia, 2007）。事実これらのシステムは、社会的領域に視覚情動的な反射構成要素をもたらすだろう。多くの脊椎動物は、生活史の少なくとも一部で群れの中で生活する（Krause & Ruxton, 2002）。群れのまとまりを維持するため、他の者が食べる場所で食べたり、他の者達と一緒に出かけたりするなどのように、個々の活動と同期するための機構が必要である。

このような社会的促進は、ミラーニューロンシステムに基づく感情感化を介して行われる（Rizzolatti & Craighero, 2004）。さらにこれらの脳システムは、熟練した活動をまねたり、他者の強さを把握するための能力の基礎となったり、基礎的な共感を調節するだろう（De waal & Brosnan, 2006; De Waal, 2008; Gallese et al., 2004; Ramachandran, 2008）。このような感情コミュニケーションは、種間においても効果的である。より高いレベルの共感は相手を思いやる気遣いによって示され、他者の状況評価と感情感化の組み合わせと、少なくとも原因の多少の理解によって特徴付けられる（De Waal,

2008)。最後に、相手に共感する能力（すなわち、他者の気持ちになってみること）は、心の理論の情動版として考えられるだろう（Gallese & Goldman, 1998；Rizzolati & Sinigalia, 2007）。これらのより高度な、より高い認知レベルの共感においても、他者が苦しむのを見た時の感情の共有といった同様の基本的機構を伴うだろう。

　このような共感の複雑さの階層は、層状の社会的構成要素を呈示するだろう（De Waal & Brosnan, 2006；Zahn-Waxler, et al. 1984）。ほぼ間違いなく脳報酬システムと関連するこれらの構成要素は、共感の誘発要因をもたらしただろう。これは人を含む高等脊椎動物の一部において見られ、見返りの直接便益なしで他者の状況に応える自発的な行動である（De Waal, 2008）。利他的な刺激は、困窮、痛み、苦悩を有する他者を見ることによって、脳報酬システムと関連する特定の知覚作用機序（**ボックス5参照**）を介して刺激応答の形で自発的に引き起こされるのだろう。

　このような利他主義の機構的な基礎は、ほとんどの動物や個人で得られる認知資源が潜在的に超えるなら、経時的コストと便益の必要性を少なくする。また認知処理は、本能的な刺激反応活動より遅い。それゆえに、敏速で自発的な活動を必要とする。例えば子どもが開いた窓から落ちそうな場合、コストと便益解析の時間はなく、意識的に考える前に即時の行動が引き起こされることが多い。しかしながら、利他的な誘発要因は単純な全か無か反射ではなく、情動的理由（Scheidt, 1973）や考え方の更新（Cunningham & Zelazo, 2007）によって調節されるだろう。既知の人との交流は、その人の情緒的な価値を更新し、その結果将来の交流の偶発性を確立する（De Waal & Brosnan）。

　興味深いことに、聴覚ミラーニューロンが最近になって鳥類で発見された（Prather, Peters, Nowicki, & Mooney, 2008）。しかしながら、鳥類で一般的に見られる情動の伝染（十分に実証されていない）に関連するものなのかは明らかではない。ミラーニューロンは、哺乳類と鳥類で報告されている（Emery et al., 2007；Kotrschal et al., 2010：Scheiber et al., 2005）社会的促進、社会的支援、慰安（Aureli & De Waal, 2000）といった、行動の複雑性の極めて多くの特徴を機構的に説明するものとして現在よく知られている。

　このような類似点は、鳥類と哺乳類の共通する祖先が、約2億3,000万年前に群内のメンバーと関わる反射システムをすでに持っていた可能性を示し、マトリョーシカ人形の一番内部の人形のように、必要に応じて徹底的に採用される社会的機構の重層化モデルは、現在に至るまで認められているものよりはるかに古いものであり、脊椎動物に一般的なものであることを示唆する。ダーウィンの進化論をどの程度まで推し進めることができるかを評価するには、爬虫類、両生類、魚類のさらなるデータが必要であることは明らかである。

■ **基礎的な行動要素：行為パターン**

　愛着と養育という状況でさえ、反射的行為は敏速で適切な知覚機構を要するのみではなく、適した行為を実行するために関連性のある行動構成要素をも要する（**ボックス5参照**）。敏速で適切な反応のため、個人が十分な経験（例：性交や繁殖）なしで機能しなければならない場合や学習が頼りなく遅すぎる場合といった、特定の状況で用いるために運動要素が選択された。ゆえにすべての動物種は、特定の形態学的・生理学的特徴を持つのみではなく、基礎的な運動・行動要素を備えている。すべての動物において、種特有に一連の、定型化したかなり遺伝性の運動パターンは個体発生初期に発達する（Eibl-Eibesfeldt, 1999；Tinbergen, 1951）。この条件反射系（Pavlov, 1954）や行為パターン系（action patterns, APs）（Lorenz, 1978；

> **ボックス5　知覚行為機構**
>
> これらは、適応行動を個人に起こさせる反射的サブシステムである。信号刺激が誘発する活動パターンといった、特定の刺激背景と適切な運動反応との強い関連性に対する淘汰がある（Lorenz, 1978；Tinbergen, 1963）。例えば、知っている人と出会った時に眉を少し上げる行動は、挨拶という状況での行動パターンであり、巣の周りにある特定の物体が卵転がしというハイイロガンの本能的な行動パターンを誘発することとまったく同じである（Lorenz & Tinbergen, 1939）。
>
> 愛着の行動システムにおいて、認知・行為機構は重要な役割を果たす。例えば、愛着対象に養育行動を引き起こす子の愛着行動（例：泣き叫び）やkindchenschema（可愛らしさ）の信号刺激である。Lorenz（1978）が提唱したように、これら特定の行為機構のそれぞれが動機付けシステムを持つかどうかは疑問の余地がある。適切な行為パターンを示す行動は、一般に脳の報酬系を活性化させる。例えば、愛着行動を示す時に子どもを世話したり慰めたりすることは、ストレス系を始動するだけではない。うまくいけば、オキシトシン放出を促し、ゆえに養育者の愛着に正のフィードバックをもたらし、さらには脳のオピオイド報酬系を活性化させる。もちろん知覚行為機構は、特定の行動の発現と強度の可能性に影響を及ぼす認知表現と無関係ではない。その代わりに、刺激・応答、知覚・作用機構の表出は、認知表現にも影響する。

Tinbergen, 1951）は、普通の状況において後で用いるため進化的に作り出された行動要素として考えられることがある。

Von Holst（1936）およびLorenzとTinbergen（1939）は、行為パターンは全か無かという反応ではないと報告した。行動で示される強度は、内面の意欲と外界の刺激強度に依存する（Baerends, Brower, & Waterbolk, 1955；Lorenz, 1978；Tinbergen, 1951）。行為パターンは形態学的特徴と同様に種特有であり、遺伝性である。特定の行為パターンは多かれ少なかれしっかりと結びつき、特定の放出信号刺激によって引き起こされる（Lorenz, 1943；Tinbergen, 1951；Marler & Hamilton, 1966）。しかしながら機能的適応（刺激状況）は、条件反射同様にパブロフの条件付けによってさまざまな範囲で変化するかもしれない。知覚の関連機構とともに、いわゆる行動システムにおいて機能ドメイン上でこれらの行為パターンは互いに結びつき、繁殖や狩猟採集のように行動中心域における適切な個人機能を確保する。愛着と養育に関連する行動システムは、第5章でさらに詳細に解説する。

これらの行動機構の原理は、ボディランゲージと顔の表情の行為パターン経由で（Darwin, 1872）種特有の情動の表現にも当てはまる。人においてもこれらの行為パターンは万物共有で、文化的背景とは無関係に同様に発現する（Eibl-Eibesfeldt, 2004）。事実、感情の反射運動発現は、すべての種における社会的コミュニケーションのための主な基質である。しかしこれらの行為パターンが種特有であるなら、どうやって種間のコミュニケーションでも有益になれるのだろうか？

■ 脳制御中枢、哺乳類の前頭前皮質と鳥類のニドパリウム帯（Nidopallium Caudolaterale）

要するに、社会的行動ネットワーク（Goodon, 2005；上記参照）は、刺激状況、進化的に適切な運動出力、身体機能の生理学的調節との間を直接とりなす脊椎動物の社会的行動の基礎である。しかしどんな合理的な社会的複雑性も、本能的な要素と制御中枢、すなわち哺乳類の前頭前皮質や、それと類似した鳥類の発達部位であるニドパリウム帯（nidopallium caudolaterale）との相互作用を要する。これらは、認知表現の

処理部位である。これらの間脳と大脳皮質脳内レベル、線条体、終脳の情動部位の間には仲介および調節の役割がある。

実際、複雑な生態学的・社会的環境は、意思決定の適切な機構を要する（Aureli & De Waal, 2000；Paulus, 2007；Sanfey, 2007；Weiss et al., 2008）。これは、もちろん社会行動の本能的な基質に基づいている。しかし敵対者の行動やパートナーの行動に条件付きで応答する、経時的に抑制と均衡の経過（情動的または認知的に、上記参照）を追う、他者との分類的（すなわち一族のメンバー）・個人的（すなわち二者）関係に適応する、異なる領域からの情報をエピソード記憶に融合させる（Emory & Clayton, 2004）、または、環境についての関連する概念を形成するため（Koechlin & Hyafil, 2007）、個人が本能的な衝動的行動を制御する必要もある。

哺乳類の前頭前皮質（prefrontal cortex, PC）はまさにそれを行っており（Damasio, 1999；Gunturkun, 2005）、複雑な学習（Lissek & Gunturkun, 2003）、経済的選択（Kalenscher et al., 2005）、状況の統合（Lissek & Gunturkun, 2005）、および自己制御（Kalenscher, Ohmann, & Gunturkun, 2006）に関連する衝動的な行動を制御する。それにより社会的判断、概念の形成、分類化を可能にし、情動に基づく意思決定を導き、最終決定を下す前の意識下・潜在意識下での試行錯誤シミュレーションを行う（Koechlin & Nyafil, 2007）。実際、より基本となる脳中枢と関連するPCは、意思決定で不可欠な要素である生理的・社会的環境要因に向けての姿勢をもたらす。これらの姿勢は決して固定的ではなく、0.2秒ごとに評価および更新される（Cunningham & Zelazo, 2007）。

人のPCは、かなり相対的な大きさである。しかしながら、このような制御中枢がもしも犬で存在しなかったなら、野ウサギを追いかける衝動を抑えたり、周囲で他の興味あることが同時に起こってもパートナーである人に対して注意を払ったりするといった訓練は不可能だっただろう。ゆえに、ドッグトレーニングや、いかなる高等脊椎動物の社会的能力の形成は、結局のところPCの強化として見られる。

構造的に、PCは層状大脳皮質の一部であり、哺乳類の特権である（Nieuwenhuys et al., 1998）。1世紀以上にわたって、鳥類の終脳は大部分が大脳基底核（線条体）から成ると考えられていた。その結果として鳥類は、知的意思決定が困難な本能によって動く刺激応答マシーンと考えられていた。しかしながら、鳥類と哺乳類の終脳は、同等な割合の大脳皮質を持つことが今では認められている（Reiner et al., 2004）。連結と神経化学的特徴に基づいて、鳥類の後尾側終脳領域であるnidopalium caudolaterale は機能的に哺乳類の前頭前皮質と同等とされている（Divac, Thibault, Skageberg, Palacios, & Dietk, 1994；Gunturkun, 2005）。

この認知に関する鳥類の"復権"（Jarvis et al., 2005；Reiner et al, 2004）は、鳥類はよく新しい技術を取り入れ（Lefebvre et al., 1997, 2004）、心の理論のような能力を示し（Bugnyar & Heinrich, 2006；Bugnyar et al., 2007）、哺乳類と似た複雑性がある社会的システムを発達させる（Kotrschal et al., 2006；Weiss et al., 2008）といった研究結果と神経構造を一致させる。

人のPCもまた"モラル脳"である。これは、倫理観（基本的に社会的にすべきこととすべきではないこと；Broom, 2003；De Waal, 2000a, 2000b）が単純に先天的であるということを意味しているわけではない。むしろPCは、社会化中に適切な入力に応じて受け入れる基質である。この原理は他の動物を、人さえも含む複雑な種間の交流に備えるだろう。これらは肉食動物、霊長類、オウム（Pepperberg, 1999）やカモ（Weiss et al., 2008）、カラスのような鳥類（Emery, 2006；Emery & Clayton,

2004；Kotschal et al., 2007) も含むさまざまな種に当てはまるだろう。

他者の感情表現への社会化

感情の表現（すなわち運動パターン）は概して種特有で生来のものであるが、それらのきめ細かい認識と解析は、明らかに生活史早期の潜在的学習を要する。多くの種の若年層と同じように、特に出生時や孵化時に十分に成長している場合、親や同種の他個体がどのような見た目かという生来の完全な知識がないため、"刷り込み"が必要であり（Lorenz, 1978）、早期社会化によって社会的認知を発達させなければならない。この早期学習過程の混乱は、後年に社会的能力と共感に障害をもたらすだろう。潜在的学習による他者の感情表現に対する社会化の原理は、種間での社会化の絶好のチャンスも与える。例えば、生後4週齢の若齢期からの犬や猫の社会化は、人に対する一生の信頼を築くばかりではなく（Turner, 2000）、動物を人の感情表現に社会化させることもできる。

ゆえに、感情表現のための運動パターンは極めて遺伝的で種特有であるのに対して、個体発生早期における社会化の原理（すなわち他者の社会的コミュニケーションを読み取るための学習）は、種全般のものであるようだ。出生時や孵化時の種と個体は、通常学習を導く特定の刺激の組み合わせに関心を向けたり、応答したりしやすい傾向にある（"*angeborener Lehrmeister*"（innate teacher）：Lorenz, 1943；"instinct to learn"：Kamil, 1998）。選択的注目は、子の焦点を親や遊び仲間といった社会的役割モデルに合わせることが多い。それによって、意思決定の極めて重要な要素である情動と認知の関連は（Sanfey, 2007）、潜在的な社会的学習によって微調整されるようである。そして個体は、社会のすべきこととしてはならないことを深くしみこませる。これは、社会的な鳥類、哺乳類、人などすべてとは言わないがほとんどの種で（Bowlby, 1980；Hinde & Stevenson-Hinde, 1987；Scott & Fuller, 1965）、個々の愛着の個体発生を伴って、発達の感受期早期の間に達成されるだろう（Ainsworth, Blehar, Waters, & Wall, 1978）。

種内の場合と同様に、異種特異的な伴侶の感情表現の意味は、特にこの発達期におそらく学習され微調整されるようである。この点において、霊長類（すなわち人のパートナー）と肉食獣（すなわちペットの犬や猫）は異なる。人の子どもは、長い間完全に依存し、愛着形成は誕生から2、3歳までの比較的継続的な過程である。それに対して子犬は、より動くようになり、周りにいる人や犬とより交流する3-4週齢の時期に、母親への依存を低下させる。さらに、犬は新しい人との関係を後年再構築することができる。このような成犬と人との関係が"愛着"のもとで正しく組み込まれているかどうかは（Topal et al., 1998）、議論の余地がある。なぜならば、犬が本当に人と同程度の愛着表現を形成するかどうかを判断するのは、困難であるからだ。

例えば、子犬と子猫では生後3-4週と生後数カ月の期間は、種間および種内での社会化にとって極めて重要である（Scott & Fuller, 1965；Turner, 2000；Turner & Bateson, 2000；Turner, Feaver, Mendl, & Bateson, 1986）。3-9週齢で十分に人との接触をしなかった子犬や子猫は臆病になり、少なくとも人との関係に不安を抱き、信頼関係を築くことが難しくなるだろう（Scott & Fuller, 1965；Turner, 2000）。霊長類の発達同様（Bowlby, 1980）、生後1カ月以内に同種の遊び仲間と交流する機会がなかった子犬は、後に同種の個体との"社会的能力"を欠き、例として、同種の十分社会化した個体と比べてしばしば非常に攻撃的になるだろう（Hinde, 1998）。社会的状況ではこれは不適応である。なぜなら個人の社会的効率、すなわち、貴重な長期にわたる社会的

関係において最小限の努力と最小限の負担で個々の社会的ゴールに到達するための能力（AuSreli & De Waal, 2000）が、減少するからである。それゆえに進化論的に言えば、社会的効率は、最小限の努力と社会的ネットワークによってもたらされる個人にとって最適な社会的結果を意味する。

これら基本的な機構の多くは、愛着と養育の神経学的、生理学的、行動学的構成要素である（第6章参照）。例えば、普通分娩や恋愛によって産生されるオキシトシンの急増は認知表現を無効にし、kindchenschema刺激によってボタンを押すように誘発されるのと同様に、注意力と養育を誘発する。しかし、かなり複雑な社会的システムは、これらの"古い"本能的な機構にただ単に頼っているわけではない。それとは反対に、これらの機構は、高次脳中枢によって状況的妥当性を考えて制御される必要がある。これは、複雑な社会的システムの中で子どもを産んで育てることの多い鳥類や哺乳類の多くにおいて真実である。ゆえに愛着と養育でさえ、個体によって大きく異なる可能性が高い関連する社会的状況に適応させる必要がある。さらに、基本的な行動学的システムは、社会的認知機構による調節を受けやすい必要がある。

ストレス対処

社会的行動と複雑に関連した主な生理学的領域の1つは、ストレス対処である。上で説明したように、パートナーや子との適切な社会的行動は単に遺伝によるものではないが、主に出生前に胎盤関門を通過する母体ステロイドホルモンよってもたらされる母性効果と、早期の養育や社会化（分娩後）の効果によって特に調節される。それゆえに、早期の個人の社会史は、愛着と性格を調節する。しかしながら、母性効果と早期の社会的環境はストレス系の基本的な設定調節にも影響を与えるため、後年のストレス対処、特に社会的状況への応答にも影響を与える。（母体の）男性ホルモンの早期効果は、例えば子の行動的表現型を積極的にし、生涯にわたるコルチゾール反応を穏やかにする交感神経活動の増加も暗示する（下記参照）。

2つのストレス系（**ボックス6**参照）は、進化史の約4億年という長期にわたってより保守的に維持されてきた。これらのシステムは概して個々の社会的状況によって最大限調節され、またその反対にそれら自身が社会的行動の重要な調節因子となる。ゆえに、社会的状況におけるストレス対処やその反対、すなわちオキシトシン関連の鎮静システムは、本書の大きなテーマの1つである。以下では、ストレス機構の基礎についての簡単な説明を行う。

ストレス対処は、個々の社会的成果の決定的要素である（Creel, Creel, & Monfort, 1996；Creel, 2005；De Vries et al., 2003；Mayes, 2006；McEwen & Wingfield, 2003；Sanchser, Durschlag, & Hirzel, 1998；Sapolsky, 1992；von Holst, 1998）。それゆえ社会脳ネットワークも関連し、社交的か縄張り意識が強いかの傾向度合いが、これらの高度に保守的なストレス対処（脳）機構次第である（Goodson, 2005）ということは不思議なことではない。

2つのストレスシステムは、社会的状況（例えば社会的絆や愛着など）と社会的サポートの間に直接的なつながりをもたらすだろう。社会的交流の本質次第で、2つのストレス系への促進効果は異なる（Kvetnansky et al., 1995）。多くの社会的状況が交感神経副腎髄質系（sympathicoadrenergic, SA）と視床下部 - 下垂体 - 副腎（hypothalamic-pituitary-adrenal, HPA）軸を効果的に活性化させる（De Vries, 2002；von Holst, 1998；Wascher, Arnold, & Kotrschal. 2008a；Wascher, Scheiber, & Kotrschal, 2008b）一方で、感情的社会的サポート（社会的パートナーとの親密さや社会的に有効な交流）は、脳のオキシトシン系を活性化することによってストレス反応を抑制する。

ボックス6　ストレス系

　ストレスに対処するシステムが脊椎動物には2つある。交感神経副腎髄質系（SA）は、急速な警報反応を引き起こし（Selye, 1951）、副腎からのカテコールアミンの急速な放出や心拍数と血圧の急速な変化をもたらす。一方、視床下部-下垂体-副腎（HPA）系は、よりゆっくりと、より長く続く反応を生じさせる（Sapolsky, 1992；Sapolsky, Romero, & Munck, 2000；von Holst, 1998）。視床下部コルチコトロピン放出因子（CRF）は、門脈管を通って下垂体前葉に入り、副腎皮質のグルココルチコイド（ほとんどの哺乳類におけるコルチゾール、鳥類におけるコルチコステロン）合成を促す副腎皮質刺激ホルモン（ACTH）の放出を刺激する。

　グルココルチコイドは脂溶性のステロイドホルモンであるため、生体膜を容易に透過する。ステロイドホルモンは小胞に保存されるのではなく、細胞の小胞体で連続的に合成される。ステロイドホルモンは核内受容体に作用するため、ホルモンの放出と反応に時間差が生じる。ステロイドホルモンは、オキシトシンなどのペプチドホルモン、エピネフリンなどの生体アミンより長い半減期を持つ。なぜならステロイドは、これらほど早く分解されたり除去されないからである。ステロイドホルモンは、通常は循環血液中には結合タンパク質（グロブリン）と結びついている。

　グルココルチコイドは主要な代謝ホルモンであり、エネルギーの利用を調整する（McEwen & Wingfield, 2003；Sapolsky, 1992；von Holst, 1998）。これらはエネルギーを回復し、困難や身体活動に反応して血糖値を上昇させるため、極めて重要である。

　加えて2つのストレス系は、社会的交流によって誘発されたり抑制されたりする。視床下部-下垂体-副腎軸は下図の通りである。その発達は、早期経験によって調整される（第6章参照）。

　ストレスに関連したグルココルチコイドの長期上昇は、腹部の脂肪貯蔵、不安やうつなどといったマイナス効果を生じる。

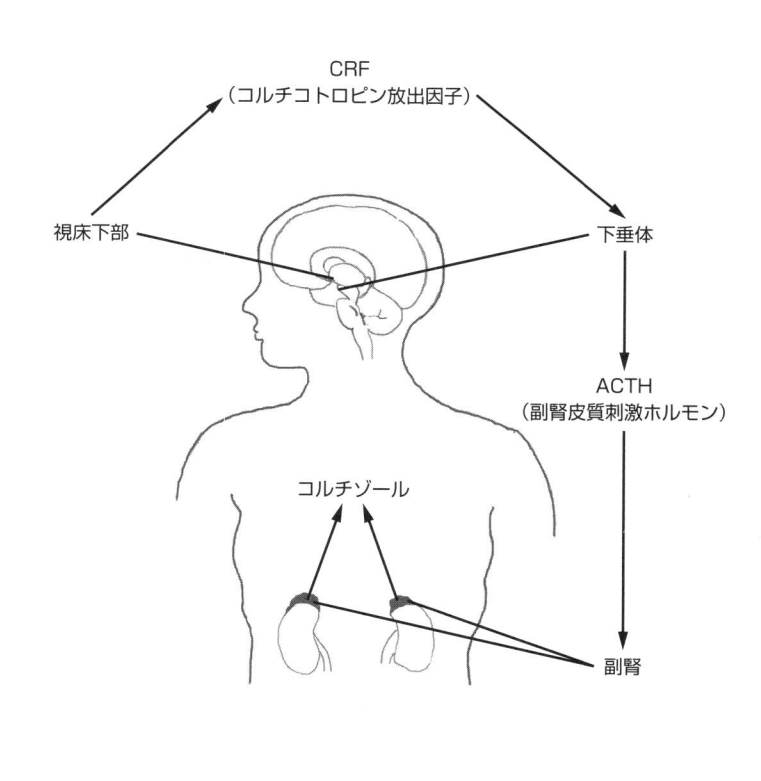

それによって、コルチコトロピン放出因子（corticotropin-releasing factor, CRF）、副腎皮質刺激ホルモン（adrenocorticotropic hormone, ACTH）、グルココルチコイドの合成といったHPAカスケードの3つの重要なステップが抑制される（De Vries et al., 2003；第4章参照）。それゆえ社会的サポートは、不安や攻撃性を抑制し、社会的に有効な交流を促進し、社会の絆を強め、社会生活の生理学的コストやエネルギーコストを減少させる。社会的サポートのこれらの生理学的、心理学的、行動学的効果は、霊長類や哺乳類だけではなく、鳥類においても同様に見られる（Emery et al., 2007；Scheiber et al., 2005；Weiss et al., 2008）。事実、感情的社会的サポート機構は、脊椎動物における基礎的な脳の社会的行動ネットワークの一部のようである（Goodson, 2005, 上記参照）。つながりの1つは、個々の愛着スタイルであり（Ainsworth, 1985）、社会的サポートから得る要求と能力を調節する（第5章参照）。

個性、気質、性格

2つのストレス軸は、早期の社会史により個体間で異なるだけではなく、個体の気質と性格（すなわち、特定の方法で人生の困難に対応する比較的安定した性質）を識別する重要な基礎的要因でもある。この機能的結びつきは、なぜ人と人以外の動物が同様の軸に従って性格の特徴を区別されるのか、ということに対する主要な理由である。類似の予測可能な気質と性格は、人が伴侶動物と個人に合わせた二者間の社会関係を築くことを可能にする、別の共通原理をもたらすだろう。

10年間にわたる比較研究と実験的研究は、さまざまな脊椎動物種といくつかの無脊椎動物種においても、独自の行動表現型（以下"性格"という）の選択的でよく似た変化を明らかにした（Sih, Bell, & Johnson, 2004）。上で説明したように、多くの種で発見された主要軸は、本質的に保守的と積極的である（ボックス2参照）。

性格の特徴は遺伝的であり、"母性効果"によって（すなわち成長中の子との母親の直接的なホルモン作用によって）大いに変化するだろう。鳥の胚のアンドロゲンへの早期暴露は、例えば通常はより積極的な行動スタイルに変化させる（Dauskey, Bromundt, Mostl, & Kotrschal, 2005；Groothuis, Muller, von Engelhardt, Carere, & Eising, 2005）。性格は、特に長期依存性の種では出産後のしつけと早期社会化（Mayes, 2006）によっても影響を受けるだろう。

定義により、性格特徴は状況と時間を超えて比較的一貫性があり、個人が特定の社会的役割を担いやすくもする（Dingemanse & Goede, 2004；Pfeffer, Frits, & Kotrschal, 2002；Sih, Bell, & Johnson, 2004）。ある意味では、いかなる脊椎動物群においても、行動的表現型の選択的な変化は社会的複雑性の発達のための前提条件の1つである。もしもすべての個体が同じであるなら、例えば分裂と融合機構は機能的意義を成さないだろう。サブグループは、主に能力や性格特徴に従って生じる。個体間の一貫した違いなしでは意味をあまりなさないだろう。結局のところ、分裂と融合グループは複雑な認知の原動力の1つとして見なされる（Dunbar, 2007；Marino, 2002）。また、特に長期的なペアの絆を形成する場合において、配偶者選択はパートナーの遺伝的資質の率直な指標にのみ基づいて行われるべきではなく、パートナーがどのようにうまく行動をともにできるか、能動と受動の社会的サポートをお互いにもたらすか（Scheiber et al., 2005）ということを含め、パートナーとの相性によっても行われるべきである（Dingemanse, Both, Drent, & Tinbergen, 2004）。

一般に、予想と説明ができる行動的表現型の変化は、潜在的なパートナーの選択を引き起こし、異なる役割を結びつける。そしてそれは

個々を信頼できるものにし、二者組み合わせを機能的にする。気質と性格の分化は、動物の気質と彼らのパートナーである人の必要性とをマッチングさせるため、人と動物の交わりとも関連している。個体の気質は、一腹の犬や猫の間でも異なる。落ち着いた人々は落ち着いた子犬とかかわりたくなり、社交的で活発な人々は陽気で活発な子犬を選びたがるだろう。そのような気質の違いは、生涯にわたって比較的一定だろう。パートナーである人との交流に基づいて、環境と作用し合う"性格"と一般にいわれる特定のスタイルを動物はつくりだすだろう。

要するに、我々は共通の社会脳と社会的生理を共有し、人と他の動物の社会的システムは同じような選択体制を受けているため、人は真の"交流"を持つことができる。この枠組みの中で、多かれ少なかれ、人とその伴侶動物が釣り合う社会的ニーズをはぐくんだことは不思議ではない。

家畜化による社会的認知の一致

すべての動物が人にとっての社会的伴侶および交流パートナーとして同じように適しているわけではない。例えば、友好的な蜘蛛よりも哺乳類や鳥類はそういう意味ではもっと適しているという事実は、議論する必要がない。種の中で伴侶動物としてより適している品種は、常に野生型よりも家畜化された品種であるということは説明するまでもない。納得がいく理由の例として、人は主に飼いならされた狼ではなく犬と暮らす。家畜化された動物（すなわち、ただ単に飼い慣らした野生生物ではなく、何世代もかけて人との親密な共同生活と人類文化の環境への適応を通して対立遺伝子頻度が変化してきた動物）はちゃんとした理由があって、適切な伴侶動物となるうえで野生の祖先よりもはるかに適している。

上で説明したように、人は本質的に自然に対しての好奇心と興味を持っている（Wilson, 1984）。先史時代にまでさかのぼる人の普遍的特質とされる、動物との社交性を含む（Podberscek, Paul, & Serpell, 2000 ; Serpell, 1983）。狩猟採集民は、若齢動物（哺乳類の場合、人の赤ん坊と類似する授乳：Zimen, 1988）を適切に人工飼育すると社交的な動物となることを知っていた。それでも種と状況によるが、このような個体は最終的には逃げたり、性成熟時に飼育者である人に敵対したりすることがある。人工飼育による早期社会化は、人を動物の社会的システムの一部とし、従順さのあらゆる恩恵を受けるが、社会的距離の欠如から生まれる脅威も生じさせる。

飼い慣らされた野生生物は"家畜化"されたわけではない。遺伝子選択が野生原種から対立遺伝子頻度を遠ざけた時にのみ家畜化が当てはまる。動物は、価値ある品物やサービスをもたらすため家畜化されたと現代の功利主義は示唆する。エネルギーを消費する行動と組織（前脳を含む）の減少、エネルギー効率のよい消化、体の大きさや肉、乳、毛など動物が生み出すその他の一次産物の量（Herre & Rohrs, 1973）の変化といった多くの特徴がすべての家畜動物によって共有されることから、これは理由の1つとなっているのだろう。

しかしながら、実用性は二の次だろう。ほとんどの家畜化の初期段階は、すべての狩猟採集社会に共通するアニミズム文化に組み込まれていた（Eriksom, 2000）。石器時代の人が、特定の種の特定の遺伝系統とより永続的な関係を持っていた理由はなんであれ、従順さとおとなしさに対する潜在的選択は、後に選択交配の基礎として用いられる形態学的・行動学的変動性をおそらく増加させた。例えばBelyaev (1979) は、30世代以上にわたって、従順さのための銀ギツネの選択交配を行った。その結果、自然では本来見られないさまざまな大きさ、色、形をもたらす結果となった。これは、

驚くほどさまざまな家畜化された犬がどのように中国中南部地域に約1万6,000年前に現れた（Pang et al., 2009）かについての考察モデルとなるばかりではなく、すべての家畜化初期の出来事の正しい一般的モデルとして考えられるかもしれない。

従順さによる選択は、常に家畜化の一部であった。なぜなら、人が安全に扱え、協力的で（Hare & Tomasello, 2005；Miklosi, Polgardi, Topal, & Csanyi, 1998）、人社会の行動様式に合わせられる（Herre & Rohrs, 1973；Miklosi, 2007）動物を人は必要としているからである。例えば、すべての家畜化された種の前脳は、野生の祖先のそれと比べるとおよそ30％小さい（Herre & Rohrs, 1973）。家畜化初期における従順さに対する潜在的な選択では、"反応性"の低い動物や（Koolhaas et al., 1999）環境刺激に対してより落ち着いた反応をする個体を選択した。パートナーである人への伴侶動物の社会的相互適応を過剰解釈する傾向もあり、逆もまたしかりである。

例えば人と犬の共通の歴史は、人が最初に狼と暮らし、その後犬と暮らしたことで人のゲノムに痕跡を残したことを意味する"共進化"として見なされるべきかどうかということは、適切なコントロールがないのでまだ立証されていない仮説であり信頼できないままである。さらに犬の人への適応能力は、"人に似ていること"のための犬のソーシャルスキルの特定の変化よりはむしろ、家畜化によって洗練された一般的な哺乳類の"社会的ツールボックス"に基づいて、もっともらしく説明されるだろう（Hare & Tomasello, 2005）。

従順さに対する選択は、性格とエネルギー効率に対する選択でもある。これらの理由から、飼い慣らされた野生動物より家畜化された動物は、人の文化的環境において概してより適した伴侶動物となる。従順さに対する選択による特徴の崩壊（Belyaev, 1979）は、性格の特徴の結合（例：捕食圧；Bell & Sih, 2007）にも影響を与えたかもしれない。これは、さまざまな用途のために多くの異なる品種を選択することの基盤の1つであるかもしれない。

長い文化的伝統で飼い慣らされた野生動物を利用する場合（例：アジアで働くゾウ）もあるが、これは、現生種保全や動物福祉概念と適合性があるというわけではない。実のところ、家畜化の過程で特定の目的のために"デザインされた"ので、家畜化された動物のみが伴侶となったり、動物介在療法で利用されたりするべきである。例えば、身体障がい者のための補助としてのオマキザルの利用は、特に補助犬をこの目的に使うことが可能なことから倫理的に問題がある。患者に持続的利益をもたらさないことから、"ドルフィンセラピー"にも同じことが当てはまる（Marino & Lilienfeldt, 2007）。これとはまったく対照的に、犬、馬、その他の家畜化された動物種（Podberscek et al., 2000；Wilson, 1984）では動物福祉問題や保全問題はほとんど起こらず、コストも中程度である。

どの伴侶動物か？

伴侶動物は、心の優しいパートナーを求める人を満たすことができ、比較的安い"社会的コスト"で、養育し愛着を寄せる存在となる（Olbrich & Otterstect, 2003；Podberscek et al., 2000；Serpell, 1986；Williams & Weinberg, 2003）。例えば人のパートナーと比べ、猫や犬は言葉で口論せず、多くの点での要求が少ない。根底で、人同士の関係性を複雑にする認識や文化的構成要素をほとんど含まない情緒レベルを際立たせることで、伴侶動物との関係は"必要不可欠"なものとなる。他の多くの同種のパートナーに比べて伴侶動物は、パートナーである人の要求や特性に対してより不釣り合いに、より妥協することなく順応できるだろう（Wedl et al., 2011）。

伴侶動物は、仲間の毛繕いのためのパートナーとなることができ、それゆえ社会的サポートをもたらし、グルココルチコイド濃度、心拍数、血圧といったストレス関連のパラメーターを低下させることができる（第3、7、8章参照）。人における相互作用によるストレス緩和効果の報告はいくつかあるが（例：Beets et al., 2011；Friedmann, Thomas, & Eddy, 2000；Uvnäs-Moberg, Handlin, & Petersson, 2011）、驚くことにパートナーである動物への釣り合いのとれた恩恵の可能性についてはほとんど報告がない。ストレスの緩和は長期的健康に対して関連があるだけではなく、攻撃行動の表出ともつながりがある（Kruk, Halasz, Meelis, & Haller, 2004）。グルココルチコイドの慢性的な上昇は、劣位者の性ホルモンと攻撃性を抑圧するが、優位者の上昇したコルチゾール濃度や急性のコルチゾールピークは、攻撃行動を先行、促進、および誘発する（Creel, 2005）。これは、人と動物の関係に対して深く関連があるだろう。社会的結びつきがある場合、動物との共生は情動的、生理学的に報いがある（Olbrich & Otterstedt. 2003；Podberscek et al., 2000）。明らかに、社会的サポートは強く結びついた人と動物の関係において特に重要である（Friedmann et al. 2000；Kotrschal et al., 2009；Olbrich & Otterstedt, 2003）。

　伴侶動物との交流を望む人は、十分なスペースがあるなら実験用ラットから猫、犬、馬、豚や牛にまでおよぶさまざまな家畜化された種の中から伴侶動物を選ぶ。そして種の中で、人の要求と気質に合う品種と気質を選ぶことができる。それでも特定の動物種、品種、個体の選択は、適切かどうかの合理的考察よりも見た目によって決められることが多いようで、このような決断は"直観的"（すなわち潜在意識の機構にほとんど基づく感情）に行われることがほとんどでさほど合理的でないことが多い。しかしながら、これに対するきちんとしたデータはないため、このような意見には注意が必要である。ペットの飼育と動物との関係は、本質的に"不合理"である。例えば若齢動物とのかかわりは、彼らのかわいらしさ（kindchenschema、上記参照）によって促進される。しかしながら、あらゆる人にとってこれが最大の魅力となるわけではないかもしれない。

　自身の思考と欲求を投射するターゲットとして、その質によって動物を選択するかもしれない。逆に言えば、特に犬は彼ら飼い主の"延長された表現型"として本当に解読されている（Mae, McMorris, & Hendry, 2004）。しかしこれは、まだ大部分が調査中である。例えば、ロットワイラーという犬種を好む人々は、トイプードルを好む人々とはたぶん異なるだろう。警察犬、猛禽類、ワニといったどう猛な見た目や"野生的で自然のままの雰囲気"を好む人もいるだろう。さらに、グレーハウンド、アラブ種、ラクダといった"堂々とした"見た目の動物を好む人々もいれば、従順な動物を高く評価する人もおり、意志が強くて独立性の高い性質を持つ猫のような伴侶動物を好む人々もいる。明らかに、この分野でのさらなる研究が必要である。これは、知識が不完全で多くのグレーゾーンがあり、科学領域での議論の余地がまだ十分ある anthrozoology（人と動物の関係学）の分野でも事実である。

第3章

人と動物のかかわりによる健康、社会的交流、気分、自律神経系、およびホルモンへの効果

　前章で、人とその伴侶動物は社会的関係を実際に築くことができることを説明した。しかし、事例で報告した治療効果は、本当に人と動物の関係に起因するのだろうか。この質問にアプローチするため、人と動物のかかわりによる効果の研究の概要をここで示す。

　人と動物のかかわりで見られた効果の明らかな要因を示す研究論文といった特定の選択基準で文献検索を実行し、レビューと研究論文を選択した。公表された研究論文は、動物とのふれあいや動物の存在でさえも人に次のような効果を示すとしている。たとえば病院にほとんど行かないほど良好な健康状態、薬剤投与量の低下、体の調子の良さ、社会的交流の促進、共感能力の改善、恐怖や不安の軽減、信頼と落ち着きの増加、気分の改善と抑うつの減少、疼痛管理の改善、攻撃性の軽減、低い血圧と心拍数だけではなくコルチゾール濃度の低下といった抗ストレス作用、オキシトシン濃度の増加、学習の改善などがある。本書の後半で、人と動物の関係がどのように効果を生み出すかを説明するための理論的枠組みとして、人と動物の関係に関するモデルを紹介するので、本章では科学的に有効性が認められた"動物の効果"の基礎的な情報を読者に説明することを目的とする。

序章

　以下では、人と動物のかかわりによる社会的および健康への潜在的プラス効果に関する最新の証拠の概要を説明する。動物とのかかわりのプラス効果についての文献を検索すると、新聞の記事やインターネット上の出版物から論文審査のある科学的な研究論文まで、莫大な数の報告を得ることができる。本章では主に後者、つまり科学雑誌に公表されている実証研究に基づいた証拠を盛り込んだ。これらに含まれるためには、報告書と基本的なデータは一定の基準を満たさなければならない。できるだけ多くの論拠を盛り込むよう試みたが、我々の基準を満たす研究のいくつかが見逃されてしまった可能性はある。

　我々の第1の目的は、報告されたプラス効果を我々の統合モデルを用いて説明ができるか評価することが可能な方法で、人と動物のかかわりの影響を要約することである。それゆえに、我々の現在の焦点は、実験的設定や動物介在介入も含む伴侶動物の飼育や意図的な動物とのふれあいの結果として、血圧や心拍数といった精神生理学的要因と共感や社会的相互作用といった心理学的要因を含め、人の精神的、身体的健康への人と動物のかかわりの効果にある。これらの分野に直接関係のない研究は除外した。例えば、健康関連の能力や社会的行動に間接的に影響を及ぼす態度、喫煙、他の問題に対する動物飼育の効果についての研究は除外している（例：Milberger, Davis, & Holm, 2009；Zimolag & Krupa, 2009）。さらに、対人暴力と動物

虐待、動物福祉と関連したペットに対する態度、人の性格と動物関連問題の関係などのトピックは除外した。

このレビューに掲載する研究を選ぶ際に最重要となった基準は、論文審査のある科学誌での掲載である。MedlineとPsychLitは、医療科学や心理学分野だけではなく教育や生物学の分野でも最も包括的なデータベースであるため、論文検索に主に使用した。このとき、要約とキーワードを含む英語で書かれた論文のみが含められた。

続いて次の検索用語で検索を行った。人と動物のかかわり、動物介在療法、動物介在活動、さらに、"治療的乗馬"を調べた。ここでは動物とのかかわりによる心理学的および心理生理学的影響を総括することから、単なるバランスや動きの変化の評価による馬を用いた理学療法の研究は除外された（例：Beinotti, Correis, Christofoletti, & Borges, 2010；Cherng, Lian, Leung, & Wang, 2004）。"犬"や"猫"といった他の検索用語は、動物の健康や行動についての無関係な多くの出版物を検出した。上で説明された用語経由で見つかった数百の出版物の中から、我々の選択基準を満たし、局所的に関連ある出版物を最終的に取り入れた。

2つ目の基準として、他の考えられる交絡変数によってではなく、動物とのふれあいによって高い確率でもたらされた結果として効果の説明が再現できる研究デザインの研究を選んだ。例えば、コントロール群なしで動物介在活動前後の評価を行った研究は除外した。潜在的な交絡変数のコントロールがなく、ペットの飼い主と飼い主でない人の健康を調べた多くの研究は、最終的な考察がほとんど行われていなかったので、これも除外した。

3つ目の選択基準は、サンプルサイズで被験者数10人を下限値とした。これはまだ比較的小さい規模だが、この基準によって、資金援助不足により大規模な研究を行うことができない

この分野の研究の限界に敬意を払うよう努めたものである。**表1**にレビューで選択したオリジナルの研究を示した。

本書の後半で、これら動物とのふれあいによるプラス効果に対してオキシトシンが重要な役割を果たすかどうかについて議論するため、研究結果はオキシトシン媒介によると実証された効果によって分類した。最初に、動物を飼うことの全般的な健康への影響を再検討した。次に、社会的かかわりと共感の刺激、信頼の増加、恐怖と不安の軽減、気分の改善と抑うつの緩和、攻撃性や痛みの低下、ストレス反応の抑制、免疫機能と学習の改善に対する動物とのふれあいによる影響を取り上げる。

健康へのプラス効果

早くも1980年代には、「ペットの飼育が飼い主の精神的・身体的健康によい」という常識的な仮説を検証するための研究が行われていた。しかしながらこれら初期の研究は、交絡変数の問題に悩まされた。例えば、個人の健康状態は、ペットを飼うか飼わないかを決断する際の重要な要因になるため、ペットを飼い始める前の健康状態のコントロールなしで、飼い主の健康を予想する原因因子としてペット飼育を用いてはならない。それでも、Garrityら（1989）、Rainaら（1999）、Siegel（1990）、Winefieldら（2008）、Parslowら（2005）、Stallonesら（1990）によって行われた研究は、伴侶動物の飼育者は非飼育者より健康状態が実によいと報告している。

これらの研究のいくつかは、数千人の参加者からなるサンプルサイズを有した。健康状態は、コレステロールのような医療マーカーや通院回数によって間接的に評価された。しかしながら、これらの研究のほとんどは相関研究なので、ペット飼育と健康との重要な因果関係は認めていない。

表1　レビューで選択したオリジナルの研究

著者	母集団/年齢層	研究設定	対象者数	動物による有意なプラス効果
Allen, Blascovich & Mendels (2002)	成人夫婦	ストレス負荷時のペット、友人、配偶者の存在の影響	240	ペットを飼育する人は、飼育しない人より低い基準心拍数と基準血圧を有し、ストレス負荷時の増加が少なく、回復が早い。ペットの存在によるペット飼育者のストレスの軽減
Allen, Blascovich, Tomaka, & Kelsey (1991)	女性	ストレス負荷時のペットや友人の存在の影響	45	ペットの存在による血圧、心拍数、皮膚コンダクタンスの低下
Allen, Shykoff, & Izzo (2001)	高血圧の成人	ペットの有無、ストレス課題	24/24	ペット飼育者における血圧、心拍数、血漿レニンの活性の減少
Banks & Banks (2002)	長期介護施設の高齢入居者	6週間の動物（犬）介在療法群とコントロール群	45	孤独感の減少
Banks & Banks (2005)	長期介護施設の高齢入居者	グループ設定または個別設定の6週間の動物（犬）介在療法	33	個別設定における孤独感の大いなる減少
Barak, Savorai, Mavashev, & Beni (2001)	統合失調症の高齢者	AAT群と非AAT群	10/10	社会的機能の改善
Barker & Dawson (1998)	成人の精神病患者	1回のAATセッションと1回のレクリエーションセラピーセッション	230	異なるセッションタイプによる不安レベルの差異なし、異なる疾患の患者へのAATを介しての有意な不安軽減
Barker, Knisely, McCain, & Best (2005)	成人の医療従事者	5分間または20分間犬を撫でる行為と20分間の安静の比較	20	犬がいる条件での不安軽減、唾液中および血清中コルチゾール濃度の減少
Barker, Pandurangi, & Best (2003)	成人の精神病患者	ストレス負荷前の15分間の読書と動物との交流の比較	35	恐怖と不安の軽減
Barker, Rasmussen, & Best (2003)	成人の精神病患者	ストレス負荷前の水槽のある待合室と水槽の無い待合室	42	不安の軽減
Bass, Duchowny, & Llabre (2009)	自閉症の子ども	12週間の乗馬療法プログラム群と順番待ちリストコントロール群	19/15	感覚探究、知覚過敏、社会的動機付けの増加と不注意、注意力の散漫、座位活動の減少
Beetz, Kotrschal, Turner, Uvnäs-Moberg, & Julius (2011)	不安定な愛着を持つ7〜12歳の子ども	社会的ストレス負荷時に犬、成人、おもちゃの犬によって社会的サポートを受ける異なる群	31	犬によってサポートされた群のコルチゾール濃度の低下、低いコルチゾール濃度と犬との身体的接触の強い関連性
Berget, Ekeberg, & Braastad (2008)	成人の精神病患者	家畜によるAATとコントロール群、12週間の動物介在介入、6カ月間の追跡調査	90	介入群における高い自己効力感と対処能力、生活の質には有意差なし

表1（続き）

著者	母集団/年齢層	研究設定	対象者数	動物による有意なプラス効果
Berget, Ekeberg, Pedersen, & Braastad（2011）	成人の精神病患者	家畜によるAATとコントロール群、12週間の動物介在介入	41/28	介入群における6カ月間の追跡調査での状態不安の低下
Bernstein, Friedmann, & Malaspina（2000）	2つの長期介護施設の高齢入居者	動物訪問とレクリエーション療法の比較	33	長い会話の開始と参加の増加
Charnetski, Riggers, & Brennan（2004）	成人の大学生	本物の犬を撫でる群、ぬいぐるみの犬を撫でる群、静かに座る群	55	本物の犬を撫でることでのみIgAが増加
Cole, Gawlinski, Steers, & Kotlerman（2007）	心臓疾患で入院した成人	犬と一緒の訪問群、犬なしでの訪問群、通常治療群	76	不安の軽減、血圧の低下、エピネフリン濃度とノルエピネフリン濃度の低下
Colombo, Buono, Smania, Raviola, & DeLeo（2006）	高齢者施設に住む高齢者	3カ月間カナリアを世話する群、植物の世話をする群、何も世話をしない群	144	カナリアを世話した群における抑うつの軽減、生活の質の改善
Crowley-Robinson, Fenwick, & Blackshaw（1996）	養護施設に住む高齢者	異なる介護施設の入居者の犬の有無による比較	95	両群における抑うつの減少
Davisetal.（2009）	脳性まひ児（4〜12歳）	10週間の乗馬療法プログラム群とコントロール群	35/37	機能、健康、生活の質への有意な影響はなし
Demello（1999）	正常血圧成人男性と成人女性	ペット不在、ペットあり視認のみ、ペットあり触覚接触といった3つの状況下での認知的ストレスからの回復	50	慣れていないペットの視認のみの状況における、より多い血圧と心拍数の低下や動物を撫でることによる心拍数の低下
Fick（1993）	養護施設に住む高齢男性	同じグループでのペットの有無での観察	36	グループメンバー間の言葉のやりとりの増加
Fournier, Geller, & Fortney（2007）	成人の囚人	AAT群とコントロール群	48	社会的能力の増加と規則違反の減少
Friedmann, Katcher, Thomas, Lynch, & Messent（1983）	子ども	読書中や休憩中の犬の存在、実験の初めや後半に犬の導入	38	最初から犬がいた場合、血圧が低下
Friedmann & Thomas（1998）	心筋梗塞の成人患者	ペットの飼い主と非飼い主の生存率の比較	424	高い生存率

第3章 人と動物のかかわりによる健康、社会的交流、気分、自律神経系、およびホルモンへの効果

表1（続き）

著者	母集団／年齢層	研究設定	対象者数	動物による有意なプラス効果
Gee, Crist, & Carr（2010）	未就学児童	犬、ぬいぐるみの犬、人の存在下での記憶課題	12	本物の犬がいる条件下でより少ないうながし、人がいる条件下で最も多いうながし
Gee, Harris, & Johnson（2007）	標準的な子どもと発達遅延の子ども	犬の存在の有無による運動技能課題の能力	14	犬の存在による課題のより速い完了
Gee, Sherlock, Bennett, & Harris（2009）	言語機能障害とそうでない未就学児童	課題中の犬の存在の有無	11	犬の存在による模倣課題における指示への順守の向上
Grossberg & Alf（1985）	成人学生	犬を撫でることと読書、休憩、会話との比較	48	読書や会話に比べ、犬を撫でている間の血圧が低下、ペットに対する積極的な態度との関連
Gueguen & Ciccotti（2008）	見知らぬ成人	4つの実験：犬ありの実験者と犬なしの実験者、他者からの助けと電話番号聞き取りの誘発	80	犬と一緒の場合のより多い援助行動とより多い信頼（見知らぬ人に自分の電話番号を教える）
Handlin, Hydbring-Sandberg, Nilsson, Ejdebäck, Jansson, & Uvnäs-Moberg（2011）	女性の犬の飼い主（30歳以上）	3分間、自身の犬を撫でながら話しかける群と犬の存在なしのコントロール群	10/10	犬と飼い主の交流から55分後のより低い心拍数、犬と交流中または交流直後のより高いオキシトシン濃度
Hansen, Messenger, Baun, & Megel（1999）	2〜6歳の子ども、男の子14人、女の子20人	健康診断で見知らぬ犬の存在あり群と犬の存在なしのコントロール群	15/19	血圧、心拍数、指先温度の有意差なし、犬あり群での行動困難の低下
Hart, Hart, & Bergin（1987）	車椅子利用の成人	介助犬取得前後の見知らぬ人によるあいさつの犬なし群との比較	19/19	介助犬を取得してからのより友好的なあいさつ、犬なし群より多い社会的交流
Haughie, Milne, & Elliott（1992）	高齢の精神病入院患者	生きているペットの存在とペットの写真グループ	37	より魅力的な社会的交流
Havener et al.（2001）	7〜11歳の子ども	犬の存在あり（20）または犬の存在なし（20）の歯科処置 自己申告によるストレスを持つ17人の子どものサブグループ	20/20	グループ間の末梢皮膚温度の有意差なし。自己申告でストレスを抱える子ども達によるサブグループ（N=17）では歯医者の待ち時間中、犬の存在は興奮を減少させた
Heady & Grabka（2008）	正常な成人	反復調査によるペットの飼い主と非飼い主の比較	10969	自己申告による医者を訪れる回数の減少、より良い健康

表1 （続き）

著者	母集団/年齢層	研究設定	対象者数	動物による有意なプラス効果
Hergovich, Monshi, Semmler, & Zieglmayer (2002)	小学1年生の子ども	教室に犬がいる子ども達と犬のいないコントロールクラス	46	共感の増加、場独立の増加、社会的統合の増加、攻撃性の低下
Holcomb, Jendro, Weber, & Nahan (1997)	デイケア施設の高齢男性	施設の鳥小屋の有無（ABABデザイン）	38	単なる鳥小屋の有無なので抑うつの差異なし、ただし鳥小屋の利用は抑うつの低下と関連した
Jenkins (1986)	成人	自分の犬を撫でることと音読の比較	20	犬を撫でている間の血圧の低下
Jessen, Cardiello, & Baun (1996)	高齢者	リハビリ施設入所後10日間の鳥飼育の有無	20/20	鳥がいる群での抑うつの減少
Kaminski, Pellino, & Wish (2002)	入院中の子ども	AAT群と遊戯療法群	70	両グループで抑うつの減少、AAT群だけ肯定的な感情と気分に改善が見られ、心拍数が低下した
Kotrschal & Ortbauer (2003)	小学1年生の子ども、大部分は移民	最初に犬がいない状態と、後に犬がいる状態での教室での子ども達の観察	24	学校の出席率の改善、社会的統合の増加、攻撃性の軽減、教師への注意の増加
Kramer, Friedmann, & Bernstein (2009)	高齢者福祉施設に入居中の認知症女性	人のみによる訪問、犬を伴った人の訪問、ロボットの犬を伴った人の訪問	18	人のみの場合に比べて本物の犬とロボットの犬がいる場合の社会的交流の増加
Marr et al. (2000)	20～66歳の精神科入院患者	AAT群とコントロール群	69	他の患者との交流の増加、笑顔の増加、より社交的、より援助的
Martin & Farnum (2002)	広汎性発達障害の子ども、3～13歳	おもちゃ、ぬいぐるみの犬、本物の犬との交流	10	より遊び好き、より集中、社会環境意識の向上
Miller et al. (2009)	犬を飼育している成人男性と成人女性	犬との交流または犬との接触なしでの読書	20	犬との交流による女性の血清中オキシトシンの増加、男性での増加なし
Motooka, Koike, Yokoyama, & Kennedy (2006)	62～82歳の高齢者	親しい犬との30分間の散歩と犬なしでの30分間の散歩（クロスオーバー法）	13	犬なしでの散歩に比べて犬との散歩時はより高い心拍数変動性を示した
Na & Richang (2003)	子どもが巣立った親、成人した子どもと暮らす親	ペット飼育者、非飼育者、交流なしの比較調査	719	自己申告の、よりよい精神と身体の健康、より多い既婚者

表1（続き）

著者	母集団/年齢層	研究設定	対象者数	動物による有意なプラス効果
Nagasawa, Kikusui, Onaka, & Ohta (2009)	成人の犬の飼い主	30分間の犬との交流。犬の注視を受けながらの犬との交流と直接犬を見つめないで犬と交流	55	犬との関係が良好な飼い主の、飼い犬からの注視を受けながらの交流後の尿中オキシトシン濃度の増加、コントロール条件（犬を見つめない）では増加なし
Nagengast, Baun, Megel, & Leibowitz (1997)	3〜6歳の子ども	10分間の標準的な健康診断中の友好的な見知らぬ犬の存在の有無；クロスオーバー法	23	犬の存在ありでの診察中の収縮期血圧と心拍数のより大きな低下
Nathans-Barel, Feldman, & Berger, Modai (2005)	慢性統合失調症の成人患者	AAT群（10回の週1回のセッション）とAATなしの群	10/10	快感度の改善、レジャータイムの有効活用、高い意欲
Odendaal, 2000; Odendaal & Meintjes (2003)	成人	自分の犬または見知らぬ犬の愛撫、読書	18	人のコルチゾール濃度の低下、人と犬のβエンドルフィン、オキシトシン、プロラクチン、フェニル酢酸、ドーパミンの増加
Paul & Serpell (1996)	8〜12歳の子ども	新しい犬を飼い始めたグループ、新しい飼い犬のいないグループ	27/29	より多くの友人による訪問、より多くの家族と一緒の活動
Prothmann, Bienert, & Ettrich (2006)	精神疾患の子ども	犬とのセラピーセッションと犬なしのコントロール群	61/39	活力、情緒的バランス、社会的外向性、警戒心の改善
Prothmann, Ettrich, & Prothmann (2009)	自閉症の子ども	犬、人、物との交流	14	より長くより多い犬との交流
Sams, Fortney, & Willenbring (2006)	7〜13歳の自閉症児	犬ありと犬なしでの作業療法	22	言語使用と社会的交流の増加
Schneider & Harley (2006)	成人の学生	犬がいる療法士と、療法士だけのビデオを見る	85	犬といる療法士への自己開示と満足度の増加
Shiloh, Sorek, & Terkel (2003)	成人	ストレッサーへの暴露後に異なる動物を撫でる、または休憩	58	生きている動物を撫でることによる不安軽減
Straatman, Hanson, Endenburg, & Mol (1997)	成人男性	ストレスの多い会話課題中の見知らぬ犬の存在がある場合とない場合（コントロール群）	17/19	群間の不安、心拍数、血圧に有意差なし

表1（続き）

著者	母集団/年齢層	研究設定	対象者数	動物による有意なプラス効果
Turner, Rieger, & Gygax（2003）	成人	猫を飼っている独身（92）、猫を飼っていない独身（52）、猫を飼っているカップル（212）、猫を飼っていないカップル（31）	630	猫の飼育は自己申告の消極的な気分のスコアを減少させた
Viau et al.（2010）	自閉症スペクトラム障害の子ども	介助犬の家族への導入前後、短期間介助犬を取り除いた時	42	介助犬導入後の起床時コルチゾール反応の低下、取り除いた後に元に戻る、日中の平均コルチゾール濃度の変化なし、両親の報告によると、犬がいた場合は問題行動が減少した
Villalta-Gil et al.（2009）	成人の慢性統合失調症入院患者	AAT群とコントロール群	12/9	社会的接触の増加、症状の減少、生活の質の向上
Vormbrock & Grossberg（1988）	成人の学生	犬との視覚、言葉、触覚による交流	60	犬を撫でている間には血圧が最も低かった、実験者に話しかけるより、犬に話しかけた時のほうが血圧が低かった、静かに犬を撫でている場合心拍数が低下した
Wells（2004）	成人、見知らぬ人	異なる犬と一緒にいる女性、公の場での中性刺激、見知らぬ人の反応	1,800	犬と一緒の場合、見知らぬ人からのあいさつの増加
Wesley, Minatrea, & Watson（2009）	薬物乱用の成人	ATT群とコントロール群	135/96	療法士とのよりよい治療提携
Wilson（1991）	若い成人	音読する、静かに読む、犬と交流する、といった3条件の比較	92	静かな読書と犬との交流における状態不安に差異なし、音読はこれら2つと異なった

第3章　人と動物のかかわりによる健康、社会的交流、気分、自律神経系、およびホルモンへの効果

一般的な健康への効果

■ レビュー

ペット飼育と健康との関係についての構造的概要を伝えるレビューは少ない。このテーマに基づく研究論文の総括において Wells（2007、2009）は、伴侶動物の人に対する予防的価値と治癒的価値を支持する証拠があるという結論を出したが、直接的な因果関係を決定的に支持するデータは不十分であると述べた。

Nimer と Lundahl（2007）が動物介在介入による効果をメタ解析で結論付けたように、慢性疾患を抱える特定の患者は、ペットとのかかわりから恩恵を受けるだろう。2004 年までに出版された 49 の研究論文が解析され、効果の大きさが計算された。なお、このとき動物介在活動やただのペット飼育、実験群の参加者が 5 人以下の研究は除外された。長期的動物介在療法の評価に加えて、ストレス状況下における動物の存在効果に関する研究も加えられた。伴侶動物のプラス効果が自閉症スペクトラム障害、精神的安定、問題行動、病状に関する全年齢群において報告された。効果量には幅があったが、ほとんどは中程度であった。動物との交流なしというようなコントロール条件だけではなく、他の伝統的な治療法に対しても動物の効果が検証され、動物介在介入が動物なしの標準的治療に比べより効果的だったことを明らかにした。

■ オリジナル研究

いくつかの調査は、通院回数、運動や体の調子、仕事を休んだ日数といった自己申告による健康指標によって、動物所有の一般的健康効果を間接的に評価している。これらの研究論文は、残念ながら上記レビュー（Nimer & Lundahl, 2007；Wells 2007, 2009）に含まれていないが、我々の見解では、これらの研究は記載された研究よりも動物所有の人の健康への影響についてより明確な解釈をしている。

Headey と彼の仲間は、最大交絡因子で統計的に制御した、大規模な代表性のあるサンプル調査におけるペット飼育の健康への影響について調べた（Headey, 1999）。16 歳以上のオーストラリア人 1,000 人以上のサンプルにおいて、犬と猫の飼い主は、非飼い主と比べて通院回数が少なく、睡眠障害に対する薬の服用が少ないことが報告された。Headey ら（2008）は、都市部に住む 25 歳から 40 歳の 3,000 人以上の中国人女性を調査した。その半分は犬の飼い主であり、社会経済的に一致した犬の非飼育者より頻繁に運動し、よく眠り、自己申告でよい健康状態を有し、病気による欠勤回数が少なく、通院回数も少なかった。

Headey と Grabka（2007）は、オーストラリアとドイツで、数年後に同じ質問を同じ調査対象に実施する縦断的調査を行った。継続的にペットを飼育する人々は最も健康的な群に分類されたが、飼育をやめた人や飼育をしたことがない人々はあまり健康的ではないという結果となった。これは、両方の国において、性別、年齢、婚姻状況、収入、健康に関する他の要因を調節しても、ペット飼育者は非飼育者に比べて年間医療費が 15％少なかった。

別のアプローチは、子どもが独立した親といったように、社会的または健康状態を明確に定義した特定の部分母集団に焦点を当てる方法であり、多くの交絡因子に対してのペット飼育の有無をよりよく比較する一因となる。このデータは、子どもが独立したペットを飼育する親は、同等のペットを飼育しない親に比べてよりよい精神的・身体的健康状態を有することを明らかにした（Na & Richang, 2003）。

一般的な健康と生活の質は、脳性まひ児のための 10 週間の乗馬療法プログラムの結果因子として評価された（Davis et al., 2009）。コントロール群に比べて、有意な効果は見られなかったが、12 週間の家畜との交流において、精神病患者はコントロール群に比べて自己効力

感と対処能力がより多く改善された。しかしながら、これらの効果を得るためには長い時間を要する上、有意な効果はプログラム終了から6カ月後までしか持続しなかった（Berget, Ekeberg, & Braastad, 2008）。我々の考えでは、これら自己効力感と対処能力は、家畜動物と働くことによって好影響を受けた自尊心と、よりよい精神的健康の間接的な指標として見ることができた。12カ月間に及ぶ動物介在療法（週1回4時間のセッション）によって、統合失調症の高齢患者における適応機能を有意に改善した（Barak, Savorai, Mavashev, & Beni, 2001）。適応能力は精神的健康の全体的指標として用いられることが多く、自分のことは自分でする能力および社会と効果的に関わる能力を表す。

　一般的に正しくコントロールされたメタ解析調査から、ペット飼育は人の健康に好影響を及ぼすということが証明されているという結論に達する。

心臓血管の健康

　Headey（1999）は、犬と猫の飼い主の方が飼い主でない人と比べて心疾患の治療をすることが少ないと報告した。ペット飼育のこの具体的な効果は、他の研究でも報告されている。例えば、FriedmannとThomas（1998）は、急性心筋梗塞を患った数百人の患者の1年生存率を調べた。病状の程度だけではなく、人口統計データと心理社会的データといった要因を制御して、高い社会的サポートと犬の飼育（猫の飼育ではない）は、1年後の生存率を高める傾向があったことを示した。彼らの"ペットセラピー"に関する研究のレビューから、GiaquintoとValentini（2009）は、ペット飼育は心血管系リスクに対する予防効果を有するという一貫した根拠があるという結論を出した。筆者によるとこの効果は、犬の散歩による適度の運動に主に起因する。

　概して、ペット飼育は、心臓血管の健康を促進するという根拠がいくつかある。

他者からの肯定的な社会的注目の改善と社会的行動の刺激

　特定の動物とだけではなく人同士においても、友好的な犬の存在は社会的交流を刺激するといわれている。この効果は、通常"社会的触媒効果"と呼ばれる。最も多く引用される事例研究は、療法士のBoris Levinson（1964）によるもので、現代の動物介在介入の第一歩として考えられている（これらの異なるタイプの概説は**ボックス7**参照）。彼の犬は、過去のセラピーセッションでLevinsonにまったく話そうとしなかった男の子とのコミュニケーションを円滑にした（第9章参照）。友好的な動物の同伴を介する社会的促進のもう1つの側面は、他者による同伴者の認識に関連している。この効果は、人同士で実際の社会的交流を促進する一因となるだろう。

　この事実に関する研究について最初に述べる。さらに、動物介在介入は社会的適応と行動にプラス効果を与える可能性がある。この効果を直接的または間接的に評価した研究も、以下で取り上げる。

　1980年代の研究は、介助犬と一緒にいる時には車椅子の利用者が他者から友好的な社会的注目を受けることを報告した（Hart, Hart, & Bergin, 1987）。Wells（2004）は、ラブラドールレトリバーの子犬を伴う、ラブラドールの成犬を伴う、ロットワイラーの成犬を伴う、テディベアや植物といった2つの中性物のうちの1つを伴う、そしてコントロール条件として1人でいるといった6つの異なる設定での見知らぬ人の女性実験者に対する行動を観察した。実験者が1人でいた時や、テディベアや植物があった場合には、より多くの人々が実験者を無視したが、犬と歩いていた時にはそうではなかった。ロットワイラーは、最も笑顔や音声応

第3章　人と動物のかかわりによる健康、社会的交流、気分、自律神経系、およびホルモンへの効果

> **ボックス7**　動物介在療法、動物介在教育、動物介在活動、動物介在介入の定義
>
> **動物介在療法（AAT）**は、"医療従事者もしくは医療従事者の管理下で行われ、患者やクライアントの機能や福祉を促進するための治療目的を設定した介入である"（International Society for Animal Assisted Therapy-ISAAT, www.aat-isaat.org）。
>
> **動物介在教育（AAE）**は、"参加する動物についての知識を持った学校の教師によって実施されるが、特殊教育のための担当教師、教育福祉専門職、矯正教育の学校で働く教師によって実施される場合には、療法および治療目的を設定した介入であると考えられている"（International Society for Animal-Assisted Therapy-ISAAT, www.aat-isaat.org）。
>
> **動物介在活動（AAA）**は、"動機付け、教育上、レクリエーションとしての理由のため、種々の施設訪問を目的として少なくとも基本的なトレーニングや準備をした人と動物（通常は犬）によってボランティアとしてほとんどの場合実施されている"（International Society for Animal-Assisted Therapy-ISAAT, www.aat-isaat.org）。
>
> **動物介在介入（AAI）**は、"治療経過の一環として動物を意図的に含める、または関与させることである。動物介在療法、動物介在活動、介助動物は動物介在介入の一例である"（Fine, 2006, p.264）。

答を生じさせたラブラドールの子犬や成犬に比べて、応答が少なかった。犬は、同伴者への友好的な社会的注目を明らかに促進した。小学校1年生の教室での犬の存在は、教師に対する児童の注目に関して同じような効果があった。犬がいた場合は、いなかった場合に比べて子ども達は教師により多くの注意を払った（Kotrschal & Ortbauer, 2003）。

自閉症のような精神疾患を持つ子どもは、動物とのふれあいによって社会行動に関する恩恵を受けるようである。動物との交流は、それ自体が社会行動の1つとして見られる。以下の研究は、対人行動に対する影響の可能性についてさらに評価することなく、この側面についての調査を行った。統一された設定の中で、自閉症の子ども達は、人や物と比べて本物の犬と最も頻繁に最も長く交流した（Prothmann, Ettrich, & Prothmann, 2009）。同じような研究で、広汎性発達障害（自閉症を含む）の子ども達は、おもちゃよりも生きている犬との交流において社会的環境をより意識し、より遊んでいた（Martin & Farnum, 2002）。

以下の研究は、社会的触媒効果をもたらす動物の存在、または動物との交流による人と人との交流の促進について取り上げている。

犬なしでのセッションと比べて犬との作業療法は、7歳から13歳の自閉症児において、より多い言語の使用と社会的交流をもたらした（Sams, Fortney, & Willenbring, 2006）。また、乗馬療法は自閉症児の社会的動機付け（他者と交流する即応能力）を増大させる潜在力を持つ可能性がある（Bass, Duchowny, & Llabre, 2009）。さまざまな精神科診断を受けた子どもは、犬なしでの心理療法セッションに比べて、犬ありでのセッションにおいて、より高い社会的外向性を示した（Prothmann, Bienertm & Ettrich, 2006）。

犬介在療法は、慢性統合失調症患者の社会的関係に関する社会的接触、症状、生活の質を改善した（Villalta-Gil et al., 2009）。しかしながら、プラスの変化が犬なしでの治療コントロール群においても観察され、両群の間に統計的有意差は見られなかった。一方Marrら（2000）は、精神科入院患者における動物なしでのリハビリテーションと比較して、4週間にわたる動物介在療法のプラス効果を報告した。基準値の差異なしで、動物介在療法群は他の患者との対話がより多く、笑顔と喜びをより表し、他者に

対してより社交的で人の役に立とうとし、より積極的で反応が早かった。このように、動物を介在させることによって通常治療での効果がさらに高まった。

動物とのふれあいによる可能性は、老年期の入居者や患者へのプログラムにおいてしばしば認められ、例えば高齢者福祉施設の入居男性の間での言葉のやりとり（Fick, 1993）や、高齢の精神疾患患者における社会的交流（Haughie, Milne, & Elliott）にプラス効果をもたらした。Bernsteinら（2000）は、長期介護施設で動物介在療法と動物なしのレクリエーションセッションを比較した。行動観察は、動物介在療法群の高齢患者の方が長い会話をより多く始め、参加する傾向にあったことを明らかにした。動物介在療法中の動物とのふれあいは、この群の社会的行動を有意に増やした。ふれあいは社会的刺激の重要な要素と考えられているため、この効果は治療にとって特に重要である。

Kramerら（2009）は、高齢者福祉施設の認知症を患う女性入居者の社会的交流に対する、誰も伴わない1人での訪問、犬を伴った人の訪問、ロボットの犬（AIBO）を伴った人による訪問の効果を比較した。犬とロボットの犬は、人だけによる訪問より社会的交流をより促進した。

認知症の高齢患者への犬介在療法の効果のレビューにおいて、Perkinsら（2008）は、彼らの選定基準に当てはまる9つの研究を特定した。彼らはそれらでさえ、方法のばらつきが確固たる結論を出すことを困難にしていると批評した。しかしながら犬介在療法が、社会的行動と交流の増加により認知症を患う人々にとって有益であることを示唆している。FilanとLlewellyn-Jones（2006）は、認知症患者のための動物介在療法の効果についての文献レビューで同じような結論に達した。

動物の存在によって改善された社会的交流を指し示すパラメーターをいくつかの研究が評価したが、直接は評価しなかった。

犬を飼い始める前と犬を飼い始めてから1カ月後を比べると、新しく犬を飼い始めた子どもには、友達がより頻繁に訪れ、彼らの家族はよりレジャー活動を一緒に行った（Paul & Serpell, 1996）。小学1年生の教室に犬がいる場合、犬なしのコントロール群に比べて、クラスの子どもによりよい社会的統合をもたらした（Hergovich, Monshi, Semmler, & Zieglmayer, 2002）。犬の存在なしと犬の存在ありでの子どもを比較した行動観察は、犬がいると、子どもはもっとうまく社会的に統合できることを明らかにした（Kotrschal & Ortbauer, 2003）。

子どもだけが動物とのふれあいから恩恵を受けるわけではない。薬物乱用の成人のための動物介在療法グループプログラムにおいて、動物の参加なしの群に比べて26回の動物介在グループセッションを行った群は、療法士との治療提携をより積極的に結んだ（Wesley, Minatres, & Watson, 2009）。治療提携は、患者と療法士の間での治療ゴールに関する同意と、これらのゴールにたどり着く方法のみならず、感情的関係にも同意することである。受刑者における動物介在療法は、積極的な社会的交流に必須の社会的技能を有意に改善した。

特別な心理的問題を持たない既婚成人においては、子ども達が家を出て行った後、ペットの存在によって結婚生活の安定が保たれるようである。少なくともペットを飼育していないカップルに比べて、ペットを飼育しているカップルの方がうまくいくことが多く（Na & Richang, 2003）、パートナー間のよりよい社会的交流を示している。

異なる研究方法にもかかわらず、我々の基準を満たす研究は、精神的問題を持っていようがいまいが、全年齢の人において、動物とのふれあいが社会的交流および機能を補助する潜在力を持っているという十分な根拠を示していることを結論づける。

学習の改善

自身の犬を学校に連れて行ったり児童に定期的な犬の訪問を企画したりする教師は、児童の社会的行動や教室の社会的環境へのよい影響を報告することが多く（上記参照）、そのため、よい学習環境を作り出している。動物は子どもの注意を散漫にして学習ができなくなるのでは、と論じる人もいるかもしれない。しかしながら、入手できる研究はそうではないことを示している。

Gee ら（2007）は、発達遅延の子どもの群と通常発達の子どもの群で、犬がいない時よりもいる時の方が正確性を損なうことなく運動能力課題を早く終了したことを示した。筆者は、この結果に対して2つの説明をした。1つ目は、犬が効果的な動機付けとして機能したこと、2つ目は、犬の存在が課題の遂行中のストレス軽減とくつろぎの増加をもたらし、遂行速度を速めたことである。さらなる研究でこれらの筆者は、人やおもちゃの犬に比べて犬が存在する場合、言語障害を持っていようがいまいが、未就学児は模倣課題における指示に対してより従ったことを報告した（Gee, Scherlock, Bennett, & Harris, 2009）。おもちゃの犬や人と一緒の時よりも犬が一緒の時の方が、子どもはそれほど促さなくても記憶課題（集中度の指標として）に取り組んだ（Gee, Crist, & Carr, 2010）。彼らは他人の存在下で最も多い促しを必要とした。さらに、参加者が見本と"合う"物体像を選ばなければならない見本合わせ課題において、人やぬいぐるみの犬と一緒の時よりも犬が一緒の時の方が、未就学児は見当違いの選択や間違いがより少なかった（Gee, Church, & Altobelli, 2010）。

これらの結果と一致して、Kotrchal と Orbauer（2003）は、教室内の犬の存在によって子どもは教師により注意を払い、間接的に学習を助長したことを報告した。

ゆえに、教育的環境における犬の存在は、集中力と学習を支援するようであり、反対の証拠はない。

共感能力

さまざまな責任感を発達させ、他の生物の要求への共感性を促進するという通説があるため、多くの親は子どものためにペットを飼うことを考える。共感性に関するペット飼育の効果の研究は、矛盾した結果を明らかにしている。さらに、共感性を能力として評価したり、共感できる社会的に望ましい反応に関する知識と社会的手がかりを区別することは、一般的に困難である。参加者や（子どもの場合には）その母親が答えたアンケートによって、日常生活における共感的反応と行動について解釈することは難しいが、これらの研究のいくつかをここで盛り込んだ。しかしながら、我々の見解によれば、これらの研究は、原因と結果や共感性と行動の現実的な違いにおいて結論づけることはできない。

Poresky と Hendrix（1990）は、母親による報告から小さい子どもの共感力について評価した。家庭内でのただ単に一時的な存在としてのペットではなく、ペットとの絆は共感力と社会的能力に正の相関があることを報告した。しかしながら健康に関する調査のように、これらの調査から効果がペットによるものだと推察することは不可能で、筆者自身もこれを認めている。ペット飼育を望む母親は、ペットが子どもの社会的能力を促進するのに役立つはずと信じて疑わないようであるし、尋ねられるとそう答えるだろう。また、より共感的な親やより共感的な子どもを持つ親は、子どもとペットの絆を強化したり、ペットを飼う傾向が強い。因果関係という意味での同様の解釈の問題は、Paul（2000b）や Daly と Morton（2003）による研究にも当てはまる。さらに、これらの研究は、

自己申告測定による共感を採用したため批判的に論じられた。なぜなら自己申告測定は、社会的に望ましい答えを出そうとする欲求に大きな影響を受けるからである。

DalyとMorton（2003）によると、ペットを飼育している子どもとペットを飼育していない子どもの共感性に違いは見られず、共感性とペットに対する愛着の程度には相関性がなかった。しかしながら、犬か猫かどちらかが好きな子どもに比べて犬と猫の両方が好きな子どもは、ペットを飼育していない子どもより高い共感性スコアを示した（Daly & Morton, 2006）。また、犬と猫の両方を飼っている子どもは、犬か猫どちらかだけを飼っているか犬も猫も飼っていない子どもに比べて、高い共感性スコアを示した。ペットへの愛着が高いほど、子どもの共感性スコアは高かった。DalyとMorton（2009）は、猫か犬、もしくは両方と幼少期に住み、調査時にペット飼育をしていた成人の共感性を調査した。猫や犬を幼少期に一度も飼ったことがない対象者に比べて、犬だけを飼育していたり猫と犬の両方を飼育していた対象者は、個人的な悩みが低く高い共感能力を持っていた。猫も犬も飼っていない人に比べて犬の飼育者は個人的な悩みが低く、猫や犬を一度も飼ったことのない群や猫だけを飼育したことがある群に比べて、高い共感能力を持っていた。

犬の存在や犬とのふれあいは、子どもの共感性に実に影響を与えることがHergovichら（2002）によって実証された。筆者は、教室に犬がいた小学1年生のクラスとコントロールクラスの児童を3ヵ月間比較した。犬がいたクラスだけ場独立性を持ち、動物への共感性が改善された。場独立は、他者の気分と欲求への感受性の基礎であり、ゆえに共感能力の指標である自己と自己以外のよりよい分別として解釈された。

一般的にこのようなデータは、動物との接触による共感へのプラスの効果の可能性を示すが、このような関連性を確かな証拠によって証明するため、共感の異なる設定や測定による研究がもっと必要である。

恐怖と不安の軽減と落ち着きの促進

成人からのデータは、自己申告による不安と恐怖が動物とふれあうことにより有意に軽減されることを示している。Shilohら（2003）による研究で、参加者は最初にタランチュラを見せられ、後で手に持ってもらうようお願いするかもしれない、と伝えられた。参加者は5つの群に無作為に割り当てられた後、ウサギ、カメ、おもちゃのウサギ、おもちゃのカメを撫でるか、ただ休むように求められた。動物を撫でることによって自己申告の不安は軽減されたが、生きている動物を撫でた時だけ効果が生じたため、原因は撫でるという身体的な経験それ自体にあるわけではない。同じようにBakerら（2003）は、電気ショック療法前の精神病患者において、15分間の動物との交流による効果と15分間の読書による効果を比較した。動物とともに過ごすことによって、自己申告の不安は18%、恐怖は37%有意に軽減した。

そうはいうものの、男子生徒での研究においてStraatmanら（1997）は、ストレスの多い発話課題における自己申告の不安レベルに、見知らぬ犬の存在の有無による効果はなかったと報告した。人と動物の交流の少し異なる側面、すなわち直接的な接触ではなく犬の観察や、"自然"を表現するアイテムの存在がBarkerら（2003）によって考察された。筆者らは、精神病患者における定期的な電気ショック療法への水槽がある待合室と水槽がない待合室の効果を比較した。水槽があると、平均的な患者の不安度は12%低かった。おそらく、水槽の魚同様鳥小屋の鳥（下記参照）を眺めることによるプラス効果は、双方向の相互作用、特に直接的な身体的接触を可能にする人と動物の交流のプラスのリラックス効果をもたらす機構以外の、異

なる機能に基づいている。Wells（2009）は、水槽を眺めることによって考えられるストレス要因への集中から気を反らさせ、間接的にストレスに影響を与えるだろうことを示唆した。

直接的に恐怖とストレスを誘発することなく、次の研究は自己申告による人の不安レベルへの動物の存在や動物とのふれあいによる効果を調べた。Coleら（2007）は、心不全で入院した成人における12分間の犬ありとなしの訪問と通常治療の効果を比較した。訪問前、訪問中、訪問後の不安を評価したところ、不安は犬の存在によって最も緩和された。Wilson（1991）は、音読する、静かに本を読む、犬と交流することの大学生の自己申告による不安レベルへの効果を比較した。すると、音読に比べると、静かに本を読むことと犬とのふれあいは低い不安レベルを示したが、静かに本を読むことと犬とのふれあいに有意差はなかった。

BatrkerとDawson（1998）は、精神病患者の不安レベルへの動物介在療法セッション1回と治療的レクリエーションセッション1回による効果を比較した。両セッションの不安レベルに統計的有意差はなかったが、さまざまな疾患の患者における動物介在療法のセッションの初めから終わりにかけて自己申告の不安レベルに有意な減少が見られ、治療的レクリエーションセッションは気分障害のみの不安を緩和した。Bergetら（2011）は、さまざまな診断を受けた精神病患者における12週間の家畜動物との交流プログラムがコントロール群に比べて有意な不安緩和をもたらし、この効果は交流直後のみならず6カ月後も持続したことを報告した。

Crowley-Robinsonら（1996）は、不安と反対、すなわち落ち着きに対する友好的な動物の効果を調べた。犬を飼育している養護施設の高齢入居者は、犬を飼育していない養護施設の入居者に比べてより低い緊張と困惑を示した。さらに、FilanとLlewellyn-Jones（2006）同様Perkinsら（2008）も、犬介在療法は認知症の高齢患者の情動不安を緩和するだろうという結論をレビューに記した。落ち着きの精神生理学的基盤に焦点を当てた研究については、本章の後半で説明する。

このように、動物とのふれあいは人の不安感情を軽減することができ、落ち着きを促進するという根拠がいくつかある。特に、事前に恐怖が高められていると目に付く恐怖の軽減が最もよく観察できるので、明らかなストレス要因が取り入れられた研究はより明確に解釈できる。

信頼および信頼性の増加

友好的な犬がどのように他者への信頼に影響を及ぼすかについて調べた研究が2つだけある。

SchneiderとHarley（2006）は、犬がいる療法士のビデオと犬がいない療法士のビデオを1回ずつ映して、大学生の信頼性を評価した。犬の存在なしに比べて、犬の存在ありの場合の方が、療法士に対して個人的な情報を明らかにする意思や、全般的な満足度が高かったと参加者は報告した。この効果は、療法士に対する肯定的な態度が弱かった参加者において特に強かった。ただ脚本として計画的に実施されたものであったが、犬の存在が参加者に療法士への信頼を大きく増やしたということは疑いようがないだろう。

GueguenとCiccotti（2008）は、犬の存在の有無による社会的交流、援助、および求愛行動を比較した。最初の2つの実験では、男性か女性実験者が通りで見知らぬ人に金の無心をした。3つ目の実験では、男性実験者が通りで硬貨を落とし、人々がそれを拾うのを手伝ってくれるかどうかを観察した。4つ目の実験では、男性実験者が公共の場で若い女性に電話番号を尋ねた。犬の存在は援助行動を生じやすくさせ、電話番号の要求に答えやすくさせた。最初の3つの実験での向社会的行動の増加という結果は、例えば犬が実験者に対する接近を促進さ

せた、または実験者の社会的知覚や他者からの注意をより望ましいものにしたというように異なる解釈ができる。しかしながら最後の実験結果は、犬の存在による見知らぬ人に対する魅力と信頼の増加の兆候として明確に解釈ができる。動物の存在によって、"この人は信頼できる"という認識をもたらしたのだろう。

犬の存在による信頼の促進への証拠はかなり限られたものであり、より多くの研究が必要だが、これらの発見は社会的積極性への犬の効果の可能性を立証するものである。

前向きな気分と抑うつの軽減

人が落ち込んだ時、友人や医者でさえ気持ちを改善するためにペットの飼育を勧めることがしばしばある。特に中欧や北欧では、飼い主が1日に少なくとも1回以上犬と散歩することが普及している。これは、医師が考える患者の活性化や前向きな気分に対して、ペットの効果を加えることになるだろう。しかしながら、猫の飼育も飼い主の気分の改善と関係があると報告されている（Turner, Rieger & Gygax, 2003）。犬の飼い主の場合にのみ当てはまる身体的運動よりはむしろ、伴侶動物との社会的相互作用が人の気分を高揚させる可能性があるようだ。抑うつへの動物介在療法の効果に関する5つの研究のメタ解析において、SouterとMiller（2007）は、動物介在療法によって抑うつ症状の有意な低下が認められ、その効果は中程度であったと報告している。

Crowley-Robinson（1996）は、犬を飼育している養護施設の高齢入居者において、2年間にわたって抑うつ症状の低下を見いだした。しかしながら、犬とのふれあいがない施設の入居者というコントロール群においても同じ結果が見られた。対照的にBanksとBanks（2002, 2005）は、長期介護施設の患者における犬の訪問による孤独感の低下を2つの研究で示した。この効果は、グループ単位での設定よりも個人単位での犬の訪問による集中した交流においてより強かった。動物の訪問は、ただ動物の存在によって気分が改善するのか、例えばグループ設定で他の人との社会的交流が促進されることで気分が改善するのか議論されているので、注意しなくてはならない。

また、3カ月間のカナリアの世話は、施設の高齢入居者の抑うつの軽減と生活の質の改善をもたらした（Colocbo, Buono, Smania Raviola, & DeLeo, 2006）。愛玩鳥は、特別養護施設へ入所した後の生活の変化に適応しなければならない高齢者の抑うつの軽減にも役立った（Jessen, Cardiello, & Baun, 1996）。退役軍人の医療センターでは、高齢者による鳥小屋の利用は抑うつスコアの低下と関連があった（Holcomb, Jendro, Weber & Nahan, 1997）、それに対してただ単に鳥小屋が置かれているだけであったり、鳥小屋がなかった場合には有意差が見られなかった。

高齢者や長期介護施設の入居者のみならず、身体的・精神的健康問題を持つ成人や子どもも、動物とのふれあいによる気分高揚効果からの恩恵を受けるようである。週に1時間の治療を受ける慢性統合失調症患者における10週間の動物介在療法プログラムは（Nathans-Barel, Feldman, Berger, Modai & Silver, 2005）、動物介在療法なしの群に比べて患者の気分を改善した。心理療法を受ける子どもは、感情バランスのセラピーセッション中の犬との交流で恩恵を受けた（Prothmann et al., 2006）。入院中の子どもにおける動物介在療法と従来の遊戯療法の比較では、子どもと親の報告により両方の治療で気分が改善されたことが分かったが、動物介在療法のみが目に見えるプラス効果と関連があった（Kaminski, Pellino & Wish, 2002）。

報告された研究から、動物、犬、および鳥は、精神的な健康問題の治療を受けるあらゆる年齢の患者や長期介護施設の患者といった、特

別な生活環境や特別なニーズを有する人々の抑うつを軽減したり気分を改善したりする可能性があるという結論に達した。この効果をより明らかに立証し、標準的な生活環境の人々においても同様なのかを調べるために、より多くの研究が必要である。

疼痛管理の改善

事例研究と成功事例報告は、特に養護施設や高齢者介護施設におけるペットの飼育や動物の訪問が鎮痛剤の使用を低下させることを示している。しかしながら、これらの研究報告のほとんどはいくつかの欠点があるため、本書のレビューから除外しなければならなかった。例として、Darrar（1996）によって56人の養護施設管理者が施設における動物介在療法の効果についての質問を受けた。40％という低い回収率は、正の偏りと患者の痛みや鎮痛剤の必要性の軽減を含む動物介在療法のプラス効果を管理者が主観的に見ている可能性を示唆した。

動物の存在が疼痛知覚や疼痛管理に影響を及ぼすという証拠は、現在のところ実に少ない。しかし、我々のモデル（下記参照）は、動物との交流が痛みの軽減や疼痛管理の改善といった可能性を持つことを示唆している。

攻撃性の軽減

欧米における動物介在療法プログラムのなかには、攻撃性といった形で外面化する問題行動のある子どもや成人に焦点を当てたものがあり、場合によっては矯正施設内で行われることさえある。しかしながら、動物介在反暴力プログラムまたは社会的能力プログラムはほとんど評価されていない。

小学1年生の教室における攻撃行動への犬の効果を直接的に観察した2つの研究がある（Kotrschal & Ortbauer, 2003；Hergovich et al., 2002、上記参照）。教室の教師による報告と行動観察から、彼らは犬の存在による攻撃行動の軽減を見いだした。これら最初の調査結果は、我々が人と動物の関係のモデルで示唆したように、動物とのふれあいが人の攻撃性を軽減させる可能性を持つことを意味している。しかしながらこの仮説を検証するためには、もっと多くの研究が必要であることは明らかである。

生理的効果

ストレス軸（HPA軸、SA軸、詳細は第3章および第6章参照）や免疫システム機能といった生理的パラメーターにおける動物との交流効果に焦点を当てた研究が比較的多くある。心拍数や血圧に焦点を当てる研究が増えており、第2の研究グループは、血漿中または唾液中コルチゾール、エピネフリン、ノルエピネフリンの変化といった内分泌反応を主に評価している。心臓血管系と内分泌系反応の両方を評価した研究もあり、これらについては下記で説明する。

さらに我々は、動物による効果が通常の条件下（例：安静時、読書）で測定されたものか、社会的ストレス課題（例：計算課題、スピーチ課題）や身体的疼痛ストレッサー（例：氷水に手を入れる）の前、最中、後といったストレスを誘発する条件で測ったものなのかを識別する。

自律神経系（心拍数、血圧、体温）への効果

血圧や心拍数への動物の効果に関するよくデザインされた相当な数の研究があり、なかには体温と皮膚コンダクタンスに関する研究もある。一般的にこれらの研究結果ははっきりしている。動物とのふれあいは効果的に心拍数と血圧を低下させ、ストレッサーへの反応としてこれらパラメーターの増加を中和することができる。

Friedmannら（1983）は、読書中や休憩中

の子どもの血圧に対する犬の存在の影響を調べた。実験後半に犬が導入された場合と比べて、実験開始時から犬がいた場合の方が血圧が低かった。GrossbergとAlf（1985）は、大学生における犬を撫でる、安静、おしゃべり、あるいは読書の精神生理学的効果を研究した。他の3条件と比べて、安静時の血圧は有意に低かった。しかしながら、おしゃべりや読書に比べて、犬を撫でていた時の血圧も低かった。ペットに対する積極的な態度は、低い平均動脈圧と収縮期圧に関連があった。

　VormbrockとGrossberg（1998）は、いわゆるペット効果を調べた。彼らは、大学生が犬と視覚的、言語的、触覚的にふれあう間の心拍数と血圧を記録した。犬を撫でていた時の血圧が最も低く、犬に話しかけていた時の方が高く、実験者に話しかけていた時が一番高かった。概して筆者は、認知よりむしろふれあいが犬との交流による血圧および心拍数低下の主な要因であるという結論を出した。これは、やさしく触ることによるオキシトシン系の活性化に合致している（第4章参照）。

　入院中の子どもにおいて、動物介在療法中と遊戯療法中の精神生理学的反応が調べられた（Kaminski et al., 2002）。動物介在療法だけが心拍数の低下とプラス効果に関連があった。Coleら（2007、上記参照）は、心疾患で入院中の成人における12分間の犬を伴った人の訪問、犬を伴わない人の訪問、標準的治療による効果を比較した。犬を伴った人による訪問を受けた患者は、ふれあいの最中と後に収縮期肺動脈圧の低下を示した。

　自律神経系覚醒と関連する他のパラメーターは心拍変動である。心拍変動の増加は、交感神経系の低下と副交感神経系の増加を意味し、リラックス状態を示すと解釈されることが多い。Motookaら（2006）は、30分におよぶ見知らぬ犬との散歩中と犬なしでの散歩中における健康的な高齢者のこれらのパラメーターを調べた。散歩条件の順番は無作為であった。1人で歩いた時よりも犬とともに歩いた時の方が心拍変動は有意に高かった。

　上で説明した研究は参加者が飼育していない犬を用いたが、次の研究は参加者自身の犬を撫でることによる効果を調べた。Jenkins（1986）は、犬の飼い主の自宅での血圧を調べたところ、音読時よりも自身の犬を撫でている時に血圧が有意に低下した。Handlinら（2011）は、実験室で自身の犬を3分間撫でた犬の飼い主の女性は、55分後に心拍数が低下したことを示した。犬も同時に有意に低い心拍数を示した。この効果は、犬を撫でなかったコントロール群には見られなかった。

　次の研究は、動物との交流によるストレス負荷前、最中、後の心拍数と血圧への効果に焦点を当てた。最初に、見知らぬ犬の存在による効果に関する研究が報告され、続いて自身の犬との交流による効果を評価する研究が行われた。Nagengastら（1997）は、友好的な犬と一緒の時とそうではなかった時の標準的な健康診断中の3歳から6歳の子どもの心拍数と血圧を調べた。犬の存在の順番は無作為であった。犬がいた場合の健康診断中は、収縮期血圧と心拍数はより大きな低下を示した。

　同じような研究で、Hansenら（1999）は、標準的な健康診断中の2歳から6歳の子どもの血圧、心拍数、指尖皮膚温を評価した。子どもは、無作為に2つの条件、つまり診断中に友好的な犬が存在する群と存在しない群に割り当てられた。生理学的パラメーターに有意差は見られなかったが、犬がいた場合には、行動の困難さが有意に低いことが行動観察によって明らかとなった。自律神経系覚醒の指標である末梢皮膚温もJavenerら（2001）によって測定された。この研究グループは、歯科処置に耐える40人の7歳の子どもを調査した。子ども達は、処置中に彼らの横に犬が横たわる交流群と犬の存在なしのコントロール群に割り当てられ

た。その結果、2条件における皮膚温に有意差は見られなかったが、歯科医を見ることはストレスと報告した17人の子どもにおいて、歯科医の到着を待つ間犬がいることでストレス反応の有意な緩和が示された。犬がいた場合には子どもの末梢皮膚温は低下した。

Demello（1999）は、3条件の認知ストレッサーから回復中の成人への見知らぬ友好的なペットの効果を調べた。1つ目の条件ではペットの存在はなしで、2つ目の条件ではペットを見ることのみが許され、3つ目の条件ではペットとふれることも許された。認知課題は心拍数と血圧の増加をもたらしたが、ストレス負荷後にこれらのパラメーターはペットが存在したがふれることが許されなかった状況で最も低下した。動物を撫でることによって心拍数の有意な低下が生じたが、血圧の変化は見られなかった。Straatmanら（1997）は、スピーチ課題中に見知らぬ友好的な犬が一緒にいた男子学生群と犬の存在なしのコントロール群とを比較した。しかしながらこのサンプルでは、犬の存在は心拍数と血圧に有意な効果をもたらさなかった。

Allenら（1991）は、自分自身の犬の存在あり、友人の存在あり、またはどちらの存在もない女性が、自宅や実験室で標準的なストレッサーである計算課題を遂行する実験を行った。慣れ親しんだ家での実験では、1人でいた場合や友人がいる時と比べて犬がいる場合に脈拍数、血圧、皮膚コンダクタンスは低下した。したがって、単なるペットの存在が異なるストレスパラメーターレベルを減少させた。

Allenら（2002）は、夫婦における2つのストレッサー（計算課題および2分間氷水に手を入れる）負荷中の友人、自分自身のペット、配偶者の存在による効果について調べた。自身のペットと一緒だった人々は、課題の前（基準値）には有意に低い心拍数と血圧を示し、友人と一緒だったペットを飼っていない人に比べてストレッサーに対する反応の増加がより少なく、回復もより早かった。飼い主の中では、ペットの存在は配偶者の存在よりもストレス反応の中和や軽減においてよりよく作用した。

Allenら（2001）は、高血圧患者におけるストレス反応へのペット入手およびペットの存在によるプラス効果を報告した。高血圧に関係する心拍数、血圧、血漿レニン活性（レニンは血漿酵素である）を用いて測定したところ、ペット入手前には精神的ストレッサーに対してすべての参加者が同じような反応を示した。その後、高血圧への投薬を開始し、群の半分はペットを入手するよう勧められた。6カ月後、精神的ストレッサー（計算課題とスピーチ）が再び患者の自宅で負荷された。ペットの飼い主は自身のペットの存在下で実施され、コントロール群に比べて実に低い血圧を示した。ストレッサーに対する彼らの心血管反応性は半分に低下した。加えて、ペット存在下での精神的ストレッサー中のペット群における心拍数と血漿レニン活性は低下した。

上で説明したように、身体的接触を制限する可能性があるので、水槽や鳥小屋に関する研究は特別である。DeSchriverとRiddick（1990）は、高齢者において水槽、魚のビデオ、プラセボコントロールビデオを眺めることによる効果を比較した。本物の水槽を眺める群は、心拍数と筋緊張の低下と皮膚温の上昇を示す傾向があった。しかしながら、どの群の比較も統計的有意差に達しなかった。同様に、精神病患者に対する電気ショック療法セッション前の待合室の水槽の効果に関する研究において（上記参照）Barkerら（2003）は、心拍数や血圧に有意差はなかったことを明らかにした。このことから我々は、水槽の魚を眺めることによるプラス効果があるとしても、直接的な動物とのふれあいや交流とは異なる機構が、自律神経系ストレス反応の低下の原因となる可能性があると推測した。

交感神経ストレス反応を通常引き起こす特定

のストレッサーがない時もある時も、友好的な見知らぬペットの存在（それ自身のペットならなおさら）は、心拍数、血圧、皮膚温といった生理的（交感神経と副交感神経）反応にプラスの効果を与えることができる。しかしながらこれは、水槽の中の魚というよりむしろ猫や犬といったより一般的なペットの存在においてのみ真実であろう。さらにある種の交流、特に身体的接触は、ストレス中和やストレス緩和効果に重要な役割を果たすだろう。これは、さらに詳細な研究を重ねる必要がある。

内分泌反応～コルチゾール、エピネフリン、ノルエピネフリン～

生理反応に対する動物との交流や動物の存在もまた、コルチゾール、エピネフリン、ノルエピネフリンといったホルモン指標に対する効果として調べられている。まずは、ストレッサーを用いなかった研究について報告し、続いて見知らぬ動物や自身のペットの存在によって識別し、その後ストレッサーを含む研究について紹介しよう。

Barker ら（2005）は、医療従事者において、セラピー犬との交流に対する内分泌反応を評価した。20分間の静かな休憩と5分間および20分間のセラピー犬との時間を比較した。唾液中コルチゾール、血清コルチゾール、エピネフリン、ノルエピネフリンの基準値、交流中、交流後と安静時の値が調べられた。犬の存在下では、血清と唾液中コルチゾールの有意的な低下が見られ、筆者はこれを動物との交流によるストレス軽減効果として解釈した。しかしながら、他のパラメーターでは有意差は見られなかった。

Odendaal（2000）や Odendaal と Meintjes（2003）は、自身の犬を撫でている時、見知らぬ犬を撫でている時、本を静かに読んでいる時の犬の飼い主の血漿中コルチゾールを調べた。読書と比較して、自身の犬との交流だけではなく見知らぬ犬との交流においても、人のコルチゾール濃度には有意な低下が見られた。

Viau ら（2010）は、介助犬が家庭に導入された後と犬が短時間隔離された後の自閉症スペクトル障害の子どものコルチゾール濃度を測定した。交流や犬の隔離に起因する子どもの平均日中コルチゾール濃度に変化はなく、朝に58％から10％になった起床時コルチゾール反応（cortisol awakening response, CAR、第6章、"愛着とストレスシステム"の節参照）の有意な低下は、犬が家庭内にいた時に見られた。CAR は、犬が隔離された時に再び48％まで増加した。加えて、犬がいた場合には問題行動は少なかったと両親が報告した。

Cole ら（2007、上記参照）は、心疾患で入院中の成人における犬による訪問、犬なしでの訪問、病院での通常治療（交流なし）の効果を研究した。この深刻な病状と入院は、自然発生的ストレッサーとして見ることができる。訪問中および訪問後、訪問犬によってエピネフリン、ノルエピネフリン、コルチゾール濃度は低下したと筆者は報告した。主観的感覚の観点から、これは犬とのふれあいが落ち着きとリラックス効果を促進することを意味する。

Beets ら（2011）は、不安定な愛着パターンを持つ子どもにおける社会的ストレスを実験的に誘発した。友好的な人のサポートに比べて、友好的な犬による社会的サポートにより有意に低いコルチゾール濃度が示された。この効果は、犬と人との活発な交流に基づき、実験中子どもが犬との身体的接触により多い時間を費やすほど、コルチゾール濃度がより低くなり、ストレスもより軽減された。しかしながら子どもからの自己申告では、主観的なストレスや不安に差異は見られなかった。

上記の研究から、友好的な伴侶動物との交流はコルチゾール、エピネフリン、ノルエピネフリンの変化で示される内分泌反応に影響を及ぼすと結論付けられる。これは、これらのストレ

ス指標のプラス効果として解釈できる。ゆえに動物との交流は、ストレスの中和や緩和、またはくつろぎや落ち着きをよりもたらす可能性がある。

免疫系への効果

動物とのふれあいによる免疫系への影響に関するいくつかの研究は、短期間の影響に焦点を当てている（例：Barker, et al., 2005）。本書レビューへの選考基準を満たした唯一の研究では、大学生が18分間ぬいぐるみの犬を撫でる、ソファに静かに座るといったコントロール群に比べ、生きている犬を撫でた大学生において、免疫系機能の指標である唾液中免疫グロブリンA（IgA）が有意な増加を示した（Charnetski, Riggers, Brennan, 2004）。明らかに、この効果についてさらに詳細な研究を重ねる必要がある。

オキシトシンへの効果

過去10年間に、人と動物の交流、特に人と犬との交流によるオキシトシンホルモンへの影響について直接的に調べたいくつかの研究がある（Handlin, et al., 2011；Miller, Kennedy, DeVoe, Hickey, Nelson, & Kogan, 2009, Nagasawa, Kikusui, Onaka, & Ohta, 2009；Odendaal, 2000；Odendaal & Meintjes, 2003）。犬との交流はオキシトシン濃度に有意な増加をもたらし、自分自身の犬との交流の場合にこの影響はより強かった。この点において、交流の一環として犬を撫でるという身体的接触が重要な役割を果たしており、犬に対する人の愛着も同じく重要であると思われる。

これらの発見は、特にストレス系とオキシトシン系における、愛着理論と関連精神生理学反応パターンに基づく我々の人と動物の関係モデルの中心を成す。研究については、第4章にて詳しく検討する。

結論

我々が検討した発表された研究は、いくつかの領域における動物との交流のプラス効果をはっきりと示している。人の健康へのプラス効果については、研究の大部分、その中でも特別な集団である対象者への大規模調査や、ペットの入手やペットロスを考慮したサンプルの繰り返し評価によっても、人の健康と幸せに対するペット飼育と動物との交流によるプラス効果を強く支持する。異なる研究デザインの大部分の調査で実証された特別支援や健康問題の有無にかかわらず、あらゆる年齢の人に対する社会的交流の促進においても同じである。

共感力への動物の存在やペット飼育のプラス効果を考慮するうえで、注意すべき点がある。自己申告による共感の評価は1つの限界であると思われ、アンケート調査では因果関係の明確な解釈が不可能である。他の手段を用いた1つの研究は、確かに共感へのプラス効果を示した。よくデザインされた研究は、あらゆる年齢に対する恐怖や不安、信頼や落ち着きへの動物との交流や動物の存在のプラス効果について強く支持する。

同じく、特に長期介護・治療プログラムの人々において、動物との交流による気分の改善や抑うつの軽減が確認されている。これまでに動物との交流が疼痛管理を改善することを明らかに示した研究はなく、犬の存在が教室での子どもの攻撃性を軽減することができることを見いだしたのは2つの研究だけである。これらについて確固たる結論を出す前に、さらなる研究を行う必要がある。

免疫機能の改善に関しても、さらなる研究が必要である。初期研究はプラス効果を示唆したが、犬の存在による学習能力の向上にも同じことが当てはまる。

動物とのふれあいは、落ち着きとくつろぎの増加と同様、潜在的なストレス緩和やストレス

中和効果として解釈される心臓血管系および内分泌系反応の低下をもたらす可能性についての科学的な証拠が十分ある。いくつかのよくデザインされた研究は、特に自分自身の犬との社会相互作用を介するオキシトシン分泌の鎮静作用を挙げている。

次の章で我々は、広範囲でのアプローチや設定で報告される"ペット効果"の説明において、愛着とオキシトシン系が重要な役割を果たしていることを提案する。単に動物がいたり所有したりするだけでなく、生きている動物との積極的な身体的接触、自分の伴侶動物との良好な関係、および一般的な動物に対する前向きな姿勢が、再検討した研究の多くにおいて最も影響を与える要因であったということに注意しなければならない。かかわりに関する要因は、オキシトシン系関連の愛着理論と生物との身体的交流の議論において再び検討する。両方とも密接につながっており、人と動物の関係の統合モデルの核心を表している。

第4章

関係性の生理学
～オキシトシンの統合機能～

　人を含むすべての哺乳類は、環境課題に対処するいくつかの基本的な反応パターンを共有する。よく知られているのは、闘争・逃走反応である。逆の機能の反応パターンも存在し、同化作用（成長反応と緩和反応）の促進を伴う抗ストレス効果とソーシャルスキルが優位な場面で見られる。オキシトシンは、これら反応パターンにおいて重要な統合的役割を果たす*。

　オキシトシンは、視床下部で生成される9つのアミノ酸からなるペプチドで、下垂体後葉と脳内のオキシトシン神経のネットワークから血液循環に放出される。循環系および脳へのオキシトシン放出は、陣痛、哺乳、性行動といった強い感覚刺激によって生じる。例えば信頼し合える関係といった背景での接触、撫でる、やさしさのようにあまり強くない感覚刺激もまた、脳内へのオキシトシン放出をもたらす。

　オキシトシン神経系は、社会的交流、恐怖、ストレス、疼痛、落ち着き、幸福、記憶、学習を制御する脳領域に投射する。動物実験のみならず人の実験でも、オキシトシンは不安緩和、痛覚閾値の増加、落ち着きの誘発といったさまざまなタイプの社会的相互作用行動を促進することが立証されている。オキシトシンは、HPA軸と交感神経系の活性を抑制することによってコルチゾール濃度や血圧を低下させる。

　オキシトシンは、副交感神経系活動や消化管機能も刺激することにより、栄養吸収、回復、成長を増大させる。学習と治癒過程も促進される。オキシトシンの連続投与は、他のより古典的な神経伝達物質系の機能を変えることによって長続きする効果を生じさせる。

　オキシトシンは、人と動物の交流においても放出されていることが最新の研究により示唆されている。人と動物の交流の効果はオキシトシン効果と重複するため、オキシトシンが人と動物の交流によって誘発される効果の基礎にある神経生物学的機構において、重要な役割を果たすと推測することは妥当である。

闘争・逃走反応、成長とリラクゼーション反応・落ち着きと連結反応

　人を含む哺乳類は、進化論的な観点から、防御的で生存価を有する非常に古い精神生理学反応パターンを共有する。身体的損傷同様に、ストレス反応は、痛み、恐怖、脅威を経験することによっても活性化される。Cannon（1929）によって述べられた闘争・逃走反応は、精神的・生理学的適応を含む統合ストレス反応の一例である。恐怖、覚醒、怒りは、この反応パターンの一部である。この状態では、栄養と酸

＊オキシトシンの生理学的役割の同様の要約が、Uvnäs-Moberg（2009）の論文とUvnäs-Moberg & Petersson（2011）の本にも公表されている。

素を供給するためより多くの血液が筋肉に届く。すると、肺機能同様に、心臓血管活動も増加する。消化管機能が低下し、栄養は肝臓から供給され、活動燃料として用いられる。接触への感受性は、社会的能力や共感能力と同じように低い。闘争・逃走反応は、HPA軸と交感神経系の高い活性と副交感神経系の低い活性によって特徴づけられる(Cannon, 1929；Selye, 1976)。

ソーシャルスキルが促進され、ストレスレベルが低下し、栄養が成長と回復に用いられるほとんど逆の反応パターンが存在する。この反応パターンは、"成長とリラクゼーション反応"または"落ち着きと連結反応"と名付けられた。これは、例えば愛着を持ち信頼している人が存在することで落ち着き、安全、友好として受け取られる状況において、接触、やさしさ、皮膚への軽い圧力によって活性化される。この状況では、落ち着き、幸福感、リラクゼーションが勝る。社会的相互作用および他者を思いやる能力同様に、心地よく不快感を与えない感覚刺激への感度は高い。HPA軸と交感神経系は低い活性を示し、副交感神経系は高い活性を示す（Uvnäs-Moberg, 1997a, 1998a, 2003）。

防御的あるいは反落ち着きと連結タイプのパターンで反応する傾向は種間で異なり、同種内の個体間でも異なる。個体の中でも時間とともに異なるだろう。その理由は個体間の遺伝的な差によるものだろうが、ホルモン、知覚経験、情動経験も、ストレスに関連する反応パターンの発現レベルに影響を与える可能性がある。"闘争"と攻撃的反応への傾向はテストステロンによって促進されるが、恐ろしく、痛く、ストレスの多い出来事によっても促進されるだろう。類推によるが、落ち着きと連結タイプの反応パターンの発現は、エストロゲンやプロゲステロンといった女性ホルモンによって強化されるだろう。

妊娠中や授乳中に起こる神経内分泌およびホルモン変化は母性への適応を促進し、リラクゼーションと成長反応、落ち着きと連結反応の発現増強としてとらえることができる。また、心地よく穏やかな知覚経験や情動経験は、これらの影響の一因となるだろう。一般にホルモン刺激、情動刺激、感覚刺激は、子宮の中ででも生後間もないころでも経験することでおそらく後成的機構の誘発によって、より強力で、持続的な効果をもたらす(Cannon, 1929；Selye, 1976；Uvnäs-Moberg, 1996, 1997b, 1998b, 2003, 2004；Uvnäs-Moberg, Arn, & Magnusson, 2005；Chanpagne & Meaney, 2007；Bystrova, Ivanova, et al., 2009；Uvnäs-Moberg, 2003)。

脳幹の青斑核（locus coeruleus, LC）（本章で言及するすべての脳構造の位置は第2章の**ボックス4参照**）からのノルアドレナリンとともに、神経ペプチドであり視床下部室傍核（paraventricular nucleus, PVN）（および扁桃体）で生成される副腎皮質刺激ホルモン放出因子（corticotropin releasing factor, CRF：第2章の**ボックス6参照**）とバソプレシンは、防御やストレス反応の行動と、内分泌発現の重要な側面を制御することは十分知られている。一方、オキシトシンもPVNで生成され、視床下部レベルでリラクゼーションと成長反応、落ち着きと連結反応の重要な側面を融合させる(Uvnäs-Moberg, 2003)。動物と人の研究に基づく脳内のオキシトシン系と、オキシトシンのさまざまな機能の形態の概要を掲載する。

オキシトシン作動系の化学的性質と形態

20世紀初頭にSir Henry Daleは、妊娠中の猫を用いた実験で下垂体後葉の抽出物が子宮収縮を促進したことを報告した。彼は、この物質をギリシャ語で"迅速な出産"を意味するオキシトシンと命名した。数年後、オキシトシンは乳腺腺房の収縮も促進し、射乳を引き起こすことが発見された。その後間もなくオキシトシンは、女性の分娩を刺激するために用いられるよ

うになった（Dale, 1909；Ott & Scott, 1910）。

オキシトシンは、解析と合成が最初になされたペプチドホルモンである（Du Vigneaud, Ressler, & Trippett, 1953；Gordon & Du Vigneaud, 1953）。9つのアミノ酸からなり、その化学構造は脊椎動物の進化の過程において非常によく保たれ、すべての哺乳類において同じである。オキシトシンは、視床下部の視索上核（supraoptic nucleus, SON）とPVNで生成産生される（これらの脳構造の位置については、第2章の**ボックス4**参照）。これら神経核の大細胞性ニューロンで産生されたオキシトシンは、子宮収縮や射乳を促進するため、下垂体後葉を経由して血液循環に放出される。さらにオキシトシンは、PVNに由来してオキシトシンが神経伝達物質として機能する脳の重要な制御領域に投射する小細胞性ニューロンでも産生される（Sofroniew, 1983；Buijs, De Vries, & Van Leeuwen, 1985）。オキシトシン産生ニューロンの強い刺激に反応して、オキシトシンは脳内の他の部位への拡散後のパラクライン作用を発揮するために、ニューロンの細胞体や樹状突起からも放出される（Ludrig & Leng, 2006）。

オキシトシンを含む神経は、扁桃体（社会的交流と恐怖において重要な制御中枢）、嗅球、海馬（記憶と学習）、PVN（HPA軸の制御）、正中隆起下垂体前葉（下垂体ホルモン分泌の制御）、LC（攻撃性、覚醒状態の制御、ノルアドレナリン作動性神経）、縫線核（気分の制御、セロトニン作動性神経）、線条体と側坐核（nucleus accumbens；NA, 運動機能、健康、報酬の制御、ドーパミン作動性神経）、中脳水道周囲灰白質（periaqueductal grey；PAG, 疼痛と炎症の制御）、運動核と知覚核（迷走神経の背側運動核：コリン作動性ニューロン）、孤束核（nucleus tractus solitarii；NTS、自律神経機能の制御）、および脊髄後角（痛覚制御、Sofroniew, 1983；Buijs et al. 1985；脳内の位置については第2章の**ボックス4**参照）に及ぶ。

PVNは、例えばNTS、LC、視床下部の他の部位からの求心路によって伝えられる。PVNの活動は、海馬－扁桃体経路によっても影響を受ける。まとめると、これらのつながりは、オキシトシン分泌が中枢神経系の多くの異なる部位によって制御および影響を受けることを示唆する（CNS；Swanson & Sawchenko, 1980, 1983；Sawchenko & Swanson, 1982）。

オキシトシン受容体

オキシトシンは、特定のオキシトシン受容体と結合することによって作用する。オキシトシン受容体は乳腺と子宮で非常に多い（Ivell & Richter, 1984）。脳内に広く分布し（Freund-Mercier et al., 1987）、腎臓、膵臓、胃、胸腺、脂肪細胞、心臓、心室、血管といった多くの末梢器官に見られる（Bonne & Cohen, 1975；Elands, Resink & De Kloet, 1990；McCann, Antunes-Rodrigues, Jankowski, & Gutkowska, 2002；Stock, Fastbom, Bjork-strand, Ungerstedt, & Uvnäs-Moberg, 1990；Stoeckel & Freund-Mercier, 1989；Yazawa et al., 1996）。古典的な子宮タイプのオキシトシン受容体アンタゴニストによってすべてのオキシトシン媒介作用が遮断されるわけではないことから、他の多くのペプチドのように（Petersson, Lundeberg, & Uvnäs-Moberg, 19992）、タイプが違うオキシトシン受容体が存在することが示唆されている。V1a, Vb, およびV2受容体のように、異なる効果を生じさせるいくつかのバソプレシン受容体が報告されている（de Wied, Gaffori, Burbach, Kovacs, & van Ree, 1987）。オキシトシン分子の部位の違いが異なる効果の原因となることがあるが、オキシトシンは特定の効果を誘発する活性フラグメントに分解されることもある（Uvnäs-Moberg & Petersson、2011）。

求心性と遠心性投射パターンの分布およびオキシトシン受容体の分布は、女性と男性で類似

しているが（Sawchenko & Swanson, 1982；Sofroniew, 1983；Swanson & Sawchenko, 1980, 1983）、オキシトシンの効果は、性ホルモンの複合作用の影響のため男性と女性で異なる。エストロゲンは、オキシトシン分泌のみならず、反応性やオキシトシン受容体の数を増加させる（Schumacher et al., 1993）。

オキシトシン作動系の機能

オキシトシンは多くの生理学的、行動学的機能を調節する。オキシトシン投与は、投与量、時間スケジュール、他の実験的要因によって数多くの効果を誘発することが実証されている。加えて環境要因は、オキシトシン投与によって生じる効果に影響を与えるだろう。

動物へのオキシトシン投与効果

■急性効果
社会的交流の増加

動物では、オキシトシンは数種類の社会的交流行動を増加させる。オキシトシンを脳室内投与すると、エストロゲン投与後の未経産ラットに母性行動を誘発する（Pedersen & Prange, 1979；Pedersen, Caldwell, Peterson, Walker, & Mason, 1992）。羊では、(a) 出産と関連して、または膣・子宮頸部刺激によって分泌される内因性オキシトシンのみならず (b) 外因性オキシトシン投与もまた、子羊との結びつき同様母羊の世話や交流を増加させるのに対して、硬膜外鎮痛による出産中のオキシトシン分泌の遮断またはオキシトシン拮抗薬の投与によるオキシトシン機能の遮断は、それらを抑制する（Kendrick, Keverne, Baldwin, & Sharman, 1986；Kendrick, Leverne, & Baldwin, 1987；Keverne & Kendrick, 1994）。

一夫一婦制のプレーリーハタネズミのような種では、オキシトシンはつがいの絆の形成も促進する（Williams, Insel, Harbauch, & Carter, 2001）。NA で報酬に関連するドーパミン作動性ニューロンは、オキシトシンとともに後者の効果に関与する（Insel, 2003）。雄と雌のラットにオキシトシンを投与すると、攻撃性が低下し、社会的相互作用が増加する（Witt, Winslow, & Insel, 1992）。

抗不安作用および鎮静効果

脳内への低用量のオキシトシン投与は、ラットとマウスにおける抗不安様作用を誘発する。扁桃体に作用する効果によって、動物は恐怖心がより少なく、より探索的になる（Uvnäs-Moberg, Ahlenius, Hillegaart, & Alster, 1994；Windle, Shanks, Lightman, & Ingram, 1997）。さらにオキシトシン受容体ノックアウトマウスは、正常マウスに比べて不安とストレッサーへの感度が増加する（Amico, Mantella, Vollmer, & Li, 2004）。高用量のオキシトシン投与は、運動行動の低下によって示される落ち着かせる効果や鎮静作用を誘発する。この効果は、ストレス反応性、覚醒状態、攻撃性の低下をもたらすα_2-アドレナリン受容体の刺激を介した LC の活動低下によりいくぶん媒介されるのだろう（Uvnäs-Moberg et al., 1994；Petersson, Uvnäs-Moberg, Erhardgt, & Engberg. 1998）。

痛覚閾値と炎症

オキシトシン投与されたラットは、テールフリックテストでより長い潜時で反応する*ことから、オキシトシンは侵害受容閾値を増加させる。その効果は内因性オピオイド作動性機構の活性に影響して、PAG（疼痛制御、第 2 章 **ボックス 4 参照**）と脊髄に及ぶだろう（Petersson, Alster, Lundeberg, & Uvnäs-Moberg, 1996a）。オキシトシンは、中枢機構を介して強力な抗炎症性効果も及ぼす（Petersson, Wiberg, Lundeberg, & Uvnäs-Moberg, 2001；Szeto et al., 2008）。

HPA 軸

ラットのコルチゾールやコルチコステロン濃度は、オキシトシン投与に反応して低下し、時

には短い立ち上がりの後に低下する（Petersson, Hulting, & Uvnäs-Moberg, 1999）。オキシトシンは、コルチゾール濃度を低下させるためいくつかの部位で作用する。PVNの小細胞性ニューロンからのCRF分泌を低下し（Lightman & Young, 1989；Neumann, Kromer, Toschi, & Ebner, 2000）、下垂体前葉のACTH分泌を低下させ（Page et al., 1990；Legros, Chindera, & Geenen, 1988；Suh et al., 1986）、副腎皮質のコルチゾール分泌を直接的機構によって低下させる（Stachowiak, Macchi, Nussdorfer, & Malendowicz, 1995）。加えて、海馬の糖質コルチコイド受容体効果が変化する（Petersson & Uvnäs-Moberg, 2003）。

オキシトシンノックアウトマウスでは、ストレスはコルチコステロン分泌の増加のみならず不安行動レベルの増加を生じさせ、これも抗不安や抗ストレス作用物質としてのオキシトシンの役割を裏付ける（Amico, Miedlar, Hou-Ming, & Vollmer, 2008）。

血圧

オキシトシンの投与は、血圧の増加や低下を生じさせるだろう（Yamashita, Kannan, Kasai, & Osaka, 1987；Pettersson et al., 1996b；Petersson, Hulting, & Uvnäs-Moberg, 1999）。脳室内投与後、血圧は立ち上がりの後に数時間低下する。この血圧の低下は、孤束核（NTS）や自律神経制御に関連する隣接域によりほぼ確実にもたらされる。この効果は、心臓血管の調子を制御する交感神経の活動低下によって媒介され、α_2-アドレナリン受容体の活性化を含むだろう（Petersson, Uvnäs-Moberg et al., 1998；Petersson, Lundeberg & Uvnäs-Moberg, 1999a, 1999b；Petersson, Ahlenius, et al., 1998；Petersson, Diaz-Cabiale. Fuxe, & Uvnäs-Moberg, 2005）。オキシトシンは、背側運動核に起因する副交感神経コリン作動性ニューロンの活性化によって脈拍数も低下させるだろう（DMX；Dreifunn, Rggenbass, Charpak, Dubois-Dauphin, & Tribollet, 1998；Petersson, Lundeberg, & Uvnäs-Moberg, 1999b）。

栄養の貯蔵と輸送

オキシトシンは、消化管の内分泌系機能を制御する副交感神経と迷走神経系の一部の機能を高める。インスリン、ガストリン、コレシストキニンの基準値は、オキシトシンによって増加または減少が生じるのに対して、摂食により誘発される放出は増加する。このようにオキシトシンは、消化機能の強化と、貯蔵、成長、回復のための栄養利用の一因となる（Bjorkstrand, Ahlenius, Smedh, & Uvnäs-Moberg, 1996；Bjorkstrand, Eriksson, & Uvnäs-Moberg, 1996；Uvnäs-Moberg & Petersson, 2005）。

オキシトシンは、迷走神経活動の活性化や膵臓α細胞のオキシトシン受容体の活性化によってグルカゴン放出を増やす（Bjorkstrand et al., 1996b；Stock et al., 1990）。グルコース濃度は、グルカゴンと肝臓の直接効果によって増加するだろう。このように、栄養の貯蔵だけではなく、輸送も併せて成長に必須な2つの条件が促進される（Uvnäs-Moberg, 1989, 1994b, 1997b, 1998b；Uvnäs-Moberg & Petersson, 2005）。

■ **長期効果**

オキシトシンが連続投与されると、長期効果が誘発されるだろう。ラットに5日連続オキシトシンを注射すると、血圧とコルチゾール濃度の低下と、最終投与後数週間の侵害受容閾値の増加が見られる（Petersson et al., 1996a, 1996b；Petersson, Lundeberg, & Uvnäs-Moberg, 1999a）。オキシトシンの連続投与は消化管ホルモン濃度にも影響を及ぼし、体重増加を促進し、そして創傷治癒を速める（Petersson,

---

＊ラットの尾部を熱い湯につけると、ラットが尾部を動かすまでの時間がより長くなる。

Hulting, Andersson, Uvnäs-Moberg, 1999；Petersson, Lundeberg, Sohlstrom, Wiberg, & Uvnäs-Moberg, 1998）。さらに、条件付けによる学習を改善する（Uvnäs-Moberg, Njorkstrand, Salmi, et al., 1999）。

ラットへのオキシトシンの連続投与は、オートラジオグラフィーおよび電気生理学による測定で、扁桃体、NTS、LC といったいくつかの脳部位の α_2-アドレナリン受容体機能を増加させる。この効果は、一部長期オキシトシンによる抗ストレス作用の基礎となる（Petersson, Uvnäs-Moberg, Erhardt, & Engberg, 1998；Petersson et al., 2005）。長期的なオキシトシン媒介作用は、コリン作動性、セロトニン作動性（5HT）、ドーパミン作動性、オピオイド作動性伝達機能の変化によって永続的に誘発されるだろう（Petersson et al., 1996a, Petersson, Alster, Lundeberg, & Uvnäs-Moberg, 1996b；Uvnäs-Moberg & Petersson, 2005）。

オキシトシンの放出もドーパミン作動性、ノルアドレナリン作動性、コリン作動性、オピオイド作動性、セロトニン作動性伝達の制御下にあり、オキシトシン作動系と他の古典的なシグナル伝達経路の両方からの影響を裏付ける（Bagdy & Kalogeras, 1993；Clarke, Fall, Lincoln, & Merrick, 1978；Crowley, Parker, Armstrong, Wang, & Grosvenor, 1991；Uvnäs-Moberg, Bjokstrand, Hillegaart, & Ahlenius, 1999；Wright & Clarke, 1984）。

人へのオキシトシン投与効果

長い間、オキシトシンは射乳と分娩を刺激するため、静脈内注射や鼻腔用スプレーによって投与されてきた。しかし近年、オキシトシンが鼻腔用スプレーとして男性や非妊娠・非授乳中女性に投与され、いくつかの効果が報告されている。オキシトシンスプレーは恐怖を減少させ、扁桃体の活動を抑制する。ストレス反応であるコルチゾール濃度の減少によっても明らかなように、HPA 軸の活動も減少させる（第2章ボックス6参照、Heinrichs, Baumgartner, Kirshbaum, & Ehlert, 2003；Kirsch et al., 2005）。本を読む能力、顔や声の感情価の評価といったソーシャルスキルを高め、その効果は自閉症であろうがなかろうが、男性で数週間続く（Domes, Hein-richs, Michel, Berger, & Herpertz, 2007；Hollander et al., 2007）。自閉症の人は目領域をほとんど見ない特徴があるが、目領域を直接注視する持続時間や頻度も増加し、見たことがある顔をよく理解するようになる（Guastella, Mitchell, & Dadds, 2008；Rimmele, Hediger, Heinrichs, & Klaver, 2009）。他の研究では、オキシトシンスプレーの投与は男性の信頼と寛容さを増加させ、女性の腹痛と抑うつを低下させることが示されている（Kosfeld, Heinrichs, Zak, Fischbacher, & Fehr, 2005；Ohlsson et al., 2005）。分娩中の女性に静脈内投与されたオキシトシンは不安を緩和し、ソーシャルスキルを増加させ、その効果は投与から数日間は持続する（Jonas, Nissen, Ransjo-Arvidson, Matthiesen, & Uvnäs-Moberg, 2008）。

人におけるオキシトシンにより誘発される効果パターンは、動物において誘発されるものと等しいという事実は、少なくとも哺乳類において、オキシトシンが社会相互作用行動や痛覚閾値に対し、またストレス、落ち着き、リラックス、成長に関連するシステムの活性に対し、重要な制御的および統合的機能を与えるとの仮説を支持する。本章後半で検討するように、例えば、類似した効果パターンは授乳や密接な接触、特に触覚接触を伴う状況での内因性オキシトシンの放出に反応して誘発される。機能的観点から、脳内のオキシトシン作動系は、成長やリラクゼーション反応、落ち着きや連結反応パターンといった効果パターンや精神生理反応パターンを作るために、他の伝達物質系機能の統合に役立つ（Uvnäs-Moberg, 1997a, 1997b, 1998a, 1998b, 2003）。

臨床的障害

例えば、社会的不安障害や自閉症スペクトラム障害の人のように、一部の人は社会的コミュニケーションと交流に他の人よりも問題を抱える傾向がある。対人恐怖症の人が他者との会話中に恐怖を経験するのに対して、自閉症の人は認知、感情表現、他者の感情の認識に問題を抱えるだろう。さらに、自閉症の人はアイコンタクトや緊密な身体的接触を避けることが多い。

社会不安障害、自閉症、および統合失調症の人々は、オキシトシン濃度が高過ぎたり低過ぎたりすることから、オキシトシン系機能に異常があるということがいくつかの研究で報告されている（Hoge, Pollack, Kaufman, Zak, & Simon, 2008；Modahl et al., 1998；Goldman, Marlow-O'Connor, Torres, & Carter, 2008）。近年、自閉症の人は、受容体遺伝子の構造異常によってオキシトシン受容体の機能障害を有することが報告されている（Wu et al., 2005；Lerer et al., 2008）。オキシトシン受容体遺伝子のゲノム変化に加えて、オキシトシン受容体遺伝子の後成的異常調節も報告されている（Gregory et al., 2009；Gurrieri & Neri, 2009）。

オキシトシン機能障害は、一種の社会的交流やコミュニケーション障害の根底にあることから、オキシトシン投与はこの問題を解決する一因となることが考えられる。実際ある研究では、オキシトシン投与は自閉症の人の社会的能力を向上させることが報告されている。事実、オキシトシン点滴（分娩中に通常用いられる量）は、自閉症の人において発声価を解釈する能力を高め、若い男性被験者への経鼻投与は顔の表情の読み取り能力を高めた（Hollander et al., 2007；Guastella et al., 2010）。対人恐怖症の人においても、オキシトシンの経鼻投与はいくつかのプラス効果を持つようである（Guastella, Howard, Dadds, Mitchell, & Carson, 2009）。

興味深いことに、オキシトシン放出は抗うつ薬、セロトニン再取り込み阻害薬、特定の神経遮断薬といった数種類の向精神薬によって促進される。これらの薬によって促進されたいくつかの効果は、事実オキシトシンによってもたらされていることから、より間接的な方法ではあるが、オキシトシン治療の可能性はすでに臨床的に用いられている（Uvnäs-Moberg, Bjorkstrand, Hillegaart et al., 1999；Uvnäs-Moberg & Petersson, 2005）。

動物におけるオキシトシン放出

エストロゲンは、オキシトシン放出の力強い促進因子である。内因性エストロゲンと外因性エストロゲンは、ともにオキシトシン放出に影響を与える。しかしながら、オキシトシン媒介機能のすべてがエストロゲンにより影響されるものではなく、エストロゲン効果は種間で異なる（Peterson, Ahlenius, Wiberg, Alster, & Uvnäs-Moberg, 1998 参照）。

子宮収縮や射乳、行動学的および生理学的適応を誘発するため、分娩中や授乳中の感覚神経の強い刺激に反応して、オキシトシンが放出されることはよく知られている。一方で性行為、摂食、触刺激（接触、暖かさ、軽い圧力）による感覚神経の活性化に対してもオキシトシンは放出される。視覚刺激、聴覚刺激、嗅覚刺激もオキシトシン放出の一因となり、心地よい状況で最も多く放出される（Uvnäs-Moberg & Petersson, 2011 参照）。

不快感を与えない刺激によって活性化される皮神経

有髄 Ab 線維（皮膚の機械的受容器からのインパルスを伝える）の活性化は、脳内体性感覚皮質の特定部位の触知覚を誘発する。しかしながら触知覚を媒介する知覚線維は、体のどの部分が触られたのかを認識することのみを生じさ

せるだけでなく、落ち着き、快適性、くつろぎといった感覚を生じさせる。明らかに、これらの感情と感覚は一次体性感覚皮質の活性化とは関連がなく、むしろ脳の古い部位の活性化によって媒介される。感覚は、解剖学的観点からはっきりと特定されるわけではないが、少し遅れて広がって現れ、明らかにならないことさえある。おいしい食べ物を食べた後の満足感とリラクゼーションの感情と対比することができる。さらに、抗ストレスと増殖刺激に関連している生理学的効果は、接触に反応して誘発される。

非侵害神経刺激の効果

　麻酔下のラットでブラッシングや撫でることは、交感神経副腎系同様に HPA 軸の活動をも低下させる（第 2 章**ボックス 6** 参照）。これは循環系のアドレナリンとコルチコステロン濃度の低下からも明らかである（Araki, Iro, Kurosaa, & Sato, 1984；Kurosawa, Suzuki, Utsugi, & Araki, 1982；Tsuchiya, Nakayama, & Sato, 1991）。また、交感神経系の一部の活動も低下し（Kurosawa, Lundeberg, Agren, Lund, & Unvas-Moberg, 1995）、その結果として血圧が低下する。さらに、迷走神経が制御する消化管ホルモンレベルへの影響でも分かるように、遠心性迷走神経活性は、弱い電気的刺激や撫でることによって増加する（Uvnäs-Moberg, Lundeberg, Bruzelius, & Alster, 1992）。腹部を温めることによって、痛覚閾値は増加する（Uvnäs-Moberg, Bruzelius, Alster, & Lundeberg, 1993）。

　意識のあるラットにおいて、生理学的効果は非侵害刺激に反応して誘発される。ラットの腹部を撫でることによって、痛覚閾値は増加する（Agren, Lun-deberg. Uvnäs-Moberg, & Sato, 1995；Lund et al., 2002）。1 分当たり 40 回を 5 分間、背中ではなく腹部を撫でることによって、血圧と脈拍は数時間低下する。これらの結果は、背中を撫でるより胸や腹部を撫でる方が心臓血管活動の抑制が容易であることを示唆しているが、背中を撫でることによってもこのような効果を誘発する可能性は除外できない（Lund, Lundeberg, Kurosawa, & Uvnäs-Moberg, 1999；Kurosawa et al., 1995）。また、尾の温度や体重増加の変化に示されるように、インスリン、ガストリン、ソマトスタチンの基準値は低下し、エネルギー消費量は減少する（Holst, Lund, Petersson, & Uvnäs-Moberg, 2005）。これらの発見は、処置が交感神経系と副交感神経系に影響を与えることを意味している（Uvnäs-Moberg, 1998a）。

　行動的影響も撫でることによって誘発される。例えば、撫でることは、自発的な運動活性の低下による鎮静作用をもたらす。影響は撫でられる量に依存し、2 分では影響が見られなかったが 5 分後には影響が見られた Uvnäs-Moberg et al., 1996, Holst et al., 2005；Uvnäs-Moberg & Petersson, 2005）。

　母子相互作用の結果として、非侵害感覚刺激の影響も観察可能である。お互いに密接している場合、子ラットと母ラットの両方とも落ち着いている（Lonsterin, 2005）。子ラットがさらに撫でられると、母親からの分離の結果として生じるコルチコステロンの増加と成長ホルモンの低下が阻止される（Van Oers, de Kloet, Whelan, & Levine, 1998；Oauk, Kuhn, Fields, & Schanberg, 1986）。子ラットを撫でることは、一生にわたる影響さえも誘発する。生後 1 週間、子ラットの側腹部を毎日撫でると、成長後の血圧とコルチゾール濃度が有意に低下した（Holst, Lund, Petersson, & Uvnäs-Moberg, 2002）。さらに、生後 1 週間、相互作用の多い母親に子ラットがさらされた場合には、そうでない場合に比べて不安が少なく、より社交的で、ストレス耐性が高くなる。また扁桃体のオキシトシン受容体機能が増加する（Champagne & Meaney, 2007）。

　皮膚をやさしく刺激した後に生じる心理的、

行動学的、生理学的効果は、脳内基底部に伸びる遠心性有髄神経側枝の活性化によって誘発される。近年、より細くて伝達速度が遅いC線維（C tactile, CT）の亜群も心地よい感覚を媒介し、人と人以外の動物において接触により活性化されることが立証された。進化論的な観点から、C線維は太くて伝達速度が速いAやB線維より古く、情動に影響を与える脳内の古い部位と主に関連している。C線維は、ゆっくりと軽く撫でられることに特に反応して活性化され、満足感に関連する島皮質部位を活性化させることが報告されている（Olausson et al., 2002；Vallbo, Olausson, & Wessberg, 1999）。

オキシトシンと非侵害感覚刺激により誘発される効果との関連性

麻酔下のラットの背中をやさしく撫でたり、坐骨神経や迷走神経に求心性電気刺激を与えると、血漿中オキシトシン濃度が2倍以上増加した（Stock & Uvnäs-Moberg, 1998）。電気鍼灸法、熱刺激、または振動を与えた場合、血漿中と脳脊髄液中両方のオキシトシン濃度が増加した（Uvnäs-Moberg et al., 1993）。覚醒ラットの腹部を5分間撫でても（1分間に40回）オキシトシンは放出される（Lund et al., 2002）。

興味深いことに、上で説明したように、オキシトシン投与は非侵害感覚刺激によって誘発された効果と同様の効果をもたらすことが報告されている。オキシトシンは非侵害感覚刺激によっても放出されることから、非侵害感覚刺激により誘発されるいくつかの効果は、脳内のオキシトシン放出を介して生じた可能性がある。

痛覚閾値の上昇と腹部を撫でることで生じた鎮静と抗不安様作用の上昇は、PVNに由来するオキシトシン作動性線維から放出されたオキシトシンによってPAG、扁桃体、LCにもたらされる可能性が高い。事前にオキシトシン拮抗薬を動物に投与した場合、撫でることで生じる痛覚閾値の上昇は遮断されるという報告から、オキシトシンと撫でることによる効果との関連性がさらに支持されている。（Uvnäs-Moberg et al., 1993）。撫でることによって生じる痛覚閾値の上昇へのオキシトシンの役割に関するさらなる支持として、痛覚の最も重要な脳内領域であるPAGにおいてオキシトシン濃度の増加が見られるという事実がある（Lund et al., 2002）。

撫でることに反応した脈拍、血圧、消化管ホルモンへの効果は、NTS、MX、自律神経系制御にかかわる脳幹の隣接領域にもたらされる。感覚刺激はこれらの領域に直接的な影響をもたらし、PVNに由来してこれらの領域に投射するオキシトシン作動性神経から放出されたオキシトシンによっても、より間接的に効果をもたらすだろう。それゆえオキシトシンは、副交感神経系と交感神経系の活動に影響を及ぼす、より直接的な感覚刺激の影響を促進する（Uvnäs-Moberg & Peterson, 2011）。

血液循環による影響 vs. 脳内にもたらされる影響

感覚刺激に応じた生理学的、行動学的機能へのオキシトシンの影響のほとんどは、脳内にもたらされる。脳と循環系両方へのオキシトシン同時分泌は、哺乳、摂食、分娩、膣頸部刺激中に生じることが示されている（Kendrick et al., 1986；Kendrick, Keverne, Champagne, & Baldwin, 1988）。ラットでは、電気鍼灸、振動、熱刺激により脳脊髄液中オキシトシン濃度が有意に増加する（Uvnäs-Moberg et al., 1993）。一方、循環系への同時放出なしに、多くの状況においてオキシトシンは放出される。

出産や哺乳により生じるオキシトシンの強い刺激に反応して末梢効果が誘発されるような状況において、オキシトシンはより頻繁に脳や血液循環へ同時に放出される。オキシトシンが弱い刺激、例えば皮膚の感覚刺激により放出される場合、血液循環に比較的少量のオキシトシン

が放出される。ゆえにオキシトシンの血中濃度は、必ずしもオキシトシンによる中枢効果を反映するマーカーではない。

人におけるオキシトシン放出

オキシトシンは、分娩や哺乳中のさまざまな感覚刺激だけでなく、皮膚と皮膚の接触といった親密さにも反応して放出される。後述するように、感覚刺激に対して放出されるオキシトシンは、常に同じ効果パターンを生じさせるわけではなく、同じ作用機序を持っているわけでもない。発現する影響は、オキシトシン放出の要因となる感覚刺激のタイプと強度や誘発された状況、例えば、卓越するストレスレベルと性ホルモンレベル同様に、環境要因によっても決まる。

分娩中のオキシトシンの役割

オキシトシンは、子宮収縮を刺激するために分娩中に循環系に放出されることがよく知られている。分娩第一期中、オキシトシンピークは不規則な間隔で生じるが、分娩が進むにつれてピークはより規則的になり、90秒間隔で起こるようになる。オキシトシン放出増加の機序は、子宮頸部を刺激する感覚神経の活性化（ファーガソン反射）である。分娩が進むにつれて、新生児の頭によって生じる頸部への圧力の増加に応えて、骨盤神経と下腹神経の神経線維が活性化される。結果としてオキシトシンは、ますます血液循環に放出される。一方でオキシトシンは、分娩中に脳内にも放出される。これに続いて、母体の痛みの感覚は減少する。脳内のオキシトシン放出の影響は、痛みの記憶をそれほど強くなく不快でないものにするよう影響を与えるようである。分娩中 CRF、コルチゾール、エストロゲン、プロゲステロンの濃度は高く、この状況でオキシトシンは、子宮収縮中の胎盤と胎児の血液循環を促進するために血圧を増加させるだろう（Petersson, Lundeberg, & Uvnäs-Moberg, 1999b）。

さらに、脳内神経から放出されたオキシトシンは母親の母性を高める。分娩中のオキシトシン放出の結果として、社会的相互作用への傾向は高まり、出産後の不安レベルは緩和される（Uvnäs-Moberg, 1996；Nissen, Gutavsson, Widstrom, & Uvnäs-Moberg, 1998；Jonas, Nissen, Ransjo-Arvidson, Matthiesen et al., 2008）。硬膜外鎮痛なしで普通分娩をした女性に比べて、帝王切開や硬膜外鎮痛での普通分娩をした女性のオキシトシ放出は低く、結果として出産関連の母性適応の発達を起こさない。これらの結果は、母性適応を生じさせる中枢オキシトシンの役割をさらに支持する（Nissen et al., 1996；Jonas, Nissen, Ransjo-Arvidson, Matthiesen, et al., 2008）。

授乳中のオキシトシンの役割

母親が授乳するたびに、オキシトシンは循環系に放出される。哺乳中、乳腺の乳頭に由来する感覚線維が活性化され、オキシトシンピークは90秒間隔で血中に現れ、ピークごとに乳汁が射出される（Jonas et al., 2009）。さらに、循環する高濃度のオキシトシンにより母親の胸部血管は拡張する。血管が拡張する時に胸部温度は上昇するため、母親は乳児にぬくもりを与えることができる（Bystrova et al., 2007；Uvnäs-Moberg, 1996）。

同時に、脳内のオキシトシン作動性ニューロン、樹状突起、および神経線維からオキシトシンは放出され、母親の行動学的適応と生理学的適応を促進する（Jonas, Nissen, Ransjo-Avidson, Matthiesen, et al., 2008；Jonas, Nissen, Ransjo-Arvidson, Matthiesen et al., 2008）。授乳中、母親は喜びや幸せを経験する。さらに母親の不安レベルは緩和され、ソーシャルスキルは増加する。この幸福感は、オキシトシンによって誘発された側坐核（NA）のドーパミン放出に関連し、不安緩和とソーシャルスキルの

増加は、扁桃体と社会的行動に関連する脳内領域で誘発されたオキシトシンの影響に関連するのだろう。社会的交流と落ち着きのレベルは、授乳中に放出されるオキシトシン濃度と相関し、これらの影響におけるオキシトシンの役割を支持する。母親は、自分自身の赤ん坊をすぐに認識できるようになり、乳児との絆を築き始める（Uvnäs-Moberg et al., 1990）。

さらに、コルチゾール濃度と血圧の低下を反映して授乳による抗ストレスパターンが誘発され、HPA軸、LCを含む中枢ノルアドレナリン作動系、そして、例えば血圧を含む心臓血管機能の制御に関連するNTSのような交感神経系において、哺乳に関連した活動低下を示す（Amico et al., 2004；Nissen, et al., 1996；Jonas, Nissen, Ransjo-Arvidson, Wiklund, et al., 2008；Handlin et al., 2009）。痛みへの感覚も低下する。DMXの迷走神経節前ニューロンの活性化の結果として、哺乳はある種の消化管ホルモン（例：インスリン、コレシストキニン、ガストリン）の増加を伴う（Uvnäs-Moberg, 1996）。上で説明したすべての影響は、脳内の異なる部位の神経から放出されたオキシトシンに反応してもたらされる。

これらの影響の結果として、母親は精神的にだけではなく生理学的にも母性に適応するようになる。消化管活動の増加や栄養素貯蔵のための最適化したエネルギー利用を伴うストレスの軽減は、エネルギーを節約するために役立ち、ゆえに母親はより効率的にエネルギーを利用する。エネルギーは、筋肉活動や授乳中の他のタイプのストレスのためではなく、母親自身と乳汁産生のために利用されることが重要である。進化論的な観点から、入手可能な食料は限られていることが多い（Uvnäs-Moberg, 1987, 1996）。

■ 授乳中の女性におけるオキシトシンの長期効果

授乳期の後、母性適応はより顕著で持続的になり、授乳期間を通してさらに長く持続する。授乳期間中、母親は不安が少なくなり、より社会的相互作用が生まれやすくなる（Jonas, Ransjo-Arvidson, Matthiesen, et al., 2008）。身体的活動に応じた母親のコルチゾール濃度は低下し、基礎血圧は6カ月間の授乳期間中に低下する（Altemus, Deuster, Galliven, Carter, & Gold, 1995；Jonas, Nissen, Ransjo-Arvidson, Wiklund, et al., 2008）。同様の血圧の低下は、乳児に哺乳瓶でミルクを与える母親には起こらなかったことから、血圧低下のいわゆる原因因子としての授乳の役割を裏付ける（Altemus et al., 1995）。

母乳で育てる女性は、人生後年になってからの心筋梗塞、脳卒中、および2型糖尿病といった心疾患のリスクが低下する（Lee, Kim, Jee, & Yang, 2005；Stuebe et al., 2009）。

授乳と関連した持続する抗ストレス作用は、ラットにおいてオキシトシンの連続投与によってもたらされるα_2アドレナリン受容体の機能亢進による効果と同じである。母乳で育てる女性は内因性オキシトシン連続投与にさらされるため、類推によるが、授乳中に観察されるより長期に及ぶ抗ストレスパターンも、α_2アドレナリン受容体の機能亢進に関連性があるのだろう。授乳から何年も経ってから観察される健康促進効果は、α_2アドレナリン受容体機能の持続的な上方制御に関連している可能性が高い。

乳児の哺乳におけるオキシトシンの役割

乳児が哺乳中、授乳中の母親に見られる効果パターンによく似た補完的な効果パターンが誘発される。人の乳児の哺乳中には、循環するオキシトシン濃度は増加しないが、子牛など他の数種の哺乳類では増加が見られる（Lupoli, Johansson, Uvnäs-Moberg, & Svennersten-Sjaunja, 2001）。それでも、オキシトシン関連の効果パターンは、人の乳児においても誘発される。哺乳は鎮静作用をもたらし、リラクゼーションのしるしとして体温は増加する（Jonas, Wiklund,

Nissen, Ransjo-Aridicdon, & Uvnäs-Moberg, 2007）。消化管ホルモンの増加が迷走神経の活性化によって誘発され、栄養素の処理がより効果的になり、実際摂取カロリー当たりの体重増加が増える（Uvnäs-Moberg, Widstrom, Merchini, & Winberg, 1987）。

皮膚と皮膚の接触中および親密さにおけるオキシトシンの役割

　オキシトシンは、授乳中の哺乳刺激によって放出されるのみではなく、皮膚と皮膚の接触といった親密な接触によっても放出される。皮膚の感覚神経が接触によって活性化されることがこの理由である。すなわち、暖かさと軽い圧力が皮膚と皮膚の接触によって生じる（Uvnäs-Moberg & Petersson, 2011）。哺乳への反応時よりかなり少量のオキシトシンが親密さへの反応として放出される。事実、単一パルスのみが観察されるだろう（Matthhiesen, Ransjo-Arvidsson, Nissen, & Uvnäs-Moberg, 2001）。それにもかかわらず、オキシトシンは脳内に放出され、中枢効果をもたらすだろう。まさに、哺乳によってもたらされる行動学的・生理学的効果は、射乳とプロラクチン分泌を除外しても、授乳中の母子間の皮膚と皮膚の接触によっても誘発される（Uvnäs-Moberg, 1998a, 1998b；Jonas, et al., 2008；Handlin et al., 2009）。

　出産後すぐに自身の新生児の声を聞いたり見たりできる母親は胸部皮膚温の変動を示すが、子どもが新生児室に預けられている母親は皮膚温の変化を示さないことから、乳児の存在と密接さは、母親の循環中オキシトシン濃度と同時に皮膚温に影響を及ぼす（Bystrova et al., 2007）。皮膚と皮膚の接触中、母親はぬくもりを乳児に与える。さらに、視覚刺激と聴覚刺激によって脳に放出されたオキシトシンは、赤ん坊を抱きしめたり、世話をしたり、交流したいと母親に思わせる。

　乳児が出生後に皮膚と皮膚の接触を維持すると、足で押す行為、母親に向けてのハイハイ、発声だけでなく、乳房のマッサージや哺乳も含む生得的な探索行動を示す（Widstrom et al., 1987）。乳児は手で母親の乳房をマッサージし、乳房マッサージの量は母親のオキシトシン濃度の増加と用量依存的に結びつく（Matthiesen et al., 2001）。このように、母子相互作用は脳内のオキシトシン作用によっても増加する。

　さらに、母親の不安は低くなり、子どもと交流したり意思を伝えたりし始める（Velandia, Matthisen, Uvnäs-Moberg, & Nissen, 2010）。母親のコルチゾール濃度と血圧は低下し、これはストレスレベル低下のしるしである（Handlin et al., 2009）。さらに、痛みへの感覚は減少する。これらの効果のすべては、皮膚と皮膚との接触中の皮膚感覚神経の活性化への反応として、脳内に放出されたオキシトシンによって促進される。

　皮膚と皮膚の接触がある乳児はより落ち着き、新生児室に預けられた乳児に比べて泣かず、コルチゾール濃度は低下する（Christensson, Cabrera, Christensson, Uvnäs-Moberg, & Winberg, 1995）。この"精神的"鎮静は、身体的なリラクゼーションと並行して生じる。皮膚と皮膚の接触を有する乳児は、自分自身の皮膚温を上昇させて母親の皮膚温に反応し、最も高い上昇は乳児の足の温度で見られる（新生児室に預けられた乳児の足の温度は低下する；Bystrova et al., 2003）。

　皮膚温の上昇は、皮膚血管を収縮する交感神経活性の抑制により生じた皮膚血管の拡張に起因する。乳児の皮膚温は、母親の温度に適応する。母親の腋窩温は、皮膚と皮膚の接触を有する乳児の足の温度と強く関連があり、母親の温度が高ければ高いほど、乳児の足の温度は高くなる。しかしながら乳児が服を着ている場合、服の断熱効果によって母親の温度による影響は減少する（Bystrova et al., 2003, 2007）。

　ストレス緩和のさらなるしるしとして、乳児

のコルチゾール濃度は低下し、痛みへの感覚は減少する（Kostandy et al., 2008）。さらに、消化管ホルモン濃度は、成長のために必要不可欠な最適化された消化とある程度一致して影響を受ける（Tornhage, Serenius, Uvnäs-Moberg, & Lindberg, 1996）。

哺乳や皮膚と皮膚の接触によって生じるオキシトシン効果の類似点と相違点

哺乳や皮膚と皮膚の接触によってもたらされる効果パターンは、ほとんど同じである。両方とも社会的交流行動と社会的能力を増加させ、不安と痛みへの感覚を軽減させ、コルチゾール濃度と血圧の低下による抗ストレス効果をもたらし、さらに消化管の内分泌系活動を促進することによって、同化代謝、回復、成長を促進する。哺乳や皮膚と皮膚の接触によって誘発される効果パターンの主な違いは、哺乳はプロラクチン分泌を介して射乳と乳汁産生を生じさせるということである。

上記でまとめられたように、哺乳刺激と皮膚と皮膚の接触の両方に応じて、母親は授乳中に感覚刺激を受ける。哺乳中、乳頭に由来する求心性神経は乳児の哺乳に応じて活性化し、皮膚と皮膚の接触中、皮膚感覚神経は母子間の親密さによってもたらされるぬくもり、接触、軽い圧力などに応じて活性化される。強い哺乳刺激は、視床下部 SON と PVN 大細胞性ニューロンから循環系に、90 秒間の間隔でパルス性のオキシトシン放出を生じさせる（Jonas et al., 2009）。

求心性皮膚神経の活性化によってもたらされるより弱い刺激は、たとえあったとしても、2〜3パルスのオキシトシンを血中に生じさせるだけで（Nattguesen et al., 2011）、この種類の刺激は大細胞性ニューロンからオキシトシンの放出を促進させるほど十分強くはない。これは要するに生理学的観点から重要であり、皮膚と皮膚の接触や親密さは射乳や子宮収縮のような末梢作用と関連性がないからである。それでも、両タイプの刺激は社会的行動を増加させ、抗ストレス作用および成長促進効果をもたらす。これは、哺乳刺激と親密さによって生じる弱い刺激の両方が扁桃体、PAG、NTS に投射する PVN の小細胞性ニューロンからのオキシトシン放出を活性化することを示す。

哺乳や皮膚と皮膚の接触によってもたらされる同様の効果にもかかわらず、効果がもたらされる機序に違いがある。

本章の初めの方で、HPA 軸の異なる構成要素と、オキシトシンが多くの異なるレベルでの活動にどのように影響を及ぼすことができるかについて説明した。

要するに、副腎皮質からのコルチゾールの放出は、下垂体前葉の ACTH 産生細胞から血液循環へ放出される ACTH によって促進される（第 2 章 **ボックス 6** 参照）。ACTH の放出は、PVN で産生されて正中隆起に放出された後、さらに下垂体門脈を介して下垂体前葉に到達する CRF によって順に制御される。

オキシトシンは、多くの異なるレベルで HPA 軸の活動を抑制することをここまで説明してきた。PVN の CRF 放出を低下させ、下垂体前葉の ACTH 分泌を低下させ、そして副腎皮質への直接作用を介して副腎皮質からのコルチゾール分泌を低下させる。哺乳中オキシトシンは ACTH 分泌を抑制し、これによって例えば、オキシトシン濃度と ACTH 濃度の負の関係に反映されるコルチゾール合成も抑制する（Handlin et al., 2009）。それに対して、皮膚と皮膚の接触への直接的な反応としてのコルチゾール分泌は、ACTH の低下とは関連性がない（Handlin et al., 2009）。牛においても、側腹部を撫でることは、ACTH 濃度の随伴効果なしでコルチゾール濃度を低下させる。

ACTH がコルチゾール分泌を制御する唯一のホルモンとして考えられているなら、これはどうして可能なのだろうか。皮膚と皮膚の接触

中の血圧低下に強く関連するコルチゾール濃度の低下という事実は、交感神経系における活動が皮膚の求心性神経の刺激に応じたコルチゾール濃度の低下に対して重要な役割を果たすことを示唆している。実際、副腎皮質や髄質に分布する交感神経の活性が、ACTHが副腎皮質からのコルチゾール分泌を促進する強度に影響することが報告されている（Stachowick et al., 1995）。交感神経の緊張が高いほど副腎皮質のACTHの効果は強くなり、交感神経活性が低いほどACTHの活性が低くなる。言い換えれば、コルチゾール分泌は、循環系のACTH濃度の補助変動なしで異なる可能性がある（Uvnäs-Moberg & Petersson, 2011）。ACTHの血中濃度のみではなく、ACTHがコルチゾール放出を活性化する強度によってコルチゾール分泌が異なるという事実は、オキシトシンの連続投与がACTH濃度の同時低下なしでコルチゾール濃度を低下させるという研究結果にも当てはまる（Petersson, Hulting, & Uvnäs-Moberg, 1999）。

上で説明したように、オキシトシン投与や感覚刺激によって放出されたオキシトシンによりもたらされる血圧とコルチゾール放出の低下は、NTSや交感神経系の制御に関連した脳幹の隣接領域に最ももたらされやすい。これは、血圧の低下とコルチゾール濃度の低下との密接な関連性を説明できるだろう。

要約すると、哺乳は視床下部、下垂体前葉、および副腎皮質レベルでのHPA軸活動を抑制させ、さらに、オキシトシンが交感神経系活動を低下させるNTSでの効果によってもコルチゾール分泌を低下させる。一方皮膚と皮膚の接触は、自律神経系の制御に関連する脳幹の隣接領域とNTSに分布するオキシトシン神経の活性を増加させることによって、コルチゾール分泌を主に低下させるが、これには直接的なNTSの神経反射も関連している。言い換えれば、哺乳によってもたらされるより強い感覚刺激は、HPA軸と脳幹の両方での作用を伴い、皮膚と皮膚の接触やふれることによる弱い刺激は、PVN小細胞性ニューロンから放出されたオキシトシンによって促進される脳幹での作用を主に伴う。これらのタイプの刺激によって誘発される効果の違いはもちろん段階的で、皮膚感覚神経の刺激の強度によって決まる（Handlin et al., 2009；Nussdorfer, 1996；Matthiesen et al., 2001；Nissen et al., 1998）。

機能的結果の実例

このように報告されたデータは、母親が自分の子どもを見たり、声を聞いたり、乳児に近寄ったりすると、母親のオキシトシンが活性化されることを示唆する。母子間の皮膚と皮膚の接触が確立され、皮膚神経の活性化に応じてオキシトシンが放出されると、乳児は乳房探知行動を行うことによって母親にアプローチする。乳児が手で母親をマッサージすることによって放出されるオキシトシンによって、母親のアプローチはさらに促進される。

脳内オキシトシン作動系活性化のさらなる結果として、強い抗ストレス作用が母子両方において促進される。そのため、母子ともにより穏やかになり、痛みに対する感覚が弱くなり、コルチゾール濃度の低下で示されるようにストレスが弱まる。母親の血圧は低下し、乳児の体温は上昇する。さらに、消化、栄養素の貯蔵、成長に関連した機能は刺激を受ける（上記参照）。

普通分娩中における乳児のストレスレベルは非常に高いため、皮膚と皮膚の接触によって誘発される落ち着き、リラクゼーション、ストレスの緩和は、新生児にとって特別重要である。これらは出産中にもちろん必須であるが、生理学的機能の発達と成熟にとっても非常に重要である。一方で長く続くストレスは、発達と成長に関連する機能にとって有害である。皮膚と皮膚の接触は、子どもに落ち着きと身体的リラク

ゼーションを誘発するため、産後期の母子間の皮膚と皮膚の接触は、生まれてくることのストレスを弱める自然な方法である（Lagercrants & Slotkin, 1986；Bystrova et al., 2003）。出産による母親のストレスの緩和も同様に促進されるだろう。

KlausとKennel（1997）は、産後すぐに母子に皮膚と皮膚の接触をさせると、母子は数カ月間より積極的にふれあうことを報告した。そして、この現象を表すために"早期感受期"と命名した（Klaus et al., 1972；Kennel, Trause, & Klaus, 1975）。事実、母親とその子どもに産後2時間に皮膚と皮膚の接触をさせると、産後別々にされた母子に比べて、子どもが1歳の時に母親と子どもはより繊細で相互的な方法で交流する。

さらに、子どもはよりよい方法でストレスを制御することができる。産後最初の90分間に分離されてから再会した母子は、社会的相互作用の増加およびストレス反応性の低下を示さなかったという研究結果によって、産後最初の数時間の重要な役割が強調された（Bystrova, Ivanova, et al., 2009）。

すなわち、人の母親と乳児における社会相互作用行動の発達やストレスへの対処能力が、皮膚と皮膚の接触によって強化される生物学的好機が産後すぐにあることをこれらのデータは示唆している（Bystrova, Ivanova et al., 2009）。

興味深いことに、1年後に観察される効果パターンは、産後すぐの皮膚と皮膚の接触によってもたらされた影響を反映する。この急性のオキシトシンを介した効果パターンがどのように長期効果に変換されるかはまだ立証されていない。刷り込み、条件付け、あるいはエピジェネティックな現象が関連しているだろう（Champagne & Meaney, 2007）。

もちろん、密接な接触は生涯にかけて同様の効果を生じ続けるが、特に生後間もなくに効果が生じる。この研究報告は、心理学的見地から

も興味深い。第6章で説明するように、不安定型愛着行動の子どもに比べて安定型愛着の子どもは、母親とより交流し、ストレスレベルの調節に優れている。それゆえに、上で説明した結果は、安定した愛着がオキシトシンの機能や効果の増強に関連することを示唆している（Uvnäs-Moberg, 2007, 2011）。

母親の能力の反映としての オキシトシン濃度

妊娠中や授乳中にオキシトシン濃度が高い母親はより大きい赤ん坊を産み、同化のために栄養素を利用する能力の増加を反映する、消化管ホルモンのソマトスタチン濃度の低下を示す（Uvnäs-Moberg et al., 1990；Silber, Larsson, & Uvnäs-Moberg, 1991；Uvnäs-Moberg, 2007）。彼女らは授乳中に赤ん坊とより頻繁により繊細な方法で交流する。授乳中の射乳量はオキシトシン濃度と相関があり、より長く授乳する（Nissen et al., 1996, 1998）。

Karolinska Scales of Personality（Uvnäs-Moberg et al., 1990）といった性格検査によって決定される社会的交流と落ち着きのレベルも、母親のオキシトシン濃度に関係する。母親が子どもと交流すればするほど、オキシトシン濃度は高くなる（Feldman, Weller, Zagoory-Sharon, & Levine, 2007）。これらのデータは、胎児の成長、乳汁産生、母親の落ち着きと社会的交流能力に関連する母親の適応におけるオキシトシンの重要な調節的役割を示す。母親のオキシトシン濃度と関連する母親の特徴が、遺伝的差異、生後間もなくの経験、現在の社会心理学要因によるものなのかは分かっていない。

上で説明した研究では、異なるオキシトシン分析方法が用いられているため注意が必要である。放射免疫測定法（RIA）は9つのペプチドからなるオキシトシンのみ測定し、Jonasら（2009）やFeldmanら（2011）によって用いられた酵素免疫測定法（EIA）は、10倍から20

倍高い濃度を示す。これは、EIA がオキシトシンだけを測定するわけではなく、より大きな分子やオキシトシンの低分子断片をも測定することを意味する。現在、分析前にサンプルを抽出してオキシトシン全分子に抗体を結合させる RIA は最も特異的であり、最適の方法である。他の分析方法は、特にオキシトシンが唾液や尿中で測定される場合、実はオキシトシン以外の物質を表す可能性があることを忘れてはならない。

母子間の一般的なオキシトシン効果

社交的なアプローチや抗ストレス作用を伴うオキシトシン関連の効果パターンは、母子にだけ誘発されるわけではない。オキシトシンは男女や年齢に関係なく、信頼・愛着や絆を有する他の人の存在によって放出されるが、一方で友好的な性格を持つ見知らぬ人や、助けを必要とする状況での見知らぬ人によっても放出される。これらの関係においてオキシトシンは、視覚的、聴覚的、嗅覚的、触覚的刺激によって放出される。個人の記憶や心的表象さえオキシトシン放出を引き起こす可能性がある。

ストレスの多い状況にさらされた人は、交感神経副腎系と交感神経系の活性化によって通常は反応する。状況が不愉快だと認識されると、HPA 軸も活性化されてコルチゾール濃度が増加する。もし他の支えとなる人が存在する場合、ストレス認知は抑制され、ストレスの多い状況に反応したコルチゾールの上昇は低下する（Uvnäs-Moberg & Petersson, 2011）。支えとなる人の存在によって誘発されるコルチゾール濃度の低下（および交感神経系活性の低下）は、脳内のオキシトシンの放出に起因する。この効果が、視床下部と下垂体、あるいは脳幹内のオキシトシン作用によって誘発されたものかどうかは不明であり、実は状況によって異なる。

さらに接触は、社会的サポートのストレス緩和と不安緩和効果において重要な役割を果たす可能性があり、効果の重要な部分は、NTS と交感神経副腎系や交感神経系の制御に関わる隣接領域のオキシトシンを介して行われることを示唆する。

十分な研究はなされていないにもかかわらず、社会的支援とパートナーとの友好的な接触に関連して、社会的相互作用、信頼、満足感の増加、成長関連系統の活性の増加と攻撃性や痛みへの感覚の低下といった、オキシトシンを介した効果パターンの他の側面も活性化されると見なされ得る。

精神的サポートとともに、親密さ、接触、ぬくもりの効果が分娩中に調べられた。Klaus と Kennel（1997）は、分娩中に支えとなる女性がいると出産が早く進み、合併症がより少なかったことを報告した。支えとなる人の存在は分娩時間を短くし、分娩中の帝王切開、鎮痛、外因性オキシトシンの必要性を減少した。これにより出産に関する母親の経験と記憶は肯定的になり、子どもとより良好な関係を築いた。これらのプラス効果は数週間持続した。明らかに、支えとなる女性との身体的および精神的相互作用は、母親の循環系と脳内のオキシトシン放出やオキシトシン機能の増加を促進する。

オキシトシンの反復暴露は持続効果をもたらすことから、長期的な関係は健康促進作用を伴う。興味深いことに、良好で長く続く関係と健康促進作用の関連性が認められている。事実、心疾患や抑うつといった疾患有病率は、良好な関係を有する人において低い（Knox & Uvnäs-Moberg, 1998）。

多くの比較研究において、人におけるマッサージのプラス効果が確認されている。Field（2002）は、社会的相互作用を促進し、個人間の愛着を増加することを示して、マッサージがいかに性別や年齢に関係なく有益な効果をもたらすかを立証した。またマッサージは、コルチゾール濃度の低下ももたらす。マッサージを受

けた未熟児は体重増加を示し、コントロール群の乳児よりも早く発達する。他の研究では、マッサージは満足感を誘発し、攻撃性を低下させることが示されている（Von Knorring, Soderberg, Austin, & Uvnäs-Moberg, 2008）。

マッサージは、夫婦間対立の解消も促進する（Ditzen et al., 2007）。要するにマッサージは、動物におけるオキシトシン投与や非侵害感覚刺激によって誘発されるものと同じ効果パターンをもたらすようである。効果パターンは授乳、母子間の皮膚と皮膚の接触、パートナーとの友好的な接触に応じた内因性オキシトシンの放出に起因することから、人でオキシトシン投与によってもたらされるものと同様である。これらのデータは、循環系内でオキシトシンの一時的な最初の放出のみが観察される場合でも、マッサージが脳内のオキシトシン作動系を活性化することを強く示唆する（Uvnäs-Moberg, 2006；Uvnäs-Moberg & Petersson, 2011）。

オキシトシンと人と動物のかかわり

第3章で、人と動物の交流のプラス効果が説明された。研究結果は、動物との接触や動物の存在がよりよい健康、社会的相互作用の促進、共感能力の改善、恐怖と不安の軽減、信頼と落ち着きの増加、気分の改善と抑うつの軽減、よりよい疼痛管理、攻撃性の軽減や抗ストレス作用と関連があることを示している。確かにこれらの作用は、人と動物の両方においてオキシトシン投与に反応して見られたものと非常に似ており、人において信頼する人からの感覚刺激によってオキシトシンが放出される状況にも似ている。

人と動物で共有する社会的状況と関連する基礎的な生物学的構造と機能が存在するため、第2章で強調されたように、人と動物の真の関係が可能であるように思われる。それゆえに、オキシトシンがこれらの関係でも放出されることを推測するのは妥当である。

この考え方を受けて、オキシトシン系は、社会的相互作用と人と動物の交流に関連したストレスの抑制の中枢神経生物学的構造であると仮定する。そして実際に、この仮説を支持する根拠がある。

Odendaal（2000）とOdendaalとMeintjes（2003）は、犬を撫でてから5分から24分後に人と犬の血漿中オキシトシンが有意に増加したことを報告した。見知らぬ犬を撫でた場合と比べて、自分自身の犬と交流した人のオキシトシンの増加がより高かった。これは、オキシトシン増加が人と動物間の関係によって異なり、関係が密接であればあるほど交流を介したオキシトシン放出はより多くなるということを示唆している。

Millerら（2009）は、日中自分の犬と離れていて、仕事から家に帰ってきた後の男性と女性において、自身の犬との交流の血漿中オキシトシンへの影響を調べた。飼い主が自分の犬と交流する条件と、被験者が犬の存在なしで本を静かに読んだ条件が比較された。自分の犬と交流した後、男性とは異なり女性の血漿中オキシトシンは増加したが、一方、コントロール条件では観察されなかった。両条件において、男性はオキシトシン濃度の減少を示し、読書条件でより減少が大きかった。

Handlin（2011）の研究において、犬の飼い主である女性が3分間自分の犬を撫でたり話しかけたりする最中と後で、飼い主および犬のオキシトシンが有意に増加したことが報告された。実際に、飼い主と犬のオキシトシン濃度が高ければ高いほど、飼い主と犬の関係性はより良好になる（Handlin, Hydbring-Sandberg, Nilsson, Ejdeback, & Uvnäs-Moberg, 2012）。

Nagasawaら（2009）は、末梢オキシトシン測定に有効なアプローチとして一般に認められてはいないが、尿中オキシトシン濃度を用いて、飼い主と犬の30分間の交流が与える効果、特に犬から飼い主への友好的な注視の間の

効果を測定した。コントロール条件として、別の30分間の交流で飼い主は自分の犬を直接見ないよう指導された。解析のため、被験者は飼い犬への高い愛着を報告し、犬から長い注視を受けた飼い主と、愛着が低く犬からの注視時間が短かった飼い主とに分けられた。交流において、長い注視は飼い主の高濃度オキシトシンと相関があったが、犬の注視によって始められた交流やアイコンタクトなしのコントロール条件では相関がなかった。

概してこれらの研究は、人と犬の社会的相互作用と人と犬のオキシトシン濃度の増加との間に相関があることを示す。このように、オキシトシンは、人と動物の交流の影響を調整するために重要な役割を果たす。身体的接触（交流の一端としての動物を撫でること）は、人の犬に対する愛着と同じように、この点において重要な役割を果たすようである（Handlin et al., 2011）。

それでも上で説明した研究はどれも RIA を用いていないため、記録された濃度はオキシトシン以外の物質を反映しているため、結果は注意して評価しなければならない。

第5章

対人関係
～愛着と養育～

　オキシトシンの放出は、心理学的に定義された愛着と養育の概念によって説明、識別できる関係性の質を要する。これらの概念は、対人関係において発達してきた。それゆえに、本書後半において人と動物の関係に適用・拡張する前に、本書独自の枠組みの中でこれらについてまずは紹介する。

　Bowlby（1969）は、子どもとその養育者との間の愛着を定義した最初の研究者である。系統発生的に古く、生存価を持つ愛着の"行動システム"の動物行動学的概念に言及した。この観点から愛着は、子どもと子どもを守る役割である養育者との間の持続的な感情的つながりを本来は表しているといえる。最近になって、愛着の概念は恋愛のような他の種類の関係にまで拡大した。愛着システムの作用は、特に子どもがストレスを感じたり、危険にさらされたりした場合、子どもと愛着表象との近接を維持したり確立したりすることである。子どもの恐怖とストレスは、養育者との近接によって減少される。愛着システムは、すべての行動システムがそうであるように柔軟であり、サポート状態だけでなく、一貫性がなく拒否的な子育て、虐待、育児放棄にさえも適応し、異なる種類の愛着パターンに表れる。

　GeorgeとSolomon（2008）は、養育システムは別の拡散行動システムであるが、愛着システムと強く関連すると考える。養育者の行動は子どもの愛着行動次第であり、子どもの養育者への愛着の質にとって最も重要な要因である。養育行動は、例えば回収、呼び声、アイコンタクトや笑顔の探索を介して、近接の維持や確立を含む。一般に、異なる種類の養育行動は子どもの愛着パターンに一致する。

序章

　人と動物が社会行動の統合における基本的機構と構造を共有する場合（第2章参照）、人と動物の関係の説明に特別な理論は必要ない。事実、人と人の関係を反映して発達した心理学の概念は、人と動物の関係にも当てはまるはずである。これらの心理学的理論を人と動物の関係に当てはめる前に、これらの概念の原形を本章で紹介する。

　対人関係にはさまざまな種類があるが、人と動物の絆の多くは、密接な感情のかかわりを意味する。ゆえに人と動物の関係に起こり得る救済的・予防的効果に関しても最重要である可能性が高いため、このような絆に焦点を当てる。

　養育や社会的サポート概念を含む愛着理論は、人同士の密接な感情的つながりを最も適切に説明する心理学的理論の1つである。我々の見解では、この理論複合は、感情に関連した人と動物の関係と人と動物両方に対するその効果を説明するための最大の可能性を持つ。それゆえに、愛着と養育に関する概念の概説から本章を始めることにする。

愛着と養育とは？

　John Bowlbyによって確立された愛着の生体心理学的構成概念は、通常は子どもと親の間の密接な感情的つながりについてふれる。Bowldyは、母親と子どもの間の絆にまっ先に関心を示したが、彼は愛着理論をこれらの関係に制限しなかった。愛着は、人同士のすべての密接な情緒的関係（例：恋愛）において役割を果たす絶対不可欠な生涯にわたる人の要求である、と彼は述べた。愛着要求は、"ゆりかごから墓場まで"存在する（Bowdly, 1979, p.129）がこれらの要求は、乳児期および幼年期に最も顕著で、容易に観察される。Bowlbyは、愛着を以下のように述べた。

　「よりうまく社会に対処できると思いつくはっきりと特定された個人への近接を獲得したり、維持したりできる行動（例：泣き叫び、発声、アイコンタクトの探索、手を差し伸べたり後追いを示す）…。人が恐怖、疲れ、病気の状況にある時に最も明らかで、やすらぎや養育によってそれらが緩和される」（1998, p.26-27）。

　古典的な愛着理論によると、親子関係では愛着行動は子どもにのみ表されるのに比べて（病的関係を除いて）、大人同士の関係では役割は状況に応じて転換する（例：ある状況では、パートナーAは愛着行動を示し、パートナーBは支えとなる、他の状況では、役割は転換される）。

　養育者への子どもの愛着の質を説明する最も重要な要因は、子どもの養育者との経験である（Bakermans-Kraneburg, Van Ijzen-doorn, & Jiffer, 2003）。

　養育者の行動は、子どもの愛着行動に対するお返しである（Bowlby, 1969）。また、成人のパートナーの養育行動は、愛着信号や子どもに起こり得る危険性の認識への反応として、子どもへの"近接の維持や確立"を介して子どもを守ることを目的としている。養育行動は、回収、呼び声、アイコンタクトの探求を含む。子どもに心地よさと支えを提供し、笑顔、慰め、体の接触（抱っこや撫でること）を介して恐怖と苦悩を軽減することは、養育の別の部分を表す（Bowlby, 1969）。養育の質は、大人自身の過去の愛着によってだけではなく、特定の子どもとの実際の経験にも影響を受ける（George & Solomon, 2008；Solomon & George, 1996, 1999）。

　愛着と養育行動は人だけに限定されず、他の脊椎動物、特に同様の脳と生理系を有する哺乳類においても見られる（第2章参照）。

　事実、Bowlby（1969）の愛着概念は、Konrad Lorenz（1950、1965）やNiko Tinbergen（1963）によって構成された進化的知識と行動学的知識に基づく。もうすでに周知のように、彼は愛着の生物学的原理を適切に想定した。進化的、行動学的、生物学的知識の主部は過去60年間に非常に増えたが、愛着理論へのこれらの知識のさらなる統合は未解決のままである。それゆえに、本書の目標の1つは、3つの原理すべてから最新のデータと理論的アプローチを統合することである。

　Bowlby（1969）は、子どもと彼らの養育者との愛着を"行動システム"として見なした。それゆえに、心理学的愛着理論に行動学的基礎と進化的基礎をもたらした。統合的アプローチとして、愛着と養育の定義も行動システムの基準を基礎とする。

補説〜行動システム〜

　人と他の種の行動のかなりの割合は、行動システムにまとめられている。Hinde（1982）を参照に、GeorgeとSolomon（2008, p.834）は行動システムを"特定の目標に関する規則や行動を調節する生物学的システム"と定義した。

行動システムは、種の進化的歴史に由来する。発達の過程で、行動システムは生存価（進化適応、Baerends et al., 1995）を獲得した。この見地から、愛着と養育は、愛着行動システムまたは養育行動システムによって制御された一連の行動を対象にする持続関係をいう。愛着と養育行動システムは、一連の他の行動システム（例：探索システム、性的システム、親和システム、遊戯行動システム）の中の2つの複合システムである。

行動システムの概念は、動物行動学的規範である。ゆえに、行動学的アプローチの本質的要素である行動の機序、因果関係、発達や進化についての疑問（"Tinbergen Criterion"下記参照）は、この概念の枠組みをもたらす。Bowlby（1969）とHinde（1982）は、行動システムを以下の基準で定義した（George & Solomon, 2000 も参照）。

1．特定の目標や適応機能を対象とした一連の調整された行動からなる行動システム（Tinbergen Criterion：機能）。
2．進化の過程で発達した行動システム（Tinbergen Criterion：系統発生）。
3．行動システムは内因性（例：ホルモン）または外因性（例：他の人または動物の行動）キューによって活性化または終了される（Tinbergen Criterion：原因）。
4．行動システムは単独ではない。代わりに、他の行動システムに関連し、それらと相互に作用する（例：愛着システムと探索システムとの相互作用）。
5．行動システムは、特定の認知制御システム（"内的ワーキングモデル"のようなもの、愛着理論の鍵となる構成概念）によって統合・整理される。
6．行動システムは、目標が修正されるため柔軟性がある。行動システムは、長期にわたって存在する目標を通して制御される。これらの目標を成し遂げるための行動は、個体の発達と環境要因に適応する（Tinbergen Criterion：発達（個体発生））。
7．行動システムは、個人の成長を通じて発達する（個体発生）。そうすることで、各々の行動が行動システムに統合される。システムの機能性は、有機体と環境の相互作用の結果として発達する（Tinbergen Criterion：発達（個体発生））。

行動システム～愛着と養育～

以下に示すように、愛着と養育の行動システムは、これらの基準によって特徴づけられる。これらのシステムは別々に詳しく説明されているが、愛着と養育がいかに密接に結びつき、個人の成長の同じルーツから生じ、そして共通の機能に役立つかについて強調する必要がある（下記参照）。我々が愛着行動システムの説明をする際、乳児や子どもについて述べているが、対応する行動表現がいくぶん異なっていたとしても、これは大人にも当てはまるということを読者は留意するべきである。

要するに、安定した愛着は、愛着対象者の可能性に対する子どもの信頼、そして愛着対象者の子どもの要求に対する繊細で、敏速、適切な反応によって特徴づけられる。子どもは苦悩や要求を率直に表し、養育者によって落ち着きをもたらされる。不安定な愛着を持つ子どもの場合は、このようにはいかない。そのような子どもは、養育者の存在や繊細で適切な反応を信用しない。子どもは苦悩を示さなくなり、養育者の必要性をもはや示さなくなる。もし示したと

しても、養育者の気遣いによって落ち着くことはなくなり、養育者の存在によってさらにストレスを感じることさえある（異なる愛着パターンについての詳細は、p.93、「愛着システム」参照）。

愛着と養育の目標および機能（基準１）
■ 愛着

Bowlby（1969、1991）によると、愛着行動システムの"設定目標"は、通常は親である愛着対象者への近接の維持や獲得による保護を探索することである。究極的には、愛着システムは子の保護の役目を果たし、種の生殖適応度を増加させる。したがって愛着行動システムは、子どもが危険やストレスを感じた時に活性化される必要がある（第３章参照）。

この場合、子どもは近接の必要性の合図を示し、養育者にアプローチするだろう。この目標を遂行するために見せるすべての行動は、愛着行動として理解される。これらは、養育者の注目を得たり（例えば、呼び声、叫び声、鳴き声、親に語りかける、アイコンタクトの探索と維持など）、養育者に手を差し出したり（後追い、養育者に向かって動く）、養育者と接触を確立したりするといったことを目指す行動を含む。近接と親密さが達成されても、情動や身体的ストレスのために愛着システムがまだ活性化している場合、行動は親密さの維持を得ようとするので、愛着システムはさらに活性化される。愛着対象者が近接と身体的接触のための子どものニーズを満たせば、子どもは落ち着いてストレスレベルは低下する。ゆえに、愛着行動システムの２つ目の効果はストレスの緩和である。

■ 養育

Bowlby（1982）を受けて、養育は愛着に相互関係を表す行動システムの範囲内でまとめられた。子どもの愛着行動システムのように、養育システムの設定目標は子どもを近くに、安全に保つことである。その適応機能や最終目的は子どもの保護であり、したがって生殖適応度の増加である＊（Solomon & George, 1996）。養育行動システムの役割は、保護、ストレス緩和、子どもの世話をもたらすことである（George & Solomon, 2008）。養育システムは、子どもの発達や個々の要求によって異なるレベルと形態の保護をもたらすようにデザインされている。それゆえに、子どもへの親密さを達成・維持することや、子の要求（例：飢え、痛み、またはストレスの緩和）を満たすために子どもを世話することを目的とするすべての行動は、養育行動として解釈される。養育の詳細な例として、子どもへのアプローチ、持ち上げ、接触、抱っこ、子どもへの語り掛け、落ち着かせは、授乳、給餌、グルーミングが挙げられる。

親の養育行動システムは、子どもがストレスを受けたり、危険を感じたり、愛着行動を示す場合に活性化される（下記参照）。この場合養育者は、近接の確立や適切な世話やサポートによって理想的に対応するだろう。我々が知る限りではあるが、ストレス制御に対する養育システムの詳細な議論はなく、近接機能として見なされるのは明白なように思える。子どもがストレスを受けた時に愛着信号を見せ、養育行動が愛着行動を無事に終わらせて原因を改善すると、子どものストレスを効果的に緩和する。一方で、上手に世話をすることによって、養育者自身のストレスも緩和される（第４章、第６章参照）。また、養育行動は明らかな愛着信号、子どものストレス、危険がない場合にも表示されることを付け加えたい。特定のストレッサー（例：飢え、寒さ、分離）を積極的に回避することによって、子どもの愛着システムの活性化を抑えることが一因となり得る。食べ物、親密さ、グルーミングの提供は、明らかなストレッサーがない場合の単なる相互の楽しみや関係の安定化の一部となるだろう。

健全な親子関係において、養育行動は通常は親から子への一方通行である。しかしながら、

大人の恋愛に愛着理論を当てはめる場合、彼・彼女がストレスを感じ、愛着行動を示す場合、養育は大人のパートナーにも生じる。大人の関係では、役割は状況に応じて逆転される。ある状況では、パートナーAはパートナーのストレスを調整するために世話をする。別の状況では、パートナーBが相手の愛着信号に応える。愛着のように、養育は恋愛と大人のパートナー関係の中心的要素である（Carnelly, Pietromonaco, & Jaffe, 2005）。

明らかに、子どももときどき（例：母の日、親が病気の時）親への養育行動を示す（例：お茶を入れる）。しかしながら一般に、子どもから親に対する養育は、親と小さな子どもの正常な関係における安定した行動パターンとはならない。一方、年下の兄弟姉妹やペットの世話は、正常な子どもの発達の一部である。

行動システムの進化（基準２）

行動システムは、進化の過程で発達した。求愛、子どもやパートナーとの絆、狩猟採集、領域防御などと関連してこれらのシステムは存在する。繁殖成功を増加させるため、行動システムは選択されてきた。

Bowlbyの教えでは、愛着と養育は、哺乳類と多くの鳥類における子育てのサポートとなる行動システムとしてはっきりと述べられている。特に、これらのシステムは子の生存確率を増加させるため、親に健康の恩恵をもたらす。加えて、初期の絆は愛着の安全基地の核をももたらす。これは子が環境を探索するため、同時に限度内でストレス系の活性を保つために必要である。哺乳類全般で、特に子がかなり成熟して生まれてくる有蹄類のような種において、母親と子の強い絆は集中的な特定の養育を確保するために必要である。すなわち、母親は、自身の資源や子に焦点を当てた行動に集中できるようになるからである。このような絆の発達は、重要な機構構成要素を持つことがよく知られている（Uvnäs-Moberg, 2003；Curley & Keverne, 2005）。普通分娩中（帝王切開と対照をなして）のオキシトシンの急上昇は新生児からの刺激を受け入れ、早い時期に相互の絆を築くための準備を母親にさせる。

この絆は、母親側の関連ある養育行動と子による世話を求める行動のための枠組みをもたらす。強い絆は、通常は母親である主な養育者との交流における、子の特定の愛着パターンを築くための段階をももたらす。絆（**ボックス８参照**）そのものは、行動システム全体が機能を変化させることを示す驚くほど明確な例をもたらす。母親と子の空間近接および養育の特異性を確保するために主に進化した同一脳と生理学的システムは、一夫一婦制のペアの絆でも用いられる。

これは、哺乳類にはまれなことであるが鳥類では一般的なことであり、子を育てるためにパートナーが離れ離れにならないために役立つ。一夫一婦関係のつがいと主観的に同等な恋愛や愛情は、養育者が主なパートナーの補助なしで子を育てることを困難にする状況下で発達した。母親と子の絆などの場合、オキシトシンは情緒的にパートナーをお互いに合わせるため、つがいの絆で重要な役割を果たす。

愛着と養育システムの活性化と失活化（基準３）

■ 愛着行動システムの活性化

愛着システムは、子どもにとって情緒的ストレスや潜在的な危険性のある状況と関連する内因性や外因性の刺激状況によって誘発される。

子どもの内部からの刺激は、愛着行動システ

＊ Bowlby（1958）は、愛着と養育行動を行動システムの枠組みで概念化したが、ごくわずかの研究者だけが養育と愛着を愛着研究における行動システムとして議論してきた。ここで述べた養育行動システムのほとんどの知識は、特記されない限り、SolomonとGeorge（例：George & Solomon, 2008）の研究論文に基づく。

> **ボックス8　　絆と愛着**
>
> 脳と生理の系統発生的に古い生物学的機序に基づいた、特定のパートナーとの比較的排他的な関係を確立することを**絆**と呼ぶ（DeVries et al., 2003；Goodson, 2005；第2章参照）。分娩中の哺乳類の母親や、恋愛のような関連ある出来事の間に放出されるオキシトシンによって絆は促進される（Uvnäs-Moberg, 1998a）。人や動物の乳児からの信号刺激によって、絆の機能は活性化、補助、強化される（kindchenschema）。絆で結ばれた個体が引き離されると、落ち着きのなさと相手の探索を通常引き起こし、コルチゾール濃度を増加させ、最終的には社会的抑うつをもたらす（Panksepp, 1998）。
>
> 例えば多くの犬は飼い主と離されると飼い主を探し、そのような状態では時には食べ物を拒否することもある。これはただの社会的誘因ではなく、真の絆を意味する。
>
> 絆のこれらの基礎的な機構に基づいて、Bowlby (1969, 1982) の意味する二者間の**愛着**は、相手の認知的、情動的表現の形成を含む。ゆえに、"愛着"は基礎的な絆に精神的表現を加えたものを含む。犬は、パートナーである人と"絆を形成する"だけではなく、パートナーである人との精神的表現をも形成すると我々は仮定するため、パートナーである人と犬の両方に"愛着"という言葉を対称的な意味で用いる。

ムを活性化する特定のホルモン（例：オキシトシン、コルチゾール）の臨界値を引き起こし得る。加えて病気になる、疲れる、暑すぎる、寒すぎる、または痛みを感じる、喉が渇く、飢えといった身体的状況は、養育者が食べ物やぬくもりなどを提供してくれることを目的として、愛着行動の増強をももたらす。さらに情動ストレス状態は、システムを活性化させる。これらは、恐怖、不安、寂しさを含み、上記で説明したホルモン状況に伴って自然に起こる。

愛着行動の外因性誘発因子は、子どもにストレスや恐怖をもたらす状況であり、養育者からの分離、見知らぬ人の存在、不慣れや不利な環境が含まれる。子どもの過去の経験と気質次第で、大きな音（例：雷）のような個別の刺激もまた、これらの外因性刺激になる可能性がある。ゆえに、客観的な危険やストレスそれ自体ではなく、むしろ愛着行動システムを誘発する脅威としての子どもの刺激の感じ方である。

■**養育行動システムの活性化**

養育者が子どもにとって不安を生じさせ、危険で、ストレスが多いと受け止める相補的な内因性、外因性刺激状況は、養育システムを活性化する。

特に、オキシトシンやコルチゾールといった特定のホルモンの臨界値は、養育者の養育システムを活性化することも可能である。愛着行動システムのように、養育システムは強い感情と関係があり、これらの感情によって制御されている。自分の子どもがストレスを受けたり、危険に瀕したりしている場合、愛着対象は強烈な不安を経験する。養育者自身のストレスシステムの活性化と同時に起こるこれらの感情は、養育システムを活性化する。さらに、他の行動システムは（基準4）養育を活性化できる。例えば、母親が探索をしたい場合、まずは子どもが確実にそばにいるようにするだろう。

養育を誘発する外部刺激は、環境や子どもの状態や行動と関連がある。これらは見慣れない環境、見知らぬ人や危険と認識される人の存在、恐怖を引き起こす人、危険な状況、例えば、赤ん坊がテーブルの端や階段に這って行ったり、交通渋滞の中を移動するといったことを含む。養育行動を活性化させ、赤ん坊の状態に関連する外部刺激は、例えば子どもの病気や疲れである。さらに、子どもによって表されるすべての愛着行動は、養育システムを活性化させ

る可能性がある。GeorgeとSolomon（2008）によると、赤ん坊自身は、養育行動を引き起こす計り知れないほどのパワーを持っている。上記のようにLorenz（1943）は、kindchenschemaとして知られる人と動物の乳児の身体的特徴（例：不釣り合いに大き過ぎる頭と目、第2章参照）や自身の赤ん坊の匂いは、養育を誘発したり促進すると仮定した。

さらに、特定の状況でどのように行動するかという文化的信念は、養育行動を誘発する（Cassidy, 2008）。西洋社会の例では、赤ん坊が空腹を訴える前でさえ、厳しいタイムスケジュールによって赤ん坊に食事を与える。

養育システムの活性化や結果として生じる養育行動は、母親、特に母親自身の愛着表現と関連のある要因次第である（p.93：基準6およびp.99：基準7参照）。世話をされたという自分自身の経験や愛着史は、赤ん坊の愛着信号を適切に感知したり適切な養育行動を見せたりする感受性を含み、養育者としての異なる自己表現に一致する（George & Solomon, 2008）。

■愛着と養育行動システムの失活化

ある状況下で養育行動が子どもの愛着要求に適切に対処する場合、子どもの愛着システムは愛着対象者への身体的、心理学的接触を介して失活するだろう。身体的接触、例えば皮膚と皮膚の接触は、愛着行動システムを失活するために重要な役割を果たす（この現象の生理学的基礎の詳細は、第6章参照）。

GeorgeとSolomon（2008）によると、養育システムはまた、身体的接触や心理学的近接、または子どもの満足、満足感、充足感の信号を介して失活する。

養育と愛着行動システムの両方の良好な失活は、一般的に肯定的な感情と関係がある。例えば愛着対象が自身の子どもを防御できる場合、愛着対象は喜びと満足感の強い感情を経験する。相補的に、愛着システムが失活する時に適切な世話と楽しい交流を受けると、子どもは喜びと満足を経験する。他方では、子どもから離された場合や子どもの世話をする能力が危うかったり遮られた場合、愛着対象は一般的に強い不安、怒り、悲しみ、絶望を経験する。相互に、愛着信号に適切に答えてもらえない子どもにも同じことが当てはまる。概して、効果的な失活のための比較的速い機会がない養育や愛着行動システムのどちらかの活性化は、否定的な感情とストレスを伴う。

■ストレスや明らかな活性化刺激がない場合の自発的な愛着と養育行動

潜在的なストレスが多いことや、脅威的な刺激による愛着と養育行動システムの活性化に加えて、愛着対象への親密さは内的または外的刺激の活性化がない場合にも維持される。自発的な接触探索や愛とつながりの表現、他者の存在による相互的喜び、肯定的な体験の共有、一緒に遊ぶことのどれもが、絆の安定を支える。愛着に関する論文ではないがしろにされやすいが、ストレスとは無関係の養育者と子どもとの相互関係と親密さは、Ainsworth（1967、1991）によって安全基地の一部としてすでに述べられている。このようなかかわりは、主に子どもの安全を一定に保ったり、子どもに探索を可能にしたりするのに役立つ。しかしながら、根本的な生理学的パターンの参照として第6章で説明されるように、これらは両者にとって利益となる。

行動システムの相互作用（基準4）

動物行動学的観点から、行動は異なる行動システム間の相互作用の産物である（Hinde, 1982）。子どもはまっ先に愛着システムと探索システム間の動的釣り合いを見つける必要がある（Cassidy, 2008）。探索システムは、子どもが環境についての重要な情報を集めたり、学習することを可能にする。一方で探索は、危険な

状況に子どもを陥らせる可能性もある。この場合愛着行動システムは活性化され、子どもは安心感を引き起こす養育者に近接を求める。これによって、子どもは再び環境を探索し始める。

Ainworth（1985）によると、このような愛着と探索との動的平衡は、健全な成長に重要である。これら2つの行動システムの相互作用において、愛着対象は"安全な基地"としての役割を果たす（Ainsworth, 1963）。それによって子どもは探索ができるようになり、新しい経験によりストレスが再発した場合にそこに戻ることができる。探索を再び始めるために十分安全であると感じることができるまで、子どもは"基地に接触"することができ、再び落ち着くことができる。このような"愛着・探索バランス"（Ainsworth, Bell, & Stayton, 1971）は安定型愛着の特徴であるのに対して、不安定型愛着はこれら2つの行動システム間の不均衡に関連している。

愛着の場合と同様に、養育も他の行動システムと競合する。これらのシステムの相互作用は、養育者の実際の行動を引き起こす。異なる競合システムの釣り合わせは、養育システムの目標を達成するために不可欠である（George & Solomon, 2008）。我々の知る限りでは、少数の研究者のみが他の行動システムとの養育の競合について直接的に取り組んでいる（例：George & Solomon, 2008）。

例えば、養育と競合する行動システムは、養育者自身の探索システムである。養育者は、例えば仕事を続行する、取り巻く環境を探索する、知的興味を追求することに関心を寄せることができる。出産直後、オキシトシンは子どもの世話に直接関連しない事柄への興味を低下させるため、養育システムは通常探索願望より"明らか"であり、探索願望より"勝る"。そのため、多くの母親はほとんどの時間を赤ん坊とともに過ごすか、可能ならいつでも赤ん坊を同行させる。赤ん坊の成長とともに、もちろん母親が信頼する他の養育者の可能性次第で、母親の探索システムはより重要性を取り戻す。

母親の養育システムは、子どもの探索システムと、子どもの愛着と探索システムのバランスにも関連する。繊細な養育はこのバランスを促進し、最適な発達を促す。一方で母親の養育システム（保護しようとすること）は、時に子どもの探索システムと競合する（例：母親が張り詰めた様子で見ている間に子どもが公園の遊具に登り、たとえ子どもが続けたがっても、最終的には子どもを連れ戻す）。

親の養育システムと子どもの愛着システムの調整は、"同調性"という言葉で愛着理論に述べられている。母親と子どもが適宜に、相互に、互いに実り多く交流する場合、同調性が認められる（Isabella & Belsky, 1991）。非同調性の交流では、養育者は最低限しか関わらず、乳児の信号に無反応で押し付けがましく、反応は子どもの行動に付随しない。子どもの行動へのこのような親の養育の非同調性は、時間とともに不安定な愛着をもたらしやすい。

愛着と養育システムの心的表象（基準5）

行動システムは、いわゆる愛着の"内的ワーキングモデル"（internal working models, IWM）と呼ばれる認知表現と情動表現によって制御される。子どもの愛着行動とその行動への親の反応は、このようなIWMに組み込まれる経験の構成要素となる。これらの表現は、個々に意識的、感情的に社会的状況を評価させ、続いて個々の愛着関連行動を導く（Bowlby, 1979；Bretherton, 1987；Bretherton & Muhnolland, 1999；Main, Kaplan, & Cassidy, 1985）。個々の養育経験と子どもの個性によって、子どもは愛着の安定型や不安定型ワーキングモデルのどちらかを発達させる（詳細は、基準6参照）。

GeorgeとSolomon（2008）は、もし養育システムがそれ自体独立した行動システムなら、この行動システムは内部表現や養育の精神的モ

デルによっても導かれるべきであると主張する。このシステムは、早期愛着経験にルーツを有するが、それらとは異なる。愛着表現の場合とまったく同じように、養育行動の心的表象は安定か不安定な養育モデルかに分けられる（基準6参照）。

行動システムでも心的表象でもないものは、完全に意識的に利用できる。子どもの場合、異なる性質は愛着システムを活性化する状況で見られる行動から推察できる。青年期や成人期には、表現は愛着に関する話題を盛り込んだインタビューや投影検査から推測される。

行動システムは目標修正的である（基準6）

行動システムそれ自体は、単に"生まれながらの"ものではない。しかしながら個体発生を通して、環境条件との相互作用において特定の行動システムが発達する強い遺伝性の潜在力がある。ゆえに行動システムは、環境条件に適応でき、これによって目標修正的である。この適応性のおかげで、行動システムは直面する条件に従って異なる形態を持つようになる。愛着に関して、子どもからの影響（例：遺伝的背景）や環境（パートナーからの支え、祖父母、経済的負担など）も個々の行動システムの発達や内在する内部表現に影響するが、主な養育者の養育行動が何よりもまず愛着システムを形成する（愛着行動システムへの遺伝子の影響についての詳細は、第6章参照）。

最適条件下で、行動システムの"一次的"戦略は発達する（Hinde & Stevenson-Hinde, 1991）。愛着システムの場合、一次的戦略はストレスの多い状況や危険な状況において、養育者への近接の達成と、安全とストレス緩和の確保をしようとする愛着行動を反映する。

しかしながら条件が困難な場合、二次的戦略が発達する（Kermoian & Liederman, 1986）。さまざまな準最適または不利な条件のせいで一次的戦略は断念され、異なる形態の不安定な愛着パターンと内在する内部表現を反映する別の二次的戦略が発達する。

養育システムの一次的戦略は、与えられた状況で十分なレベルの養育を与えることである。GeorgeとSolomon（1996、2008）は、準最適条件下（例：養育者の精神疾患、父親からの低い社会的サポート）では、母親は最小限または増大した世話を特徴とする養育の二次的条件付き戦略を発達させることを提案した。このような戦略は、一部の西洋社会における子どもの早期独立の重視といった、文化的社会的目標によっても促進されるだろう。

愛着システム

主な養育者との愛着経験の質によって、子どもは安定型、不安定回避型、不安定両価型、または無秩序型愛着の内的ワーキングモデルを発達させる。

安定型愛着

安定型愛着の子どもの内的ワーキングモデルは、子どもの経験に基づいて、主な養育者達を繊細で、信頼でき、支えとなるものとして表す。ゆえに、安定型愛着の子どもはストレスの多い状況で、密接さ、慰め、支援を積極的に求める。このような子どもは、彼らの愛着対象の可用性を信じるがゆえに、愛着システムを活性化する危険な兆候やストレスがない場合、環境を自由に探索する。これらの子どもは、否定的な感情表現が養育者からの繊細で敏感な反応を促進し、恐怖や怒りといった負の情動状態を公然と適切に表現できるようになることを経験する。

不安定回避型愛着

安定型愛着表現と対照的に、不安定回避型愛着の子どもは、過去の経験のせいで養育者を拒絶的で支えとならない存在と考える。さらなる拒絶を避けるため、これらの子ども達は、スト

レスを感じる場合に養育者と関わることを避け、養育者からの親密さ、慰め、支援を得ようとしない。代わりに、例えばおもちゃや他の物に関心を向け、探索行動を増やす。これは、感情的にストレスが多く恐怖を引き起こす状況から関心をそらせようとする行動と解釈される。

この二次的戦略は、拒否的で育児放棄をする親への最適適応を反映する。不安定回避型愛着の子どもは、否定的な心の状態が愛着対象からの適切な社会的サポートにつながらないことを常に経験するため、恐怖、悲しみ、怒りといった感情をもはや表現しなくなる傾向がある。これらの発達ダイナミクスの結果として、こういった子どもの多くは、自分自身の感情をほんの少ししか表現しない。

不安定両価型愛着

不安定両価型愛着の子どもは、彼らの愛着信号に対して気まぐれな親を持つ（Cassidy & Berlin, 1994）。これらの子ども達は、感情的にストレスの多い状況で養育者に頼ることができないので、絶えず養育者と近くいようとする。

この場合も、この二次的戦略は準最適な状況、すなわち気まぐれな養育者への最適適応を反映する。それゆえ両価型愛着表現は、年齢不相応な依存心の強さと結びつくことが多い。影響を受けた子ども達は、幼児期の中期でさえ養育者との交流や養育に対してよちよち歩きの幼児のような願いを示すことが多い。明らかに、このような行動は探索という代償を払って表現される。両価型愛着の子ども達は、愛着対象への親密さを望むだけではなく、同時に養育者に対して（公然にせよ非公然にせよ）怒りや攻撃行動をも示す。これらの感情と行動は、愛着関連の状況で経験した拒絶から生じる。

無秩序型愛着

上で述べた安定、不安定な回避型と不安定な両価型愛着パターンは、系統的で適応性がある行動システムの一次的または二次的戦略として見なされる。これらは、養育者や環境の異なる条件に適応することを目的としている。安定型と両価型の子どもは、ストレスレベルを軽減するため親密さを求めるが、回避型の子どもは、ストレスの多い状況では親密さを避けて気を紛らわせようとする。

これらの系統的な戦略は別として、愛着関連の状況で、一次的または二次的戦略の破綻によって特徴づけられる、いわゆる無秩序な愛着表現がある（Main, 1997；Main & Solomon, 1986, 1990）。SolomonとGeorge（1999）によると、この子ども達は、不安が誘発されるような状況では自分が脆弱で無力な存在だと思う一方、愛着対象をそのような状況で必要な安全をもたらさない者としてとらえる（Lyons-Ruth & Jacobvits, 2008）。無秩序型愛着表現は、養育者から育児放棄や虐待を受けた、養育者をなくした、または養育者からしばしば見捨てると脅された経験のある子どもの特徴である。一方で長い離別、命を脅かす病気や事故、または親の精神疾患といった、愛着行動システムに対してそれほどひどくないトラウマも、これらの経験が内的ワーキングモデルに適切に組み込むことができなければ無秩序型愛着と関連する。

愛着対象によってもたらされた虐待的または脅迫的な状況が誘発する極度のストレスの度重なる経験や、永久的や一時的な親の喪失は、子どもの愛着システムの永久的な活性化をもたらす。同時に愛着対象は、情緒的親近感と安全をもたらすことによって、子どもの愛着システムを失活しない。身体的または性的虐待の場合、愛着対象自身が子どもの不安原因であるため、子どもは矛盾した状況に直面する。愛着がストレスの原因であるため、極度のストレス状況下でさえこれらの子ども達は愛着対象に頼ることができない。これらの状況下では、子どもの一次的および二次的愛着戦略は崩壊し、子どもは意識的な世界からこのつらい愛着経験を排除さ

> **ボックス9　同化と調節**
>
> 同化と調節は、Piaget（1981）によって述べられた、外界を内在化する2つの相補型プロセスである。
> 同化とは、外界を内的スキームに組み込むことである。
>
> 調節とは、内的スキームを外界に適応させることである。
> 外界の内在化はこれら2つの構造間の永久的な相互作用という形で行われる。

せる防御機能を用いることを強いられる（Bowlby, 1989）。

これは、変性意識状態に移行するという解離の防御機能を介して成し遂げられる。ゆえに、トラウマ的な愛着経験は通常の意識状態では認識されないが、昏睡状態と似た解離状態で認識される（Julius, 2001；Liotti, 1999）。トラウマ的な愛着経験は正常な意識状態でアクセスできる通常のエピソード記憶には記憶されないが、トラウマと関係した行動戦略、記憶、感情、状態を含む、いわゆる特別な隔離システム（Bowlby, 1982）には記憶される。通常、この隔離システムの内容は通常の意識状態ではアクセスできない。ゆえに、トラウマ的な経験の一部（例：関連する情緒）や全体でさえ、通常の知覚から排除される。解離状態に記憶されたトラウマ的な経験は、Piagetによって述べられた同化と調節を介した現存する記憶構造に組み込まれず（ボックス9参照）、むしろそのような統合と処理なしで"保存"され"生"のまま留まる。

もし隔離システムが、例えば愛着関連の手がかりによって活性化されると、子ども達（青年や成人も）はトラウマ的な経験の記憶にアクセスすることができ、制御できないような極度な不安や攻撃行動といった感情、特定の思考、行動の衝動にのまれる。

隔離システムの活性化は、通常不安やストレス反応を引き起こすため、影響を受けた人はそのようなシステムの失活が維持するよう試みる。これは、愛着関連の記憶が活性化された場合の状況で特に現れる。

例えば影響を受けた子ども達は、愛着経験について話す場合に無言になったり、愛着に関するいかなる感情も否定する傾向がある。人によっては、テーブルをリズミカルに叩く、1つの言葉を何度も何度も繰り返す、上半身を前後にリズミカルにゆらす、または聖歌のような歌を急に歌うといった常同行動を示す。さらなる行動を発現せず、単に関係を断ってぼんやりと見つめる子どもや大人もいる。これらの常同行動の症状は解離防御戦略として見られ（Julius, Gasteiger-Klicpera, & Kissgen, 2009；Liotti, 1999）、隔離システムの活性化によってもたらされる不安を軽減することを目的としている。

隔離システムの活性化や失活化によってもたらされる症状に加えて、無秩序型愛着の子どもは、愛着対象への制御行動を発達させることが多い。これらの行動は幼稚園の頃に始まり、思いやり行動や懲罰的な行動として表される（George & Solomon, 2008）。Solomon（1995）は、この行動を"無秩序を隠す不安定な戦略"と呼んだ。二次的戦略の概念から、問題になっている子どもの制御行動は、無力の極限状態を補おうとする努力として解釈される*。制御を欠くことや無力になることは、一番の養育者に

---

*無秩序型愛着の子どもと成人の中には、制御行動よりはむしろ短期間の昏睡様状態に陥るものが見られる。

よって虐待、置き去り、育児放棄された時の中心的経験である。これらの耐え難い感情を克服する戦略は、他者に対して支配力を行使することである。他者を支配することで、子どもはこれらの人々と関連のある不安を軽減することができる。これらの子ども達が他者を支配している限り、これらの対象者が彼らを支配することはないだろう。

しかし、Solomonら（1995）が"不安定"という言葉で暗示するように、この戦略は不安定で、崩壊することが多い。他の人々が逆支配的に反応することが、子どもの支配行動が崩壊する最も多い理由である。これによって子どもは、より支配的な行動を見せることを余儀なくされる。もしも支配と逆支配の状況が増大すると、ほとんどの子どもはある時点で自制心を失い、隔離システムの活性化の兆候として感情が爆発してしまうだろう。

異なる愛着表象と下位分類は、仮説に基づいた連続体説に表される（**図1**参照）。

この連続体の中心は、安定型愛着の子どもの原型であるB3カテゴリーである。この連続体の端点は、不安定両価型（C1）と不安定回避型（A1）愛着パターンの最も強い表現である。その他のカテゴリーは、これらの間に見られる。愛着安全のレベルは、端点からB3カテゴリーへと増加する。ゆえに、左に回避型行動の、右に両価型行動の減少があり、近くにあればあるほどカテゴリーはB3に位置する。愛着の無秩序は、それ自身の行動戦略に従わず、むしろ戦略の構造化の崩壊によって特徴づけられることから、連続体の外に位置する。

養育システム

愛着と同様に養育行動システムは、養育に関連する行動、認知、情動を導く内的ワーキングモデルを介して表現される（Bowlby, 1982; George & Solomon, 1989, 2008）。養育表現は、過去の親との愛着経験によって影響を受ける。それゆえに、自分自身の子どもとの関係についての考えや現在の評価に影響を与える（Solomon & George, 1996, 2006）過去の経験の"再転写"（West & Sheldon-Keller, 1994）である。さらに養育行動システムは、子どもとの現在と過去の経験を含める。

これらの愛着と養育経験によって、愛着対象は柔軟性がある、よそよそしい、不確かな、または無秩序な養育の表象モデルを発達させる。これらの内的表現は、安定型、回避型、両価型、および無秩序型（George & Solomon, 2008参照、これは養育表現の以下の情報の主な情報源としての役割を果たす）といった子どもの愛着パターンに一致する。

柔軟性のある養育モデル

安定型愛着の子どもの養育者は、柔軟性のある養育行動で特徴づけられる（George & Solomon, 2008）。柔軟性のある養育は、子どもの愛着信号の繊細な知覚とこれらの合図への適切な反応によって特徴づけられる（Belsky, Jaffe, Sligo, Woodward, & Silva, 2005）。安定型愛着の子どもの愛着対象は、子どもの要求や必要条件と環境、彼ら自身の要求とのバランスをとりながら養育する。例えば、ストレスの多い状況での近接に対する彼らの子どもの要求、発達に必要なもの、子どもを育てる目標、文化的期待と同様探索システムといった他の行動システムに関連する彼ら自身の要求とのバランスをとる。彼らは、子どもの養育に全力を注ぐことができ、親になることや子どもと一緒に時間を過ごすことを楽しんだりできる。SolomonとGeorge（2008）によると、柔軟性のある養育モデルは、養育の一次的戦略である。

不安定型愛着に関連する養育

不安定型愛着に関連する養育は、条件付けされた、準最適または悪条件への適応を反映する

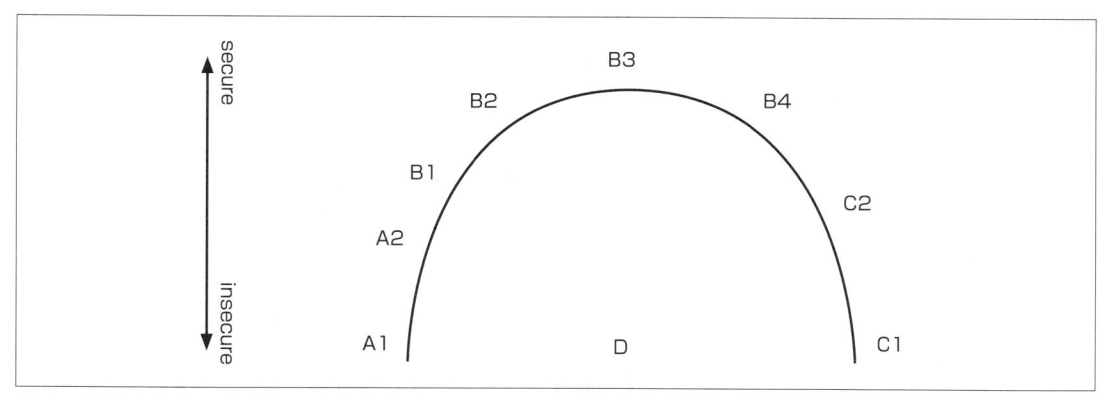

図1 愛着表象と下位分類の連続体説（Grossmann & Grossmann, 2004 改変）
A＝不安定回避型、B＝安定型、C＝不安定両価型、D＝無秩序型を示している。

二次的戦略によって特徴づけられる。対応する養育の内的表象は、Bowlby（1973；George & Solomon, 1996b, 2008 参照）によって述べられた防御プロセスの異なる形態によって識別される。失活、認知遮断、隔離システムといった3つの異なる形の防御システムがある。失活と認知遮断は"系統的な"防御である（George & Solomon, 1996b）。

この目標は、内的ワーキングモデルを組織化し、その人を防御の崩壊および行動の混乱から守ることである。これらの防御プロセスは、限定された統合や競合する行動システムや養育経験との不均等があるにもかかわらず、"十分によい"防御と世話をもたらす行動とより深く関連する。不安定型愛着の子どもの母親もまた、一定の防御と世話をさらにもたらすため、条件付きではあるが、子どもは組織化された愛着システムの二次的戦略を発達させることができる。

■ **よそよそしい養育**

失活は、回避型の子どもの母親に圧倒的に見られる戦略である。これは、自覚している意識から愛着関連の苦悩を取り除く役割を果たす、防御的な排除の形態である（Bowlby, 1979）。こういった母親の養育行動は、遠くから子どもを監督するか、他の人に世話を任せる"よそよそしい防御"（Solomon & George, 1996）によって特徴づけられ、これは軽い拒絶（例：子どもの愛着信号に対する抑制された反応、わずかな身体的接触）として見なされる。それゆえこの防御戦略は、養育システムの活性化を回避させ、愛着関連状況で母親と子どもの間に精神的（および身体的）な距離をもたらす。育児システムの精神的表象において、養育と愛着の重要性は減少、却下、または低く評価される。一方では、養育者自身は、子ども時代に経験した無関心な養育に関連して、子どもの要求よりも自分自身の要求を重要視する（George & Solomon, 2008）。一方、よそよそしい養育スタイルは、子どもは早期に自立するようになることを勧められる、文化的期待によって支持されたり動機付けされることもある。この戦略は、母親の親和や探索システムの重要視とともに、行動システムの不均衡を反映する。

■ **不確かな養育**

両価型愛着の子どもの母親の主たる防御機構は、認知遮断である（George & Solomon, 1996b）。失活の防御プロセスが意識に入り込む愛着関連ストレスの回避を目指す一方で、認知遮断の防御プロセスは、愛着関連の悩ましい情報をバラバラにすることをむしろ目的とし、

これらの思いと感情が表れる状況に影響を及ぼす。この養育表象は、入り交じって混乱した性質によって特徴づけられる。行動に関しては養育システムの活性化が高められ、"密接な防御"によって特徴づけられる行動が導かれる（Solomon & George, 1996）。いかなる愛着信号も見逃さないため、母親は子どもをすぐ近くにいさせようとするが、母親の養育努力は子どもの愛着行動を終了させるには不適切で効果がない場合が多い。子どもの愛着信号が長く及ぶほど、ストレスレベルと否定的な感情（例：力不足）は高くなり、一貫して調和のある落ち着いた養育効果が低くなる。

　心理学的・身体的近接は、母親が養育における子どもの不幸や失敗から背を向けることがないようにする。主な防御が失活である母親と比べて、これらの母親は養育システムを失活することができない。加えて内的ワーキングモデルにおいて、うまくいかずに不愉快な養育経験を統合することができない場合が多い。親和と探索を犠牲にして、彼らは養育を高める。

　この防御の形は、矛盾と非効率で特徴付けられる養育行動を示す愛着対象がいる自身の子ども時代の養育経験に対処するため、条件付けされた二次的戦略として発達したと考えられる可能性が高い。このような経験は、子どもが統合や失活できない対立する愛着関連の思考と情動を誘発する。子ども時代に用いられた認知遮断の防御戦略もまた、成人期の養育システムの内的表象に影響する。

養育と無秩序な愛着

　愛着の無秩序と同様に、無秩序な養育行動システムは、一次的および二次的に組織された行動戦略の一時的な崩壊によって最もよく示されていると思われる。回避型および両価型愛着の子どもの養育者に比べて、この養育パターンを持つ養育者は、少なくとも子どもの準最適な保護と世話をもたらす養育戦略に時として適応できない。SolomonとGeorge（1996）は、無秩序または無調節な養育行動システムを、育児放棄、無力感、保護の失敗を特徴とする機能しないシステムとして述べている。無秩序な養育システムは、特に身を脅かす状況で養育が放棄された場合、行動システムの目標としての役割、子どもの世話、心地よさ、防御の役割を果たせない可能性を持つ。

　愛着関連情報の失活や愛着関連情報からの認知遮断の代わりに、赤ん坊の愛着信号が原因で、養育者は恐怖や無力によって圧倒される（Solomon & George, 2008）。赤ん坊の信号は、愛着関連のトラウマ的な情報（上記参照）を含む隔離システムを誘発する場合がある。無力や不安によって圧倒されることは、これらのシステムの活性化を反映する。言い換えれば、養育者の情動、認知、行動は一時的にこれらのシステムによって導かれ、彼らの行動は制御不能になる。このような状態では、養育者は子どもの愛着要求に対して適切に応じることができない。HesseとMain（2000）は、養育者の怯えた状態もまた、子どもを怖がらせる可能性があると仮定した。それゆえに、子どもの愛着システムはさらに活性化され、やがて養育者の無力感と恐怖を増加させる。この悪循環の結果として、養育者は育児の保護機能を放棄し、育児放棄や虐待が結果として生じる。

　このパターンは、養育の内的ワーキングモデルに反映される。無秩序な養育者は、恐怖を感じた時に自分自身を脆弱、制御不能、子どもに適切な心地よさや安心をもたらすことができない人と評する。また、養育者は、子どもが自分自身と同様の性質を多く持つと評する。彼らは、子どもが制御不能で母親の無力感の原因として受け止める。

　無秩序な養育と関連する無力感と不安は、養育者自身の子ども時代の虐待や育児放棄をする養育者との愛着経験に起因する場合が多い（Solomon & George, 2011）ということは理解

しやすい。後に成人期になって、これらのトラウマとなり得る人間関係の経験は、隔離システムの活性化を介して自身の無調整や無秩序な養育行動に変換される。

愛着と養育システムの発達（個体発生）（基準7）

すべての行動システムは、遺伝子と環境の交互作用の個体発生中に十分に発達する。発達の過程において行動は組織的になり、発達した行動システムに組み込まれる。子の生存に不可欠な行動システムは、愛着システムの場合と同様に素早く確立される。それに反して、発達後期中に主に重要である行動システム（例：養育システムや生殖システム）は、さらにゆっくりと発達するように見える。それにもかかわらず、GeorgeとSolomon（2008）およびBowlby（1969、1982）は、早期に発達する行動システムと関連する分離して不完全な行為について述べている。

■ 愛着の発達（個体発生）

愛着行動は子どもの生存に不可欠なので、その発達は出生時に事実上始まる。Bowlby（1979）は生後1年間に始まる3つの段階、そして3歳頃に始まる4つ目の段階と、愛着の個体発生を4段階に分けて説明している。以下の情報は、MarvinとBritner（1999）の愛着の個体発生のレビューで述べられた。

第1段階では、子どもは親と見知らぬ大人を区別することなく他者に向かう。赤ん坊の運動系や信号系は他者からの関心や世話を導き出し、身体的接触、暖かさ、栄養、保護を確保するように意図されている。Bowlby（1982）は、すべての感覚システムが正常に機能して機能が発達するが、感覚識別はこの第1段階ではむしろ弱いと述べている。それにもかかわらず赤ん坊は、出生後に母親の声を他者から区別することができる（Kisilevsky et al., 2003）。

泣き叫びといった要求信号は、養育者との身体的接触によって終了する。これらの経験は、最初の6カ月の間により選択的になり、行動システムに組み込まれる。時間とともに、養育者との交流の安定したパターンが発達する。最終的に、そのような安定したパターンは泣き叫びのような愛着信号の可能性を減少させ、視覚定位および笑顔を支持する。Bowlby（1969）によるとこの段階は約8〜12週間持続するが、悪条件下ではより長く持続する可能性がある。

3カ月と6〜9カ月齢の間の第2段階では、乳児の愛着行動は、赤ん坊が知っている1人、またはそれ以上の愛着対象に向けられる。主な愛着対象は、他の人より赤ん坊を笑顔にしたり、ストレスを感じた場合に赤ん坊を安心させたりすることができる。

第3段階は、生後6カ月以降の子どもの発達の進展によって特徴付けられる。赤ん坊は動けるようになり、這っていったり自分自身を押して積極的に養育者に近づくことができる。幼児は発声能力を向上させ、次第に自分の要求を表現することができるようになる。また幼児は、自分の行動に対する養育者の反応を予測することを学習する。これは、愛着行動を重要人物に向けるだけではなく、目標と行動スタイルを養育者の行動に適応させる内的ワーキングモデルの発達の表れである。例えば、もしも母親が部屋を不意に離れると、幼児はぐずったり母親の後を追ったりするだろう（Grossmann & Grossmann, 2003）。

就学前に始まる第4段階では、子どもはもっと自主的で自立的になる。それにしても、（安定型愛着の）子どもがストレスを感じる場合、愛着行動は容易に活性化される。Bowlby（1982）は、子どもが1歳から3歳の間の愛着行動の頻度も強度も減少しないことを示唆している。就学後、子どもは自分の愛着目標を愛着対象の目標に合わせることを学習する。目標修正的相互関係として知られるこの段階では、子どもは自身の要求や目標と養育者の要求や目標

のバランスを取らなければならない。

　愛着システムは、生涯にわたって重要であり続ける。しかしながら成人期には、愛着行動システムはより洗練され抽象化されるだけでなく、実際の身体的親密さや接触への依存が減少する。幼児期中期から青年期には、仲間がますます重要になる。たとえ仲間との愛着関係が通常は完全に発達しないとしても、これらの関係は愛着機能の一部を確かに満たす（第7章参照）。こうして、養育者との長い分離が今や可能になる。青年期以降、思春期のホルモン変化の影響で、愛着行動システムは恋愛パートナーとの関係において活発になる。それにもかかわらず、親への愛着は成人期においても重要であり続ける。

■養育の発達（個体発生）

　GeorgeとSolomon（2008）によると、養育システムは、初めは養育と親和に分離し、断片化して機能しない形態で表れる。人を含む霊長類では、これらの行動は発達早期に見られる（Pryce, 1995）。子どもと青年期の間、人、特に女性では、他者の世話をしたいという願望が現れる。子どもや青年が人の乳児や動物（特に若齢動物）といる時や人形と遊ぶ時、養育システムと関連する対応行動が見られる。

　Pryce（1995）によると、養育行動の成熟型と未熟型には違いがある。子どもが見せる母親の役割を演じる行動は通常断片化され、養育システムと関連する行動順序は不完全である。それゆえに、他の外因性信号による養育行動から容易に気を取られ、赤ん坊（または伴侶動物）を危険にさらすことさえあるため、子どもは養育行動の一連を達成しないことが多い。しかしながら特別な事情では、例えば親による育児放棄がある家庭内では、上の子が下の子に対して完全な養育能力を備えることもある。

　Pryce（1995）は、子どもの養育行動が赤ん坊の存在によって誘発されるだけではなく、親による養育の子ども自身の経験によっても影響を受けることをさらに推察した。それに応じて、母親の役割を演じる行動は、生後1年間母親から引き離されていたアカゲザルでは見られない。これらのサル自身が母親になる場合、他の赤ん坊と一緒に見せられると自身の子どもを優先しない。

　SroufeとFleesen（1988）とBretherton（1999）は、子どもは母親との自分自身の経験から特定の育児概念を発達させると推察している。しかしながら、幼児期中期の子どもの養育行動の経験的調査は今までない。

　子どもの他の特徴と同様に、養育システムは青年期から成人期にかけて変化する。これらの変化は、生物学的に特に青年期のホルモン変化を介して少なくとも部分的に影響を受ける。しかし、妊娠、出産、出産直後の乳児との経験を始めとして、親になっていく過程で養育システムは劇的に変化していく。これらの変化は、生物学的、心理学的、社会的要因の相互作用の力によって誘発される（Cole & Cole, 1996）。生物学的レベルでは、この段階はホルモンや神経系の大きな変化、特に視床下部と辺縁系への影響によって特徴付けられる（Pryce, 1995）。

　養育システムが発達すると、成人期のみではなく高齢になっても、例えば女性の場合は閉経をはるかに超えても活性化する。これは、自分自身の子どもに対して活発であるが、孫やペットに対してもそうであり、世話をする時にはやはり喜びの感情や快感を抱く。

愛着と養育パターンの分布

　非臨床的サンプル（正常集団）において、子どもの50％（Grossmann, Grossmann, Huber, & Wartner, 1981, German sample）と60％（Ainsworth et al., 1978, American sample）は安定型愛着と分類され、約20％は無秩序型（Gloger-Tippelt, Vetter, & Rauh, 2000；Julius, 2001）と分

類された。しかしながら、臨床サンプル（精神的障害と診断された群）と特別教育支援が必要な子どもでは、最大90％におよぶ不安定型と無秩序型愛着が見られた（Van Ijzendoorn & Bakermans-Kranenburg, 1996；Julius et al., 2009）。

社会や、教師や療法士が治療を行う特別なグループにおける異なるパターンの養育の普及についてはあまり知られていない。しかしながら、養育と愛着行動システムは密接に結びつき、非臨床サンプルの約50％が不安定型愛着を、15％は無秩序型愛着を有することから、これらの二次的戦略や養育の無秩序型は、正常集団においても同様に高い割合が予想される。

不安定型と無秩序型愛着パターンの影響

安定型愛着は保護因子として知られるが（Werner & Smith, 1989）、不安定型と無秩序型愛着は、心理社会的発達に危険因子をもたらす（Strauss, Buchheim, & Kachele, 2002）。不安定型と無秩序型愛着は、子どもだけではなく、青年や成人の精神的障害のリスク増加とも関連がある。重要な人との安定した愛着の経験がない場合、不安定で無秩序な表象と行動システムは、かなり不変のまま残る。

Bowlby（1982）は、愛着経験と発達との結びつきをすでに示唆している。要約すると、不安定型愛着の子どもは、安定型愛着の子どもに比べて、未就学と小学生の時期に低い社会的能力を示すことがデータで示されている。不安定型愛着の子どもは、安定型愛着の子どもに比べて共感性が少ない（Sroufe, 1983）。彼らは、対立解決のための効果的な戦略が少なく、社会的対立状況に対して敵意を持って読み取ることが多いが、安定型愛着の子どもはより楽観的な社会的知覚を有する（Suess, Grossmann, & Sroufe, 1992）。ゆえに、不安定型愛着の子ども

が安定型愛着の子どもに比べて、他者に対して敵対的で攻撃的な行動をとることが有意に多いのは不思議なことではない（Sroufe & Fleesen, 1988）。

これは、安定型愛着の子どもがより安定した友達の輪を持つことを示すデータにも表れている。高い頻度で彼らは親友を持ち、仲間との問題が起こりにくい（Dodge, 1993）。社会分野におけるこれらのはっきりとした違いに加えて、さらなる研究は、子どもの不安定型愛着がより多い恐怖、無力感、抑うつ、回避型対処戦略の多用と結びつくことを明らかにした（例；Dodge, 1983；Kobak & Sceery, 1988；Kobak, Sudker, & Gamble, 1993；Papini, Roggman, & Anderson, 1991；Zimmermann, 1997）。

ここで引用した研究は、安定型愛着表象を幅広い精神症状と精神状態に見事に関連付けている。しかしながらこれらの症状は、必ずしも不安定型愛着表象の直接の結果ではないことに留意すべきである。これは、発達精神病理学モデルで想定される不安定型愛着と関連する可能性がある（**ボックス10**参照）。このモデルによると、不安定型愛着は精神疾患を必ずしももたらすわけではなく、ストレス要因に対する脆弱性を高める危険因子となる。それに反して安定型愛着は保護因子として見なされ、社会的環境からの潜在的悪影響を緩和する（Dornes, 1999）。

精神病理学的症状とのより強い関連は、不安定型愛着よりも無秩序型愛着において見られる。無秩序型愛着（特に早期で）は、子どもが精神疾患を発症する主な危険因子であることを常に示す有効なデータがある（Guttman-Steinmets & Crowell, 2006；Moss et al., 2006；Osofsky, Hann, & Peebles, 1993）。したがって、無秩序型パターンそのものが医療的カテゴリーであると解釈する研究者もいる（例：Zeanah, Keyes, & Settles, 2003）。

無秩序型愛着の人と不安定愛着の人によって

> **ボックス10　発達精神病理学**
>
> 　発達精神病理学の概念は、生涯を通じた精神機能および精神的構造の生物学的、心理学的、社会的側面をまとめた逸脱行動（主に精神的疾患に関連した）の発達を説明しようと試みることである（Sroufe & Rutter, 1984）。
> 　疾患の確率を増加させる危険因子（Garmezy 1983）だけではなく、このような発達を低下または中和する保護因子も考慮して、心理社会的疾患の原因の確率的観点を推測する。危険因子と保護因子は、個人（例：遺伝因子、慢性疾患、精神疾患、愛着スタイル）、家族制度（例：養育スタイル、家族のまとまり）、個人の幅広い社会的環境（例：近所）といった３つの異なるレベルにある（Werner & Smith, 1989, 1992）。
> 　通常保護因子が危険因子の影響を中和するほど十分に強くない時はいつでも、危険因子の蓄積は心理社会的疾患の発症を促進する（Masten, Best, & Garmezy, 1990）。同じ危険因子は、異なる疾患（多結果性）をもたらすことができるが、異なる危険因子が同じ疾患をもたらすこともできる（等結果性；Cicchetti & Rogosch, 1996a 参照）。

表される症状には重複があるが、そういった症状は無秩序型の人においてより顕著に表れる。子どもの典型的な症状は、仲間への強い攻撃性や敵対的な行動（Lyons-Ruth, Easterbrooks, & Cibelli, 1997；Speltz, Greenberg, & DeKlyen, 1990）、低い自己効力感（Jacobson, Edelstein, & Hoffman, 1994）、低い社会的能力（Wartner, Grossmann, Fremmer-Bombik, & Suess, 1994）、自分自身の学力への低い信頼（Moss, Rousseau, Parent, St-Laurent, & Saintonge, 1998）、秩序型愛着パターンの子どもに比べて低い成績（Moss et al., 1998；Eilsfeld & Julius, 2012）である。学校で落ちこぼれになる原因は、これらの子どもに見られる認知課題中の適切な感情制御の困難性（Zimmermann 1998）、秩序だった認知の欠損（Jacobsen et al., 1994）である可能性が高い。

愛着および養育と社会的サポートとの関連性

　ストレスの軽減は、愛着と養育システムの中心となる目標であり機能である（p.90、基準１参照）。ストレス制御に密接に関連するもう１つの概念は、"社会的サポート"である。しかしながら、社会的サポートの概念は大人同士のサポートにのみ関連し、大人と子どもの間には存在しない。これは、愛着理論が社会的サポートに関連した理論的枠組みの中で論じられることがめったにない理由なのかもしれない。

　社会的サポートの著名な研究論文では、主に３つの構成要素が識別されている。

- 情緒的サポート。
- 道具的サポート（例：金銭の提供）。
- 情報サポート（アドバイス、意見、など）。

加えて、新しい研究は次のような役割を指摘している。

- 社会的サポートにおける身体的接触（例：Ditzen et al., 2007）。

　社会的サポートの異なる構成要素は、異なるタイプの関係性と関連している。情緒的サポートと身体的接触によるサポートは、親密で信頼し合える関係（主に安定型愛着）で主にもたらされたり、受け止められたりするが、道具的サポートと情報サポートは、同僚のように親密ではない関係にも見られる。

　HazanとZeifmann（1999）によると、頻繁な体の接触は安定型愛着関係の重要な基準である。身体的接触と情緒的サポートの組み合わせも安定型愛着関係で最もよく見られるが、不安定

型と無秩序型愛着関係ではめったに見られない。

ストレスと不安の軽減は、情緒的サポートの主な効果と目標である。身体的接触と社会的サポートの組み合わせは、内分泌・自律神経系ストレス反応の低下において特に効果的である（Demakis & McAdams, 1994；Ditzen et al., 2007；第4章参照）。ストレスの軽減は愛着と養育行動システムの効果でもあるため、社会的サポートと愛着理論を容易に結びつけることができるのは当然である。

社会的サポートに関する先行研究は主に行動的側面に焦点を当てているが、最近これらの行動の基礎となる心的表象についても議論されている。特に愛着理論は、いかに愛着の内的ワーキングモデルが人のストレスの感じ方や社会的サポートの知覚、利用、開始能力に影響を与えるかについて説明するために導き出された（Simson et al., 2006；Collins & Feeney, 2004）。

例えばDitzenら（2008）による研究は、不安定型愛着の人が安定型愛着の人に比べて、ストレスの多い状況を有意にストレスが多いととらえることを示唆している。Mallinckrodt（2000）やMallinckrodtとWei（2005）およびDitzenら（2008b）は、不安定型愛着と認識される社会的サポートの間にはマイナスの関係が見られるが、不安定型愛着とストレスの生理学的指標（コルチゾール）との間にはプラスの関係が見られたことを明らかにした。

安定型愛着関係において人は、自発的に率直に愛着対象（例：パートナー）からの親密さや社会的サポートを求める。愛着対象の近接性や養育行動は、ストレスの軽減に効果的である。しかしながら、不安定両価型愛着の人は、ストレスを感じる場合に親密さやサポートを求めず、探索に専念しようとする。対照的に、不安定回避型の人は、効果的に落ち着くことはないが、永久にパートナーからの親密さや注目を得ようとする。そして無秩序型の人は、愛着対象の単なる存在によってストレスを受けることが多い。ゆえに、不安定型と無秩序型愛着の人は安定型愛着を持つ人に比べて、ストレス状況におかれた時により多いストレスを感じるにもかかわらず社会的サポートを求めず、社会的サポートがもたらされたとしても不適切に用いるだけである。

これらの愛着と情緒的サポートとのつながりは成人においてのみ研究されたため、養育者への子どもの関係に一般化することができるかどうかは定かになっていない。

そもそも自分自身の子に向けられるが、恋愛関係においても活性化される人の養育システムは、社会的サポートがもたらされる方法に影響を与える可能性も考えられる。柔軟性のない養育は、道具的サポートや情報サポートの焦点と関連がある可能性が非常に高いが、柔軟な養育は、情緒的サポートや安心のための身体の触れ合いに密接に関連する。これにより、世話をされる人だけではなく、養育者にもストレスの軽減をもたらす。

親密な関係への愛着と養育の伝達

Bowlby（1979）は、新たに愛着を培った人はすべて、すでに存在する人間関係の表象モデルに同化すると仮説を立てた。特定の親子関係の内的ワーキングモデルは、子どもの愛着行動への親の反応を反映する。内的ワーキングモデルの最も重要な役割は、人の先読み行動を可能にするため、他の人々の行動、思考、情動を予想または刺激することである。それゆえに、内的ワーキングモデルは、例えば愛着対象が反応する、信頼できる、頼りになる、近づける、世話をするかどうか、子どもが立派か、愛着対象の養育を求める価値や能力があるかどうかといった、人間関係に関する自分自身の役割はもちろん、他者の行動にも当てはまる予想や評価を誘発する。

もしも愛着関連行動がすでに存在する内的

ワーキングモデルによって制御される場合、同様の愛着関連戦略が新しい愛着関係に適用される可能性がある（Julius et al., 2009）。例えば、回避型愛着歴を持つ子どもは、教師や療法士を避けたり、接触しようとするこれらの人の試みを無視したりするだろう。子どもは、予測される拒否を避けるために、主な養育者との交流においてこれらの戦略を学習する。同時に、子どもは、親密さと安全への要求が満たされないことへの落胆による情緒的ストレスを避けるようになる。

親から家族外の養育者への子どもの愛着の内的ワーキングモデルの伝達に対する実験に基づいた証拠は Achatz（2007）、Aschuer（2006）、Howe（2003）、Sroufe ら（1983）によって実施された研究に記されており、教師と学生の関係は、本質的に親と子どもの関係に一致すると述べている。すなわち、回避型や無秩序型として分類された子どもは、教師からの情緒的ケアを期待したり、懇願したりしなかったが、不安型愛着の子どもは、幼稚園や保育園の教師により精神的に依存した。

もしも子どもの主な愛着パターンが他の養育者に置き換えられると、子どもの愛着関連行動へのこれら新しい養育者の反応についての問題に対処する必要がある。子どもの愛着関連行動によりもたらされるので、現在の愛着パターンの持続性を高める方法で、新しい養育者自身が子どもの愛着行動に対して補完的に行動する確率が高まる（Howes & Hamilton, 1992；Julius, 2001；Julius et al., 2009；Sroufe, Egeland, Carlson, & Collins, 2005）。

それゆえに、安定型愛着の子どもは、保育園、幼稚園、学校や治療においてさえ成人の養育者との安定した関係を築くことが予想される。一方で、回避型、両価型、無秩序型愛着の子どもは、これらの新しい関係においても不安定型または無秩序型愛着パターンを再構築する傾向が強い（Julius et al., 2009；Motti, 1986）。

回避型愛着の子どもは、本能的に療法士や教師と距離を置くようにする。彼らは、通常はこれらの人々に感情的に近づかず、新しい愛着対象に対して信頼を築かないだろう。たとえ療法士や教師が親密さを築くために特別な努力をし、多くの関心や世話をもたらしても（彼らの多くが最初にすることだが）、さらに距離を置くようになるだろう。Julius ら（2009）は、子どものこの行動が拒絶されたという感情を教師にもたらすということを示している。結果として、さらなる拒絶を避けようと試みる回避型の子どものように、教師も子どもに近寄ることをやめ、子どもに対して心理的距離を保つ。こうして、新しい養育者の補完的行動のため、子どもの愛着パターンが新しい関係において再構築される。

同様に両価型愛着は、教師や療法士といった新しい養育者に伝達される。例えば Julius（2001）は、回避型愛着の子どもは、一般的に学校環境で教師との親密さを築くよう試みることを報告した。小学1年生や2年生は、教師にくっついてまわる。この戦略は、愛着対象は必要な時に当てにならず利用できない、とする信念を反映している。この愛着対象にくっついてまわることは、可用性を保証する。教師は、通常これらの欲求を認識するが、このような"依存する"子どもの願いを受け入れるための努力をした後、他の子どもに対しても責任があるため、教室環境ではこれは教師にとってあまりにも手がかかりすぎることとなる。そしてしばらくして教師は、接近と接触に対する子どもの要求を拒絶するようになる。ほとんどの教師は依存してくる子どもを拒絶することを心苦しく思うため、その後親しくしようとする子どもの要求を再び満たそうと努力をするが、これは世話と拒絶の新しいサイクルの始まりである。このようにして、両価型愛着パターンは新しい関係で再構築されることが多い。

無秩序型愛着においても同じである。未就学

年齢の頃から無秩序型愛着の子どもは、懲罰支配的行動や養育支配的行動を親に対してだけではなく、教師や療法士に対しても見せることが多い（Julius et al., 2009；Motti, 1986）。これらの子どもの支配的行動は、愛着対象は危険か度外視するもの、または彼らを失う可能性があるといった子どもの予想に起因する。支配は、これらの人々に関する無力感を補おうとする試みを反映する。子どもは、他人に自分を支配させないためにも彼らを支配しようと試みる。こうして支配的行動は、これらの子どもが不安を軽減することを可能にする。

しかし上で説明したように、これは不安定な戦略で、失敗に終わったり、対立を引き起こしたりする。Julius（2012）は、専門的な養育者（例：教師）によって示された、子どもの支配的行動に対する無視、受け入れ、子どもの行動の逆支配といった3つの異なる反応を見つけた。受け入れは支配的行動を強化するのに対して、無視や逆支配はストレスの増加をもたらすことが多く、子どもによる支配の試みを増加させ、最終的に子どもの感情的爆発に発展する。繰り返すが、この制御できない、それゆえ補完的な状況は、かなり無力的で制御不能であることを子どもに教える。

子どもの愛着行動だけではなく、心理学者や教師の愛着表象とこれら専門家の養育行動システムへの影響は、子どもへの期待と養育行動に影響を与えるだろう。同じ養育行動システムから生じる同様の戦略は、新しい養育状況で用いられることが多い。それゆえに、養育の柔軟な表象モデルの伝達は、その人の世話をゆだねられる他者への柔軟で繊細な感受性の高い養育をもたらす可能性が非常に高い。しかしながら、無秩序で混乱した養育や一時的な養育放棄と同じように、失活戦略とよそよそしい世話、あるいは増大した世話と認知遮断にも同じことが当てはまる。

十分に発達した愛着と養育関係 vs. 安定した愛着を積極的に受け入れる姿勢

短期間のつきあいと、真の愛着や養育関係に発展する可能性がある長いつきあいを識別する必要があることは明らかである。すべての一時的または短期の社会的交流が、別れの痛みのような人間関係の質に付随して生じる強い感情の完全な活性化をもたらすわけではないため、これは有用である。

新しい愛着対象や世話の受け手と最初に出会う場合、愛着についての"内的ワーキングモデル"（上記参照）は活性化され、交流における期待、行動、反応を導く。繰り返される交流の過程でのみ、真の愛着や養育行動が発達する。この新しい愛着・養育表象の質は、交流するパートナーの行動と反応によって決まる。しかしながら、これらの行動と反応は補完的になる傾向があるため、その人の一般化内的ワーキングモデルを裏付ける。現存する表象モデルに統合、同化されない交流するパートナーの行動だけが、長期にわたってこの表象の適応をもたらすことができる。

この観点から、"openness to securely attach（愛着を積極的に受け入れる姿勢）"（OSA）という言葉を導入したい。OSAは、個人が主な愛着や養育戦略を新しい愛着対象や新しい世話の受け手を用いることの受け入れやすさである。もしもこの新しい愛着対象や養育者が補足的方法で行動する場合、安定型愛着や養育関係が再構築されることが多い。

短期治療での人間関係を含む短期の出会いの多くは、めったに真の愛着・養育関係ではないが、内的表象に転移するレベルで留まる。

本章では、動物行動学的基礎を含めた愛着と養育の心理学的概念をまとめた。次の章では、生理学的基礎とともに2つの概念をつなげる全体像に視野を広げる。

第6章

愛着および養育と
その生理学的基礎とのつながり

第5章では、動物行動学的基礎を含む愛着と養育の心理学的概念をまとめた。本章では、生理学的基礎とともに2つの概念をつなげる全体像に視野を広げる。我々は、オキシトシン系、ストレス系、そして行動学的・心理学的に定義した愛着と養育システムとのつながりのための実験に基づいた証拠を提供する。

母親と乳児の密接な接触は、オキシトシン分泌および母親と乳児両方のオキシトシン関連効果パターンの発現と関係がある。前述の理由により、社会的交流は促進され、不安とストレスレベルは軽減し、成長と回復が促進される。発育の後期に、子どものオキシトシンは母親の存在だけではなく、養育者や他の社会的パートナーによっても分泌されると我々は推察する。したがって安定型愛着の子どもは、オキシトシン系とストレス系のよい"状態や機能"を発達させるだろう。これこそまさにデータが示唆するところである。これを補足して、柔軟な養育を示す母親や父親も、おそらくオキシトシン系のよい状態や機能を持つ可能性が高い。

データは、不安定型や無秩序型愛着の子どもでは、愛着対象は適切なオキシトシン分泌や結果として生じる鎮静やストレス緩和効果を誘発しないことも示唆する。ゆえに、不安定型と無秩序型愛着は、オキシトシン系とストレス系のアンバランスと関連すると仮定するのは妥当である。これは、養育システムにおいてもその通りである。

序章

子どもは、生まれた瞬間から親とのつながりを築き始める（Uvnäs-Moberg, 2003）。しかしながら、子どもと養育者との社会的経験と愛着スタイル形成の生物学的基礎との相互作用についてはあまり知られていない。

基本的に、2つの変数が子どもの愛着表象の発達に関連している。前章で説明したように、愛着関係の発達における親による子育ての質は、広範囲にわたって研究されてきた。事実、主な養育者の感受性は、子どもの愛着の保障の最も強い予測因子であるように思われる。母親の感受性は、乳児の愛着信号の適切な知覚とこれらの信号への適切で敏感な反応として定義される（Ainsworth et al., 1978）。感受性と愛着の保障との相関性に関するいくつかのメタ解析は、この仮説を支持する（De Wolff & van Ijzendoorn, 1997）。加えて、親の感受性を高めることを目的とする介入に関するメタ解析は、親の感受性と子どもの愛着スタイル形成との因果関係の証拠を提供する（Bakermans-Kraneburg et al., 2003）。母親の感受性を促進するために効果的な介入は、子どもの愛着の保障にも効果的である。

それでも、親の感受性が子どもの愛着状態を十分に説明するわけではない。子どもの持って生まれた個性も、愛着関係の形成に影響を与える。子どもの個人差に関する多くの研究が、活

動、情動性、ストレス傾向、社会性レベルの違いといった気質の変数の役割に焦点を当ててきた。これらの気質は、長期にわたって安定する傾向があり、主に遺伝的に決定されると推定される。Van Ijzendoorn と Bakermans-Kranenburg（1996）は、愛着形成における母親の感受性と気質に関する最新の証拠を再検討した。彼らは、"生後1年間、子どもと親の絆の形成において、親は子どもよりも影響力が強い"と結論を出した。

愛着状態に子どもの気質に与える直接的影響を裏付ける証拠はほとんどないが影響がまったくないというわけではない。実験に基づく証拠は、子どもの遺伝的気質が親の養育行動に影響を与えることを示唆している（Bakermans-Kranenburg & van Lizendoorn, 2007；Fonagy, 2001）。この養育行動を介して、子どもの気質は愛着スタイルの形成に間接的に影響を与える。

異なる気質の特徴は、子どもの愛着行動のばらつきの一部を説明するかもしれない（van Ijzendoorn, 1995）。例えば、抑うつ傾向は、Strange Situation Test（SST、**ボックス11**参照）において両価型愛着のマーカーとなるが、同時に気質の特徴を反映する。

近年研究者は、安定型や不安定型愛着スタイルへの特定の遺伝子の関与について研究を始めた。これらの研究のほとんどは、ドーパミン、セロトニン、オキシトシンといった愛着関連の神経伝達物質とホルモン合成に関与する遺伝子に焦点を合わせている。

Gingrich ら（2000）、Insel（2003）、Lakatos ら（2002）、Gillath ら（2008）によると、ドーパミン受容体遺伝子とドーパミン作動系は、不安型愛着に影響を及ぼす。

セロトニン受容体遺伝子とセロトニン作動系は、回避型愛着スタイルの発達に関与すると考察された（例：Beech & Mitchels, 2005；Hennighausen & Lyons-Ruth, 2006；Gillath et al., 2008）。

オキシトシン受容体の変異は、不安型と回避型愛着行動と関連している（Costa et al., 2009；Gillath et al., 2008；Lucht et al., 2009；Thompson, Parker, Hallmayer, Waugh, & Gotlib, 2011）。

セロトニン、ドーパミン、オキシトシン受容体遺伝子の機能に関わる遺伝子変異は、回避型と両価型愛着スタイルに典型的な不安型と回避型行動と関連しているという事実が浮かび上がっている。子どもと養育者の交流を通じて、生物学的原理の分散は、安定型愛着発達の防止または促進に貢献する可能性がある。

Gillath ら（2008）は、遺伝的変異は、不安定型愛着の発達に約20％まで貢献する、と推測した。このような結果は、母親の感受性が人の愛着形成に重要な役割を果たす（上記参照）という十分検証された仮説を支持する。特定の愛着スタイルの形成は、遺伝的素因と社会的経験の相互作用によって最もよく説明できる（Fox, Hane, & Pine, 2007）。これは、"生得的な力と経験的な力"の相互作用によって発達するシステムとして愛着行動システムを解釈した、Bowlby（1982）の考えを支持する（Gillath et al., 2008；p. 7）。

愛着と神経内分泌学システム

愛着形成において個人的要因と環境要因との間に相互作用があるなら、養育といった環境要因は、個人的要因の心理学的レベルのみではなく、生理学的レベルにまで影響を与えるとみなすことができる。ゆえに、愛着と養育行動は、次に心理状態に影響を及ぼす生理学的システムの機能を調節するに違いない。以下でオキシトシン作動系とストレス系に焦点を当てる。

愛着システムとストレス系やオキシトシン系の制御は、親密な関係の枠組みで発達する。ゆえに、異なる愛着スタイルは、これら生理学的

システムの変化と関連する。

愛着とストレス系

Bowlby（1982）に基づくと、ストレスの軽減は愛着システムの中心的機能の1つである（Diamond, 2001；Feeney, 1995；Field, 1991；Field & Reite, 1984；Kobak & Sceery, 1988；Reite & Boccia, 1994；Simpson, Rholes, & elligan, 1992）。したがって愛着関係は、子どものストレス反応への調節作用を持つ。幼児期と小児期におけるストレス状態の下方調節は、愛着対象との（身体的）接触によって一般的にもた

ボックス11 **Ainsworth Strange Situation Test（ASST）**

Mary Ainsworthら（Ainsworth et al., 1978；Ainsworth & Witting, 1969）は、9カ月から18カ月齢の乳児の愛着評価を可能にする実験室内の標準条件を開発した。2度にわたる親との短い分離を経て、見知らぬ女性の存在時と不在時によって、愛着行動システムは活性化される。

分離中、特に親との再会の間の赤ん坊の行動の観察は、安全型、不安定型回避型、不安定両価型といった行動機構の3つの基本パターンの区別を可能にする。MainとSolomon（1986、1990）は、ASST中の無秩序型愛着を表す行動評価のためのコード化システムをさらに開発した。

ASSTの設定は、母子に馴染みのない部屋を用いる。年相応のさまざまな興味を引くおもちゃを部屋の中心に置き、椅子2脚をドアの正面の壁近くに配置する。

ASSTは、8つのエピソードからなる。

1. 説明後、実験者は親子をおもちゃのある部屋に案内する（1分間）。
2. 子どもは自由に部屋を探索したりおもちゃで遊んだりし、親は子どもの信号に対して普段通りに反応するよう指示される（3分間）。
3. 見知らぬ人が入室し、1分間静かに座る。次の1分間は親とおしゃべりをする、最後の1分間は子どもと遊ぶ（3分間）。
4. 親は退室する。見知らぬ人は子どもと遊び、子どもが不安がる場合には子どもを抱え上げてもよい（3分間）。
5. 親は戻り、見知らぬ人は静かに退室する。親は子どもを安心させ、遊ぶ気にさせるために必要だと思うことなら何でもする（3分間）。
6. 親は再び退室する。子どもは部屋に1人で残る（子どもの不安状態に応じて最大3分間）。
7. 見知らぬ人が戻り、子どもと遊んだり慰めようとしたりする（3分以内）。
8. 親は戻り、子どもを抱き上げる。見知らぬ人は静かに退室する。親は、子どもが遊びを再開するまで子どもを抱く、もしくは慰める（3分間）。

エピソード5と8における幼児の行動は、近接探索、接触維持、接触抵抗（近接への抵抗）、近接と交流の回避のスケールでコード化される。さらに、無秩序と失見当に関する指標が評価される。この情報に基づいて、幼児の愛着パターンが分類される。

つまり、幼児は以下の行動を特徴的に示す（Main & Solomon、1990, pp.121-122）。

安定型愛着：幼児は、分離によって親がいなくなると寂しいサインを見せ、再会すると親をうれしそうに迎え、再び落ち着いて遊びに戻る。

回避型愛着：幼児は、親からの分離に不安をほとんど示さず、再会で積極的に親を避けたり、無視したりする。

両価型愛着：幼児は、分離によって非常に不安になり、再会時には接触を求めたり接触の合図を出したりするが、親によって落ち着くことはできず、強い抵抗を示す。

MainとSolomon（1990）は、子どもの愛着行動システムに関する無秩序や失見当を示す行動をさらに確認した。これらの行動は、ASSTのようなストレスの多い状況での一次的または二次的戦略（安定型、回避型、または両価型）の崩壊によって主に特徴付けられる。ストレスを軽減するために系統だった行動を示す代わりに、子どもは無秩序に行動する。例えば、ASST中に、彼らは矛盾した行動、放心状態の表情、不安定な動き、凍り付いた姿勢を示す。

らされる（Bowlby, 1982）。子どもが心理的に不安を感じ、例えば泣くような場合、愛着対象は近寄って慰めを与えることで子どもは落ち着く。ゆえに下方調節されない生後早期のストレスは、例えば子どもが放っておかれて繊細な養育者によって慰められない場合、子どもの発達中のストレス系を活性化し、慢性ストレス作用も誘発する（Diamond, 2011）。本章では、交感神経系（SNS）や視床下部下垂体副腎皮質系（HPA）軸といった２つの重要なストレス調節系における愛着スタイルとストレス反応パターンとの関連性についての研究結果を再検討する（第２章参照）。

第２章で説明したように、SNSは自律神経系（ANS；第２章ボックス６参照）の分枝である。第２の分枝は、副交感神経系（PNS）である。これらの２つの分枝は、生理学的ストレス反応に対して部分的に拮抗作用を持つ。SNSの活性化は、心拍数の増加や血圧の上昇などのようなストレス反応で一般的に見られる生理学的作用をもたらす。対照的にPNSは、ストレス時に下方調節される消化、成長、回復を促進する。ゆえに、"ストレスによるSNSの活性化は、一般的にPNSの部分的な失活と同時に起こる"（Diamond, 2001, p.279）。

ANSの交感神経枝と副交感神経枝は、一般的に心拍数、心拍変動、血圧、皮膚電位を介して評価される。心拍数の最も有効な評価基準は、呼吸性洞性不整脈（respiratory sinus arrhythmia, RSA）と前駆出期（pre-ejection period, PEP）の継続時間である。RSAは、呼吸と関係する心臓周期の周期的変動を反映し、副交感神経や迷走神経活性の指標である。PEPは、心収縮力の指標であり、交感神経の反応性を反映する。

ストレスへの神経内分泌反応は、HPA軸と交感神経副腎軸（SA）の２つの異なる系統で観察される。このストレス系は、社会的刺激や脅迫的刺激に非常に敏感であるため、愛着と神経内分泌ストレス反応との関連に関する研究は、HPA軸の制御にこれまで焦点を合わせてきた。HPA活性は、一般に唾液中コルチゾール濃度や血中コルチゾール濃度、副腎皮質刺激ホルモン（ACTH）濃度によって評価される。

■愛着パターンと生理学的ストレス反応
愛着パターンとANS活性

幼児の愛着スタイルとANS反応性との関係を調べた最初の研究は、SroufeとWaters（1977）によって行われた。以下のほとんどの研究のように、ストレスはAinsworth Strange Situation Test（ボックス11参照）中の愛着対象からの分離によって誘発された。この研究では、不安定回避型愛着の幼児は、愛着対象との分離によって心拍数の増加を示した。同じような試験デザインで、SpanglerとGrossmann（1993）やWillemsen-Swinkelsら（2000）は、無秩序型愛着の幼児の心拍数が最も多く増加したことを報告した。対照的にZelenkoら（2005）は、異なる愛着スタイルの群間の心拍数に有意差を見つけられなかった。

SNSとPNSは心拍数に影響を与えるため、この評価基準ではSNSとPNS活性を識別することはできない。最新の研究では、交感神経と副交感神経活性によって誘発される心臓活動への影響を識別できる評価基準を適用している。方法論の中で最も意欲的に行われている研究の１つは、Oostermanら（2010）によって実施された。Strange Situation Testパラダイムで、ANS活性と愛着パターンとの関係が交感神経（PEP）と副交感神経（RSA）活性の両指標を用いて調べられた。この研究の結果は、無秩序型愛着の子どもは秩序型の子どもに比べて、慣れない状況のSSTにおける短いPEPといったより高い交感神経活性を示すことを明らかにした。

秩序型愛着の子ども、特に安定型愛着パターンの子どもは、分離によって副交感神経活性の

第6章　愛着および養育とその生理学的基礎とのつながり

低下を示し、続いて再会によって副交感神経活性の上昇を示した。対照的に無秩序型愛着の子どもは、逆のパターンを示した。彼らは、分離によって副交感神経活性の上昇を示し、続いて再会によって低下を示した。ゆえに、養育者からの分離は、特に安定型愛着の子どもにストレスを与えるのに対し、無秩序型愛着の子どもは、養育者が一緒にいることでストレスを受けた。

交感神経活性の上昇は、不安定型愛着の成人においても見られた。すべての研究は、回避型と両価型の成人において社会的ストレスに応じた血圧の上昇と皮膚電位反応の増大を確認したが、安定型愛着の成人では確認されなかった（Carpenter & Kirkpatrick, 1996；Diamond, Hicks, & Otter-Henderson, 2008；Feeney & Kirkpatrick, 1996；Roisman, 2007）。これらのすべての研究は、愛着状態を評価するためにアンケートを用いたため、どれも無秩序型愛着とANS反応性との関係を調べることはできなかった*。

概して、愛着とANS反応性との関係に関するこれらの研究結果は、愛着の個人差がストレスによるANS活性の異なるパターンにも現れることを示唆している。安定型愛着の人と比べて、回避型、両価型、無秩序型愛着の子どもや成人は、ストレスに対して高い交感神経活性を示す。SNSの最も高い活性は無秩序型で報告されている。さらに、無秩序型愛着の子どもは、分離による副交感神経活性の上昇と再会による低下を示すことから、ストレスの多い状況では養育者によって安心させられるより、むしろストレスを受けやすい可能性がある。

■ 愛着パターンと内分泌ストレス反応

ANS反応性で示されたデータは、養育者によって下方調節されない、もしくは養育者がもたらす発達早期のストレスは、子どものストレス系発達に影響を与えることが多いことを示唆している。ゆえに、不安定型愛着の幼児と成人のHPA活性も、安定型愛着の人とは異なると予測できる。子ども、青年、成人を対象とした研究によりこの仮説の証明が増えている。

HPA軸、副腎皮質刺激ホルモン放出因子（CRF）、ACTH、コルチゾールのすべての重要要素が影響を受ける（第2章ボックス6参照）。以下で再考察された研究のほとんどにおいて、コルチゾール基準値と特定のストレッサーへのHPA反応性の指標として、コルチゾールが唾液中または血中で測定された。

愛着とストレス反応性

いくつかの研究において、不安定型愛着パターンを持つ幼児は、高濃度のコルチゾールで示される一般的に顕著なストレス反応性を示すのに対して、安定型愛着の幼児は中程度から軽度のストレス反応を示した。

これらの研究のほとんどにおいて、ストレスは幼児を愛着対象から分離することによって誘発された。安定型愛着の子どもでは、分離による唾液中コルチゾール濃度の大きな上昇は見られなかった。対照的に、不安定型愛着パターンを持つ幼児は、分離に反応してたいてい高いコルチゾール濃度を示した（Ahnert, Gunnar, Lamb, & Barthel, 2004；Gunnar, Brodersen, Nachmias, Buss, & Rigatuso 1996；Nachmias, Gunnar, Mangelsdorf, Parritz, & Buss, 1996；Spangler & Grossman, 1993；Spangler & Schieche, 1998；Gunnar, Mangelscorf, Larson, & Hertsgaard, 1989）。

Gunnarら（1996）も、健康診断において幼児の研究を行った。ストレスは、親が幼児と一緒にいる間の定期的なワクチン接種を介して誘

---

*愛着の秩序のなさはアンケートでは評価できない。無秩序型愛着の評価には、隔離システムの自覚した意識が要求されるが、隔離システムは意識して表せない特徴を持つ。

発された。この研究では、不安定型愛着の幼児と比べて、安定型愛着の15カ月齢の幼児は、注射に対するストレス反応をほとんど見せなかった。

さらなる研究において、Gunnarら（1992）は、養育の質がHPA軸に影響を与えるのかどうかを調べた。この仮説を検証するため、実験室で親から離した幼児に対して、繊細で反応性の高い世話か無関心な世話（すなわち、赤ん坊が必要としている時に忙しいふりをする）を行うようにベビーシッターを訓練した。ベビーシッターが冷たくよそよそしい、投げやりな態度をとるように指示された場合には、幼児はコルチゾール濃度の上昇を示したが、ベビーシッターが繊細で反応性の高い態度で接した場合には示さなかった。

安定型または不安定型愛着の**成人**がストレッサーにさらされた研究においても同様の結果が得られた。例えば、Quirinら（2008）は、秩序型愛着（安定型、両価型、または回避型）とコルチゾール反応との関係性を調べた。両価型愛着の人は、実験ストレッサーに対してコルチゾール濃度の上昇を示したと報告された。

Powersら（2006）は、実験室ベースで、つきあっている異性間カップルにおける人間関係対立を誘発した。この研究で両価型愛着のパートナーは、安定型愛着の人に比べて社会的ストレッサーに対してより高いコルチゾール反応を示した。加えて両価型愛着の男性は、対立後にコルチゾールが基準値に戻るまでにより長い時間を要した。

Diamondら（2008）は、恋人と離れている間（4日間から7日間）の唾液中コルチゾール濃度を毎日測定した。すると、両価型愛着の人にのみコルチゾール濃度の上昇が見られたことが報告された。

コルチゾール濃度の上昇は、回避型の人にも見られた。例えば、LaurentとPowers（2007）やPowersら（2006）は、回避型の人はパートナーとの対立に反応してコルチゾール濃度の上昇を示すことを報告した。回避型愛着の被験者は通常低いレベルの主観的ストレスを報告するため、これは興味深いことである。

つまりこれらの研究結果は、両価型および回避型愛着の人は安定型愛着の人に比べて、社会的ストレス状況において高いHPA反応性と反応することを示唆している。

これまでのところ、無秩序型愛着とHPA軸の制御との関係性についてはほとんど知られていない。特に、無秩序型愛着の子どもにおいて、強いHPA反応性を裏付ける証拠がいくつかある（上記参照）。無秩序型愛着の幼児は、秩序型の幼児よりもStrange Situation Testでさらに高いコルチゾール反応を示す（Hertsgaard, Gunnar, Erickson, & Nachmias, 1995；Spangler & Grossmann, 1993）。

上で説明したように、成人を対象としたほとんどの研究は、愛着状態を評価するためにアンケートを用いたが、アンケートでは無秩序型愛着パターンを検出できない。しかしながら無秩序型愛着は、子どもの虐待や育児放棄経験と密接に関係する（虐待された子どもの約80％は無秩序型に分類される）ので、子どもの虐待や育児放棄の分野で行われる研究から、無秩序型愛着がHPA軸の調節障害と関連するかどうかといった質問へのアプローチが可能である。

心理学的観点から、無秩序型愛着とHPA異常調節との関連性を提案することは合理的である。安定型愛着の子どもはストレス軽減のために養育者を効果的に使うことができるが、無秩序型愛着の子どもは愛着対象そのものによってストレスを受ける。

虐待された子どもや成人のストレッサーに対するHPA反応性を検証したますます多くの研究は、この仮説を支持する。

Bugentalら（2003）は、虐待された幼児と虐待されていない幼児を調べた。ストレスに対する幼児の反応を調べるために、SSTの間幼

児を養育者から離した。身体的虐待を行う母親を持つ幼児は、虐待されていない子どもに比べてストレッサーに対する高いコルチゾール反応を示した。

Raoa ら（2008）は、Trier Social Stress Test（TSST、**ボックス 12** 参照）を、早期の虐待や育児放棄の経歴を持つ抑うつ状態の青年と健康的なコントロール群に実施した。結果は、抑うつ状態の虐待された青年はコントロール群に比べて、TSST に対してより高くより長く継続するコルチゾール反応を示した。早期の虐待や育児放棄と現在の高いストレスレベルとの組み合わせは、TSST への強いコルチゾール反応の最大の予測因子であった。

MacMillan ら（2009）は、大うつ病性障害および心的外傷後ストレス障害（PTSD）と診断された、虐待された成人の間でストレス反応性を調べた。ストレスは、TSST によって誘発された。上で説明された結果とは対照的に、この研究では、虐待された青年は社会的ストレッサーに対して鈍いコルチゾール反応を示した。

Harkness ら（2011）は、幼少期に虐待の経歴を持つ抑うつ状態の青年に TSST を経験させた。軽い抑うつの若者は長期にわたる強いコルチゾール反応を示すのに対して、重い抑うつの若者は鈍いコルチゾール反応を示した。

ストレスに対する鈍いあるいは活発なコルチゾール反応性の同様の全体像は、幼少期に虐待または育児放棄された成人が対象の場合にも見られる。

ボックス 12　Trier Social Stress Test（TSST）

Trier Social Stress Test（TSST；Kirschbaum, Pirke, & Hellhammer, 1993）は、標準化された方法で成人の心理社会的ストレスを誘発するようデザインされたテストである。これは、制御できない状況と他者による社会的評価とが組み合わさっている（a social-evaluative threat；Dickerson & Kemeny, 2004）。この方法は、ストレスを示す内分泌と心血管系パラメーターや自己申告ストレスレベルの有意な増加をもたらす（Kirschbaum et al., 1993；Schommer, Hellhammer, & Kirschbaum, 2003；Het, Rohleder, Schoofs, & Wolf, 2009；Foley & Kirschbaum, 2010；Kudielka & Wust, 2010）。

実験室で10分間安静にした後（実験で血液サンプルを用いる場合は、静脈内にカテーテルを挿入した後）、被験者は別室に案内され、後に実施しなければならない課題の説明を受ける。部屋の中には男女3人の面接官がテーブルにつき、ビデオカメラとボイスレコーダーが配置される。実験者は、スタッフマネージャーとの就職試験を受ける求職者の役割を想定するように被験者に告げる。被験者は、それから最初の部屋で10分間プレゼンテーションのための準備を行う。次に実験者は、被験者を2つ目の部屋に戻るように促してから退室し、マネージャーの1人が5分間のスピーチを始めるように対象者に要請する。被験者が5分以内にスピーチをやめた場合は、続けるように促される。これが2回起こる場合には、マネージャーは20秒間黙った後に用意しておいた質問をする。5分後に被験者は、できるだけ速く正確に、大きな素数から13ずつカウントダウンするよう求められる。被験者がもし間違えた場合、最初からやり直すように指示される。4-5分後に被験者は最初の部屋に戻され、試験終了を告げられる。その後、被験者は休むことを許される。

TSST-C（"C" は子どもを表す）は、7歳以上の子どものために TSST を改編した試験である（例：Buske-Kirschnaum et al. 1997, 2003；Dorn et al., 2003）。成人のように、子どもは10分間の安静を最初に許される。この安静時間の最後2分間に、実験者によって手順の短い説明がされる。実験者は、物語の始まりだけ子どもに伝え、物語がどのように続くのかアイデアを練るように伝える。その後、子どもは1人きりにされ、物語の続きを考える5分間を与えられる。続いて子どもは、3人の大人の委員の前で物語を話すように求められる。この後、年齢に応じた算数課題が出される（例えば、6ずつ逆に数える）。子どもが間違えたら、最初からやり直すように求められる。TSST-C の最後に、委員は子どもに好意的な反応を与える。

例えばLuecken（1998, 2000）は、子どもの時に主な愛着対象をなくした成人の社会的ストレッサーに対するコルチゾール反応の調節異常を報告した。親を失い、無関心で無反応な世話を受けた被験者は、質の高い世話を受け、親を失っていないコントロール群に比べて、ストレスの多いスピーチ課題に反応して高いコルチゾール濃度を示した。

Heimら（2000, 2008）は、幼少期に身体的・性的に虐待された抑うつの男女にTSSTによってストレスを与えた。この研究の女性は、心理社会的なストレッサーへのコルチゾール反応の上昇を示した。しかしながら、虐待を受けたが現在は抑うつでない女性は、ストレッサーに対して正常なコルチゾール濃度を示したことから、女性がトラウマを克服し、無秩序型愛着も克服した可能性を示した。

Carpenterら（2007）とCarpenterら（2009）は、幼少期に虐待や育児放棄で苦しんだ健康な成人のTSSTへのコルチゾール反応性を検証した。幼少期の虐待や育児放棄の経歴がないコントロール群と比べて、虐待された成人は有意に低いコルチゾール反応を示した。

Engertら（2009）は、若年期に異なるレベル（低、中、高）の母親の世話を受けた健康な若い成人にTSSTを行った。母親による低レベルの世話を受けたと自己申告した群は、ストレスに対する鈍いコルチゾール反応を示した。

幼少期の虐待とPTSDの症状は関係がある場合が多いので、Heimら（2002）は、年齢、性別、成人期のトラウマ、現在のストレス、抑うつやPTSDの症状を統制したうえで、HPA軸制御の予測変化における虐待と育児放棄の相対的な役割を評価する多重線形回帰分析を用いた。この解析結果は、幼少期の虐待や育児放棄の経歴はACTH反応性の最大の予測因子であり、したがってストレス反応性の増加の予測因子であることを示唆した。

要約すると、虐待や育児放棄を受けた幼児や学齢児童、そして子どもの時に虐待や育児放棄を受けた成人を対象とした研究は、ストレスへの過剰なあるいは減衰したコルチゾール反応パターンを明らかにした。これらの被験者の大部分は愛着が無秩序であったため、無秩序型愛着が前述のHPAストレス系障害と関連があるというのは妥当である。

虐待や育児放棄を受けた子ども、青年、成人の基礎コルチゾール濃度、朝のコルチゾール濃度、コルチゾールの日内変動

虐待された子ども、青年、成人のHPA系に関する研究は、ストレス反応性よりも基礎ホルモン濃度に焦点を当ててきた。正常なコルチゾール日内変動パターンは、起床時のピークに続いて減少があり、日中にわたって事象に関連した変動がある。

虐待や育児放棄を受けた子どもでは、これが異なるようである。例えばBugentalら（2003）は、母親に精神的に育児放棄された子どもを調査した。コントロール群に比べてこれらの子どもは、高い基礎コルチゾール濃度を示した。Bruceら（2000）は、家族から離される前に身体的な育児放棄や精神的な虐待を受けていた里子の朝のコルチゾール濃度を調べた。精神的虐待を経験していた里子の朝のコルチゾール濃度が高値を示したのとは対照的に、深刻な身体的育児放棄を経験した里子は朝のコルチゾール濃度が低かった。

Cutuliら（2010）は、ホームレスの親を持ち、死、育児放棄、虐待といった人間関係の多くのトラウマで苦しんだ4歳から7歳の子どもを調査した。コントロール群に比べて、ホームレスの親を持つ子どもの朝のコルチゾール濃度は高値を示した。

TarulloとGunnar（2006）は、虐待された子どものコルチゾールをサンプリングし、早朝のサンプルに高い基礎コルチゾール濃度を見つけた。

Kertesら（2008）は、養子縁組前にさまざ

まな喪失を経験した養子の基礎HPA系を調査した。喪失の深刻度に相関して、朝のコルチゾール濃度は増加し、日中のコルチゾール濃度は減少した。

De Bellisら（1999）は、幼い時に深刻な育児放棄や虐待を受けた11歳前後の子どもを調査した。調査時にすべての子どもは改善された状態で暮らしていた。幼少期に虐待や育児放棄を受けた子どもは、虐待されたことがない対照群に比べて、1日中高いコルチゾール濃度を示した。さらに、これらの子どものストレスホルモン濃度は、虐待を経験した時間の長さと正の相関があった。

上で説明した研究は、虐待や育児放棄された子ども、すなわち無秩序型愛着の子どもが高いコルチゾール濃度を有することを示した。しかし一方で、数多くの他の研究グループは、逆の結果を報告した。

CarlsonとEarls（1997）、Bruceら（2000）、Kroupinaら（1997）は、児童養護施設で育った子どもの唾液中コルチゾールを調べた。すべての研究において、これらの子どもの早朝のコルチゾールはゆるやかなピークを示し、ほとんどは日内変動を欠いた。これは、コントロール群と比べて育児放棄された幼児のコルチゾールは日中の変動が少なく、低値を示すことを示したGillesら（2000）による結果と類似した。

Vazquezら（2000）は、心理社会的小人症（psychosocial dwarfism, PSD）の子どもの唾液中コルチゾールを調べた。この症候群は、早期情緒剥奪（早期に情緒的接触や交流が遮断されること）や虐待によって引き起こされる。児童養護施設で育った子どものように、PSDを患う子どもはコルチゾール濃度が低く、コルチゾール変動がほとんど見られなかった。これは、行動や成長のためのエネルギー供給に関連する代謝ホルモンとしてのコルチゾールの主な役割を提示する。

Cicchettiら（2010）は、抑うつや内在化障害の虐待された子どもから唾液中サンプルを採取した。5歳前に虐待され抑うつや内在化障害を示す子どもにのみ、1日を通して横ばいで変動しないコルチゾール濃度が見られた。

これまで、子どもの虐待や育児放棄とHPA機能との研究の多くは、子どもの時に虐待、育児放棄、性的虐待を受け、回顧的にこれらの経験を報告した成人のサンプルを用いた。Odebrechtら（2010）とTarulloとGunnar（2006）は、HPA軸発達に対する早期の性的、身体的虐待の影響に関する40以上の研究を再考察した。Meewisseら（2007）は、同じテーマの5つの研究のメタ解析を行った。統合すればこれらのレビューは、副腎皮質機能亢進症または副腎皮質機能低下症のようなHPA軸制御の変化は、子どもの時に性的、身体的虐待を受けた成人の典型であることを示している。

つまり概説された研究は、幼少期の虐待や育児放棄と副腎皮質機能亢進症や副腎皮質機能低下症のようなHPA軸の非定型制御との一貫した関係を示す。これらの対象者のほとんどは無秩序型愛着が形成されることが多いため、愛着の無秩序さが前述したHPAストレス軸障害と関連があることを示唆するのは妥当である。

これらの調査によって、無秩序が心理的脆弱性と関連があり、後の人生における精神疾患や身体疾患のリスクを高めることが示唆されている（Twardosz & Lutzker, 2010）。

身体的、性的、精神的虐待や育児放棄で苦しむ子どもは、ストレスの多い環境で育ち、一般的に"安全基地"機能を欠く。幼児期早期のトラウマは、ほぼ例外なく密接な愛着関係と関連して生じる。例えば家庭内暴力を受けた子どもは、養育者自身が加害者でありストレスの原因となるため、過度のストレス状況で助けを得るために養育者に頼ることができない。この状況は、特にストレス状況が慢性な場合、HPAストレス軸の過剰刺激か刺激不足をもたらすことが多い。

副腎機能低下症は、幼児期早期のような繊細な時期に、過去の慢性ストレスが原因の長期にわたる副腎機能亢進症（HPA過剰刺激）の結果として生じるといわれている（Enger et al., 2009；Fries, Hesse & Hellhammer, 2005b；Yehuda, 2003）。それゆえに、副腎機能低下症は、HPA系の慢性的な過負荷を防ぐ緊急機構を反映するといえる（Enger et al., 2009）。

　低いコルチゾール濃度は過度のコルチゾール濃度への反応ではなく、"フリーズ"と名付けられたストレス反応の別のタイプを反映する（Folkow, 1997）との解釈もある。フリーズは、すでに第5章で"遮断"として説明された現象と類似する昏睡状態を表す。読者の諸君には思い出して欲しい。遮断は、通常の意識状態でのトラウマ的な経験の知覚を防ぐ（そして意識的な記憶からトラウマ的な愛着経験を除外する役割を果たす）、無秩序型愛着の重要な防御機能である。

　これらの異なる解釈とは別に、上述した研究は、虐待や育児放棄を受けた子どもや青年が、コルチゾールの高い濃度を示すか低い濃度を示すかに影響を及ぼす多くの変数を示唆する。これらは、抑うつのような精神疾患の共存症や個人の回復力の改善要因だけではなく、虐待や育児放棄の始まった時期、長さ、深刻度、虐待のタイプを含む。さらに、異なるHPA反応パターンは、遺伝的変異性や後成的影響と結びつく可能性がある。

　興味深いことに、不安定型だが秩序ある愛着スタイル（両価型または回避型）を持つ幼児、子ども、成人は、ストレッサーに対するコルチゾール反応性として、"鈍いまたは過剰な"極端なパターンを示さなかった。多くの研究において、安定型愛着の人はストレスに対して非常に強化された反応性を示さなかったが、両価型と回避型愛着の被験者は示した。しかしながら無反応は、秩序型の人よりもANSとHPA反応性の観点から強く反応する無秩序型の人でのみで見られる。異なる愛着スタイルのHPA活動は、**表2**にまとめた。

　一般的に、ここで報告した結果は、「個人の現在の心臓血管と神経内分泌活動のパターンは、最も重要な対人関係の機能として概念化される」（Diamond, 2001, p.287）としたCacioppoの主張を支持する。

愛着とオキシトシン作動系

　神経ペプチドであるオキシトシンは、動物と人の絆や愛着で重要な役割を果たす（第4章参照）。

　オキシトシンが絆と愛着をおそらく促進するいくつかの機能がある。愛着システムの中心的役割の1つでもあるが、オキシトシンはストレスを下方制御する。オキシトシンは、不安も軽減する。報酬系を活性化（例：ドーパミンの放出）することにより、オキシトシンは喜びや満足感をもたらす。さらに、人を含む哺乳類においてオキシトシンは、行動、感情状態、社会的関係の形成に極めて重要な社会的認知を促進することが示されている。ゆえに、オキシトシンへの暴露は、安定型愛着形成の重要な要素である可能性が高い。

　ストレスシステムのように、オキシトシン作動系（第4章）は、特にこのシステムが発達する乳児期や幼児期に強い社会的制御下にある（Terallo & Gunnar, 2006）。十分制御されたシステムを発達させるため、早期幼児期のより繊細で反応性が高い養育が求められるだろう（Uvnäs-Moberg, 2007）。Uvnäs-Moberg（2011）は、繊細で親密な養育は、頻繁に高濃度オキシトシンの暴露をもたらすことから、時間とともにストレス反応性のようなオキシトシン関連の変化を長期にもたらすことを示唆した。

　愛着とオキシトシン作動系との関係の証拠を示す前に、オキシトシン作動系が愛着関係の枠組みの中でどのように発達するのかについて説明する。

表2 愛着スタイルとHPA活動

愛着スタイル	HPA活動
安定型	ストレスに応じて適度なコルチゾール放出
不安定秩序型（両価型および回避型）	ストレスに応じてコルチゾールの放出促進
無秩序型（間接的評価）	コルチゾールの放出促進または抑制（ほとんどの研究者によって副腎皮質機能亢進症か副腎皮質機能低下症と解釈される）

■ **安定型愛着の発達とオキシトシン作動系：A モデル**

Uvnäs-Moberg（1998a, 1998b, 2007, 2011）によって提案されたモデルと実験的研究によるごく最近の証拠（MacDonald & MacDonald, 2010に要約された）は、3つのオキシトシン関連過程が安定型愛着関係の形成において活性化していることを示唆した。

> 1. オキシトシン放出は、皮膚と皮膚の接触によってもたらされ、その後信頼する愛着対象への持続的近接への反応によってもたらされる。
> 2. 高濃度のオキシトシンは、社会的絆を促進する。なぜならば
>   a）行動、感情状態、安定型愛着関係の形成に極めて重要な社会的認知を促進する。
>   b）不安やストレスを軽減する。
>   c）子どもと養育者の両方のANS制御に共時性をもたらす。
> 3. 潜在的な愛着対象とこれらの効果との条件付きの関係が生じる。

これらの3つの作用の詳細は、以下に示す。

1．愛着対象への身体的接触や持続的近接はオキシトシン放出を促す

第4章ですでに述べたように、信頼する愛着関係との密接な皮膚と皮膚の接触に続いて、社会的絆に重要な役割を果たすオキシトシンが放出される（Nissen et al., 1998）。この仮説は、多くの研究によって支持されている。例えば、Grewenら（2005）は、恋人との抱擁の回数は基礎オキシトシン値と正の相関があったことを示した。最近では、Seltzerら（2010）が、母親の声だけによってあやされた子どもにおいて同様のオキシトシン効果を示した。しかしながら、発声はオキシトシン系に直接的な効果があるのか、接触との関連性で形成された条件刺激（**ボックス13** 参照）として母親の声が機能したのかどうかは、明らかではない。

2．高濃度のオキシトシンは社会的絆を促進する

a）高濃度のオキシトシンは、行動、感情状態、安定型愛着の形成に極めて重要な社会的認知を促進する。 MacDonaldとMacDonald（2010）は、人におけるオキシトシンの経鼻投与を用いた研究を再考察した。彼らは、オキシトシンが他者への信頼を増し、社会的接近行動を促進し、社会情報を認知、処理、記憶する個人能力を増加させるという結論を出した。

例えば、オキシトシンは目領域への注視時間を増やすため（Guastella, Mitchell, & Dadds, 2008a；Petrovic, Kalisch, Singer, & Dolan, 2008）、顔の表情から心理状態を推測する能力が改善された（Domes et al., 2007a；Di Simplicio, Massey-Chase, Cowen, & Harmer, 2008）。オキシトシンは、社会的に関連ある顔の表情の記憶も向上させ（例：感情的になった顔、Guastella, Mitchell, & Mathews, 2008b）、顔の識別や好意的な顔の表情の記憶を改善させた（Guastella et al., 2008b；Savaskan, Ehrhardt, Schulz, Walter, & Schachinger, 2008；Rimmele et al., 2009）。つまりオキシトシンは、安

> **ボックス13　古典的条件付け**
>
> 　古典的条件付けは、ロシアの生理学者であるIvan Pavlovによって1992年に発見された学習過程である。パブロフによると学習は、中性刺激と無条件刺激との関連性から生じる。無条件刺激（unconditioned stimulus, UCS）は、この刺激に応えて自然に生じる条件付けられていない生得的な反応・無条件反応（unconditioned response, UCR）を導く刺激である。パブロフの古典的実験で示されるように、食べ物（UCS）は犬の唾液分泌（UCR）を促す。中性刺激として、パブロフはベル音に続いてフードを与えた。ベルの音とフードの組み合わせによって、ベルの音は犬に唾液分泌をもたらす条件刺激となった。
>
> 　心理学では、古典的条件付けは主に中性刺激と嫌悪刺激との関連性をいう。例えば、有名な"リトルアルバート"実験によって示されるように、恐怖は中性刺激と恐怖を導く無条件刺激の組み合わせの繰り返しによって説明される。この実験では、アルバートという名前の幼児の近くに白い実験用ラットが置かれた。アルバートがラットに手を出して触ると、実験者は鉄の棒をハンマーにぶつけて彼の後ろで大きな音を立てた。アルバートは、泣いて恐怖を表した。数回に及ぶ2つの刺激の組み合わせによって、アルバートはラットの存在だけで恐怖反応が引き起こされた。
>
> 　中性刺激と正の無条件刺激との関連性は、心理学でおろそかにされてきた。しかしながら、上で説明したように、正のオキシトシン媒介作用と愛着対象との関連性は、安定型愛着関係の発達の道しるべになると考えられる。

定型愛着の形成や維持にも重要な、多くの認知、行動、感情処理に影響を与える。

　b）高濃度のオキシトシンは、不安を軽減し、ストレス反応性の下方制御をもたらす。多くの研究は、オキシトシンの抗不安作用とストレス緩和効果を示した（第4章参照）。動物の研究では、オキシトシンの中枢投与はラットとマウスで抗不安作用を誘発したが（Uvnäs-Moberg, 1994a）、オキシトシン受容体欠損ノックアウトマウスは、正常なマウスに比べてより不安になり、ストレッサーに対しての感受性が高くなった（Amico et al., 2004）。オキシトシンはHPA軸のいくつかの部位に作用するため、ストレス反応性の下方制御に特に有効的である（Carter, 1998；Neumann, 2002；Parker, Buckmaster, Schatzberg & Lyons, 2005）。Holstら（2002）は、げっ歯類の交感神経系に同様の抑制作用を発見した。

　オキシトシン系は系統発生的に古いというだけで、人においても同様に作用するだろう。また実際、ストレッサーへの反応としてのコルチゾール濃度を減少させるオキシトシンの経鼻投与といった、人の研究から同様の概念が見える（例：Ditzen et al., 2009；Heinrichs et al., 2001, Heinrichs et al., 2003；Legros, Chiodera, Greenen, Smitz, & von Frenckell. 1984；Neumann, 2002；Grewen et al., 2005；Light, Grewen, & Amico, 2005；Turner, Altemus, Enos, Cooper, & McGuiness, 1999）。オキシトシン投与は血圧と脈拍を低下させるため（Yamashita, Kannan et al., 1987；Petersson, 1999b；Dreifuss et al., 1988）、自律神経系の下方制御を意味する。マッサージや授乳中の女性における乳児の哺乳といった皮膚と皮膚の接触は同様の効果が報告されており、オキシトシン放出による可能性が最も高い（例：Altemus et al. 1995；Uvnäs-Moberg et al., 1990；Ditzen et al., 2007；Holt-Lunstad, Birmingham, & Light, 2008）。

　c）脳内のオキシトシン放出の増加は子どもと養育者のANS活性の生理学的同期を促進する。子どもは、生まれた瞬間から親との絆を深め始める（Uvnäs-Moberg, 2003）。神経生物学的観点から、オキシトシンはこの絆の形成に重要な役割を持つようである。哺乳は乳腺乳頭の知覚線維を活性化するため、母親が授乳するた

びにオキシトシンが放出される（オキシトシンは乳汁排出を誘発するため、まさに機能的でもある）。オキシトシンは、母と赤ん坊との皮膚と皮膚の接触中のぬくもりと軽い圧力に起因する皮膚の感覚神経の刺激によっても放出される（Uvnäs-Moberg & Petersson, 2011）。オキシトシンは脳内だけではなく末梢でも放出され、母親における多くの行動学的、生理学的効果が誘発される。

　授乳中母親は、オキシトシンによって誘発されるドーパミン放出と関連がある喜びと満足感を得る。さらに、哺乳や赤ん坊との皮膚と皮膚の接触は、コルチゾールと血圧の低下に反映される母親の抗ストレスと鎮静作用を誘発する。母親の皮膚の血管は拡張し、リラックスと関連して体温は上昇する。その上、消化管ホルモンが迷走神経の活性化により放出され、消化をより効率的にし、エネルギー消費を減らす。ゆえに、母親はより効率的な方法でエネルギーを用いることができる（第4章参照）。

　母親との皮膚と皮膚の接触がある新生児や赤ん坊において、授乳中の母親に見られるものと同様で補完的な効果パターンが誘発される。子どもも穏やかな気分になり、ストレスが少なくなる。皮膚と皮膚の接触がある乳児は、自分自身の体温の上昇によって答える（Bystrova et al., 2003）。母親に見られるように、より効率的な消化と栄養素の貯蔵に関連する機能が乳児において促進される（第4章参照）。ゆえに、母親も子どもも脳内オキシトシン作動系の活性化の結果として、哺乳と皮膚と皮膚の接触を介して体温、鎮静パターン、そして消化管パターンさえ同期する。この同期は、子どもの満足感を誘発するとみなすことができる。

3．条件付けされた関連性は潜在的愛着対象とオキシトシン効果との間で発達する

　心理学的観点から、母親との相互同期によって誘発される子どもの満足感は、ストレスや不安の下方制御と同時に起きる子どもの安心感や安全と同様、古典的条件付けによって母親と関連する（**ボックス13** 参照）。ゆえに母親は、強い学習傾向を備えた乳児にとって条件刺激となり、その瞬間から母親は身体的接触なしでも赤ん坊の反応を導く可能性がある（例：母親の声、母親のにおい、母親の存在）。

　Uvnäs-Mobergら（例：Knox & Uvnäs-Moberg, 1998；Uvnäs-Moberg, 1998a, 1998b）は、子どもが早期に何度も連続したオキシトシン放出を経験すると、基礎オキシトシン値の長期調節をもたらすことを示唆している。これは、HPA反応性の効果的な下方制御とANS反応性のより多くの副交感神経媒介の作用をもたらす（Diamond, 2001）。このようなストレス系の調整や社会的絆のオキシトシン効果の促進は、安定型愛着が高いオキシトシン基礎値と関連があることを示唆する。

■ 秩序型（安定型、回避型、両価型）愛着とオキシトシン作動系との関連性を示すもの

　オキシトシンが安定型愛着の発達に関連するという我々の仮説は、安定型愛着ではない人々に比べて、安定型愛着の子ども、青年、成人が低・中程度のストレス反応を示すという研究結果によって**間接的に**支持される。オキシトシンはコルチゾール放出を抑制するため、不安定型と無秩序型愛着の被験者は、基礎オキシトシン値は低いだろう。

　安定型愛着と高濃度オキシトシンとの関連性を示すさらなる間接的な証拠は、安定型愛着と高濃度オキシトシン（自然に生じるまたはオキシトシン投与による誘発）が心理学的・生理学的作用の同様なパターンと関連があることを示す研究によってもたらされる。実験的研究は、安定型愛着と健康的なオキシトシン濃度を以下と関連づけた。

- 抑うつ状態になりにくい（例：Friedman & Thayer, 1998；Gordon et al., 2008；Styron

& Janoff-Bulman, 1997；Wei, Mallinckrodt, Larson & Zakalik, 2005）。確かに、オキシトシン調節障害と女性の抑うつとの関連を支持する非常に多くの論拠がある（例：Cyranowsky et al., 2008）。

- 低い不安レベル（例：Cooper, Shaver, & Collins, 1998；Mickelson, Kessker, & Shaver, 1997）。
- 高い社会性（例：Ditzen ら（2008a）は、恋人同士の議論の中での肯定的なコミュニケーション行動の否定的なコミュニケーション行動に対する比率を、オキシトシンが有意に増加させたことを示した）。
- 高い痛覚閾値（例：Meredith, Strong, & Feeney, 2006；Petersson et al., 1996a）。
- 炎症が起きにくくなる（例：Petersson et al., 2001；Szeto et al., 2008；Mikail & Henderson, 1994）。
- 過覚醒の低下（例：McWilliams & Asmundson, 2007；Labuschagne et al., 2010）。
- おそらく安定型愛着と高濃度のオキシトシンは不安を軽減するため、アルコール依存症になる可能性の低下（例：Kosfeld et al., 2005；Brenan & Schaver, 1992）。

オキシトシン濃度と安定型愛着との関係のさらなる手がかりは、愛着の主観的な経験に対するオキシトシンの経鼻投与効果に関する研究で示された。有効な Adult Attachment Projective Picture System（AAP；George & West, 2001；**ボックス14**参照）によって不安定型愛着と分類された健康的な男子学生が、この研究に参加した。二重盲検デザインを用いて、オキシトシンかプラセボが被験者に経鼻で単回投与された。その後、愛着関連内容の絵（例：病気、孤独、別離、死）を両条件の被験者に見せた。すべての絵は、安定型と不安定型愛着カテゴリーを表す典型的な言葉を伴った。オキシトシン群は、プラセボ群より安定型愛着に関する言葉に有意に高いランクをつけた（Buchheim et al., 2009）。

残念ながら、これまでに秩序型愛着スタイルとオキシトシンとの関連を、愛着の有効な評価基準（Ainsworth Strange Situation for infants, Adult Attachment Interview, Adult Attachment Project for Adults など）を用いて調べた研究はない。それにもかかわらず、オキシトシン濃度と安定型と両価型愛着との関係は多く示されている。

Gordon ら（2008）は、若い成人において血漿中オキシトシンを測定し、自分自身の親との絆の自己報告測定によって愛着状態を評価した。高い基礎オキシトシン値は、両親の少なくとも1人との安定した関係と関連性があった。Tops ら（2007）は、自己報告測定によって女性の基礎血漿オキシトシン値と愛着との関連性を調べた。この研究においても、高い血漿オキシトシン値は安定型愛着と関連性があった。しかしながら、この研究で用いられた愛着測定は、典型的な自己報告愛着測定に比べて有効ではなかったため、この研究の結論は限定される。

Marazitti ら（2006）は、自己報告測定によって、健康な成人における血漿中オキシトシンと両価型愛着との関連性を調べた。オキシトシン濃度が高いほど被験者は、通常は愛着関係の継続性に対する強い懸念と関連性がある愛着－両価型尺度を高く採点した。それゆえに、この愛着パターンは高い社会的ストレスと関連があるという仮説が立てられている（Julius et al., 2009）。Morazitti ら（2006）の結果は、オキシトシンはストレス下でも放出されるのか否かという疑問を提起する。

事実、いくつかの研究グループは、ストレスの多い状況で放出されるオキシトシンが特定の接近行動を誘発し、社会的サポートを求めさせたり与えさせたりすると推測している（Nishioka, Anselmo-Franci, Li, Callahan, & Morris, 1998；Neumann et al., 2000；Taylor et al.,

2006；Tops et al., 2007)。この機構は愛着理論に合致している。ストレスを感じると、安定型愛着の人も両価型愛着の人も社会的サポートを求めるが、回避型愛着と無秩序型愛着の人はそうする傾向が少ない。ゆえに、安定型と両価型愛着の人がストレスの多い状況で求める愛着対象への近接は、ストレス起因のオキシトシンによって促進されるのかもしれない。

これは、Marazitti ら（2006）の研究で、ストレスが両価型愛着の被験者に比較的高い基礎オキシトシン値を誘発した可能性を説明するものである。この研究では、両価型愛着が比較的高いコルチゾール濃度や SNS 活性の増加とも関連した。愛着理論の概念から、両価型愛着の人では愛着対象はストレスの慢性的原因であることが推測できる。両価型愛着の人はストレス時に愛着対象に近接を求めるが、落ち着くことはなく、拒絶や放棄されるのを怖がり続けるだろう。この人間関係によって誘発されたストレスは、接近行動をさらに促進する。これは、ほとんどの両価型愛着の人が愛着対象に固執するという事実に合致している。この観点から、高いオキシトシン濃度とともにストレス系の高い活性化を予測することができるし、実際観察された。

残念ながら、回避型愛着の人におけるオキシトシン作動系の調節については何も分かっていない。拒絶の経験に基づいて、回避型の人は自身の愛着対象を社会的サポーターとはほとんど考えられず、ストレスを受けた時もさらなるつらい拒絶を避けるため、対象には通常接近しない。愛着の観点からいうと、回避型の人におい

ボックス14 Adult Attachment Interview and Adult Attachment Projective

Adult Attachment Interview (AAI) は 1980 年代に開発され、今も成人の愛着表象の標準評価基準である。かつての愛着関係（親・養育者）の記憶、愛着に関する考えや感情へのアクセス、成長時の愛着経験の影響に関する自己評価に焦点を置く半構造インタビューである。AAI は、その人の情動や考えへの愛着経験（逆の経験も）の統合である現在の状態に基づいて、現在の愛着表象（内的ワーキングモデル）を捉える。インタビューの記録は、実際の内容（実際の肯定的または否定的な愛着経験やトラウマ）よりむしろ、この統合の象徴と物語の一貫性のためにコード化される。さらに、養育者に対する実際の怒り同様に、愛着対象と内的表現の理想化や価値の引き下げも考慮される。

個人差によるが、インタビューは 45-90 分かかる。AAI の正しいコード化は、徹底的な訓練を要する。

Adult Attachment Projective (AAP; George, West, & Petten 1997, 1999) は、より実用的で定性的な方法で、成人の愛着表象の評価が可能な絵画の投映課題である。インタビューされる人は、8 枚の愛着関連状況にある人のシルエットの絵画を見せられる。絵は愛着のテーマを識別するのに必要なだけ詳細に描かれ、愛着史や内的ワーキングモデルに関するその人自身の発想、感情、思考の解釈や予測に十分なだけ提示される。

3 枚の絵はそれぞれ 2 人の人（2 枚の絵は子どもと養育者）を示し、2 枚の絵は 1 人の大人だけ、2 枚の絵は異なる状況の 1 人の子どもか青年を示し、残り 1 枚は関係のない絵を示す。インタビューを受ける人は、それぞれの絵の人や状況についての物語を話すよう求められる。たとえば、何が起こっているのか、どんな状況につながるか、何を考えたり感じたりしたか、次に何が起こり得るかといったことである。

物語は文字通りに転写され、複雑なコード化方式によって解釈される。このシステムは、失活、認知遮断、隔離システムの防衛的戦略の評価を含む。さらに内容は、自身の力（例：積極的な活動、内面の安全基地の利用、安全な場所としての親との関係性）、他者とのつながり、絵の中の 2 人の間の同調性の尺度のためにコード化される。この情報の統合は、安定、不安定－軽視（回避）、不安定－とらわれ（両価）、解消されない愛着トラウマ（無秩序）の識別といった愛着のカテゴリーへの割り当てを可能にする。

てはストレスに対して減少するオキシトシン反応性と、低いオキシトシン基礎値が予想される。

■無秩序型愛着とオキシトシン作動系との関連性を示すもの

虐待や育児放棄を受けた子どもや青年、および幼児期に虐待や育児放棄を受けた成人の80％は不安定型、特に無秩序型愛着である。虐待や育児放棄を受けた子どもは、ふれあいが少ない、もしくはふれあいがまったくない不十分な養育や有害な身体的刺激を含む虐待的養育を受ける。生理学的枠組みで、このような有害な養育は、オキシトシン作動系よりも防御システムやストレスシステムを活性化させる。

満足感、心地よさ、安心感といった感情は、繊細で反応がよい養育者によってもたらされる（上記参照）。しかし一方で、大きく活性化されたストレスシステムによって誘発される不安や情緒的ストレスの負の感情は、古典的条件付けによって虐待や育児放棄を行う養育者によりもたらされる（**ボックス13**参照）。ゆえに、養育者が虐待や育児放棄の行動を見せなくても、単に彼らの存在によって恐怖や回避を引き起こすだろう。

生まれながら持っている衝動は、ストレス時にストレスレベルを下方制御するために養育者に接近するよう子どもを促すことから、愛着理論の観点から幼児虐待は矛盾した状況を引き起こす。同時に、養育者は子どものストレスの原因となる。慢性的に虐待された子どものオキシトシン系は、この矛盾した状況を何らかの形で反映するに違いない。この仮説を検証するための適切な実験は、養育者がいる状況（成人の場合には恋人の存在）で無秩序型愛着の人にストレスを与えることだが、そのような研究は行われたことがない。

オキシトシン基礎値

虐待された被験者のオキシトシン基礎値の決定的な研究は、Heimら（2008）によって実施され、幼少期にさまざまな形で虐待や育児放棄を受けた女性の脳脊髄液（cerebrospinal fluid, CSF）が測定された。被験者は、虐待をまったく経験しなかったか少し経験した群と、中程度から深刻な虐待を経験した群に分類された。中程度から深刻な虐待の経験は、CSFの低いオキシトシン濃度と関連した。事実、CSFオキシトシン濃度と虐待の深刻さ、虐待の期間、異なる虐待経験の回数は逆相関し、幼児期の虐待とCSFの低いオキシトシン濃度との因果関係が示唆された。

虐待を受けた人の基礎オキシトシン値の他の研究として、Friesら（2005）は、児童養護施設で育った子どもと家庭で育った子どもの尿中オキシトシン濃度を比較した。児童養護施設で育った子どもは、研究に先立ち平均して約3年間は家庭に住んでいた。群間の小さな、しかし有意ではない差が見られた。サンプルが少ないことに加えてこの研究の主な問題は、Fiesら（2005）が尿中オキシトシンを測定したことである。このオキシトシンの測定方法は、厳しく批判されている（Uvnäs-Moberg et al., 2011）。なぜなら、測定されたオキシトシン濃度は、脳以外の機構由来であった可能性があるからである。それゆえにこの研究の結論は、極めて限定される。

肯定的な社会的刺激に対するオキシトシン濃度

Friesら（2005）は、家庭と児童養護施設で育った子どもにおいて、母親との身体的接触と見知らぬ大人との交流による尿中オキシトシン濃度も比較した。家庭で育った子どもは、母親との身体的接触後にオキシトシン濃度の増加を示したが、過去に児童養護施設で育った子どもは示さなかった。しかしながら、見知らぬ大人との交流後のオキシトシン濃度には群間の差は見られなかった。すでに説明したように、この研究の最も重大な問題は、尿中オキシトシン測定の手法が適切に評価されていないことである。ゆえに、慎重な注意を払わなければなら

ない。

　Turnerら（1999）は、リラクゼーションマッサージと強い情愛を経験した過去の経験を思い出す想像課題に対する健康な女性の血漿中オキシトシンを測定した。対人関係の問題がないと申告した女性に比べて、無秩序型愛着と関連した問題（例：虐待を伴う状況）を申告した人は、マッサージと想像課題に対し低いオキシトシン濃度を示す傾向が高かった。

ストレスに対するオキシトシン濃度

　最近の研究でPierrehumbertら（2010）は、子どもの時に性的虐待を受けた女性、小児がんを克服した健康な男性と女性、トラウマのないコントロールの血漿中オキシトシンを調べた。すべての被験者は、TSSTを受けた。コントロール群に比べて、虐待されたおそらく無秩序型の女性は高いオキシトシン濃度を示したが、興味深いことに、彼らは他の群では見られなかったオキシトシンの極端で早過ぎる減少を示した。

■ 結論

　結論として、オキシトシン系作用は、主な養育者との早期関係の経験によって影響を受けると思われる。ゆえに、早期社会経験は異なる愛着パターンに表されるだけではなく、これらのパターンに関連する生理学的機構にも表される。安定型愛着の人は、養育者との交流によりオキシトシン系の良好な状態や機能を発達させたかもしれない。彼らのオキシトシン基準値は、回避型や無秩序型愛着の人より高いように見える。

　両価型愛着の人も、高いオキシトシン濃度を示す。安定型や両価型愛着の人はストレス時に愛着対象に接近するため、これは愛着理論に合致している。興味深いことに、両価型愛着の人は高いコルチゾール濃度も示すがこれは安定型愛着の人では見られない。両価型愛着の人の高いオキシトシン濃度は接近行動を促すが、安定型愛着の人の場合のようにストレス軸を下方制御しないようである。これは愛着理論の概念から道理にかなっている。両価型愛着の人はストレス時に愛着対象への近接を求めるが、ストレスを再びもたらす拒絶を恐れ続ける。これは、両価型愛着の人の典型的な依存心を反映する接近行動をさらに促進する。

　今までのところ、トラウマから推論される無秩序型愛着の人のオキシトシン作動系データは、激しい異常調節を示している。無秩序型愛着の人は、最も低いオキシトシン基準値を示す。ストレス時にこれらの人々は、他の愛着パターンに見られなかったオキシトシンの極端な減少を示すだろう。

生理的反応パターンと養育スタイル

　養育行動のホルモンと生理的状況に関する研究はさらに多く存在する。しかし、異なる養育スタイルによって、生理や内分泌的パターンには異なる相関があるのかどうか、あるのであればどのように相関するのかという問題は、まだ調査する必要がある。それにもかかわらず、オキシトシンと養育スタイルを結びつけるデータはいくつかある。

養育、ストレス系、オキシトシン作動系

　社会性動物としての人は、生物的に自分の子どもとの絆を結ぶ準備ができている。これらの絆は、行動レベルでストレス時に保護と緩和をもたらし、最終的に生存を確保する養育行動システムに表れる。第4章で説明したように、神経ペプチドであるオキシトシンは、母親の養育の神経生物学的基盤に重要な役割を果たすように思われる。有効データは、養育におけるオキシトシンの重要な調節的役割を示している。

　第4章で報告したように、高濃度のオキシトシンを有する母親は、低濃度のオキシトシンを有する母親に比べて、授乳中に自分の赤ん坊と

より多くより繊細な方法で交流する。したがってオキシトシン基礎値は、母親の乳児に対する養育の質と関連するように思われる。

異なる養育表象と行動パターンは、異なるオキシトシン系の調節や異なるストレス系の調節と関連があるかどうかについての疑問は、まだ詳細に答えられていない。しかしながら、これらの関連性の早期の兆候がいくつかある。

Levine ら（2007）は、62人の妊婦を妊娠期間と産後早期にわたって検証した。妊娠第3期（7-9カ月）に、Maternal-Fetal Attachment Scale（MFAS）を遂行した。これは母親の養育表象の尺度ではないが、胎児への排他的あるいは密接な関係形成に関する情報をもたらすため、間接的に柔軟な養育スタイルの指標として受け取ることができる。この研究では、妊娠期間と産後早期にわたるオキシトシン濃度の増加、低下、不変が示された。妊娠期間にわたるオキシトシン濃度の増加は、MFAS の高いスコアを予測した。この研究によって、高いオキシトシン基礎値が柔軟な養育表象の基礎となるという最初の手がかりがもたらされた。

同じサンプルを検討して Feldman ら（2007）は、人の養育の神経内分泌学的背景のさらなる証拠を見つけた。筆者は、妊娠第1期（1-3カ月）、第3期、産後1カ月に採取した血漿中オキシトシンと血漿中コルチゾールについて報告した。乳児が生まれた後母親の赤ん坊との交流が観察され、母親の絆に関する考え、情動、行動への認知表象が Yale Inventory of Parent Thought and Action を用いて評価された。妊娠中と産後の高濃度オキシトシンは、乳児の顔の頻繁な注視、肯定的な感情、愛情のこもった接触、マザリーズ発声（乳幼児向けの話し方）といった非常に繊細で反応のよい（ゆえに良質の）養育と関連していた。オキシトシンと養育の表象側面との関係における結果は、高濃度のオキシトシンが養育の楽しい側面と関連するが、不安を誘発する養育の側面と関連する表象や執着とは関連しないことを示した。しかし、産後早期の高いコルチゾール濃度は、質の高い母性行動と逆相関があった。

最近の研究で Feldman ら（2011）は、母親と父親の赤ん坊への愛着と、4-6カ月齢の乳児との15分間の交流後の親のオキシトシン濃度の変化を調べた。親は、遊んでいる間の親と子の積極的な関与を示す高いあるいは低い情動同調性として、乳児との交流行動が多いか少ないかによって分類された。低い情動同調性群に比べて、高い情動同調性があり子どもと交流中に積極的なななコミュニケーションをとる、すなわち柔軟な養育の母親や父親は、血漿中オキシトシン濃度が高かった。赤ん坊の積極的なかかわりは、親の血漿中オキシトシン濃度と正の相関があった。

これらの知見は、高いオキシトシン濃度と低いコルチゾール濃度が柔軟な養育と関係することを意味する。しかしながら方法論的視点から、Feldman らが採血したサンプルを酵素免疫測定法（ELISA）を用いて測定したことに留意しなければならない。ELISA によって得られる値は、Uvnäs-Moberg らが実施した一連の研究によって示されたように（Uvnäs-Moberg et al., 1990；Nissen et al., 1998；Sjogren, Widstom, Edman, & Uvnäs-Moberg, 2000）、放射免疫測定（RIA）によって得られた値とは異なるだろう。

これらの研究では、RIA によって測定した母親のオキシトシンは、母親の不安欠如や社会的相互能力と正の相関があった（第4章参照）。これらの効果は分娩中、分娩後、哺乳中のオキシトシン放出がもたらす結果として示唆されている。オキシトシン濃度が ELISA によって分析された場合、この関連性は見られなかった。さらなる方法論的制限は、Feldman らが血液を3検体しか採取しなかったことである。この少ない被験者数は、神経内分泌パラメーターと母性行動との関連性を解析するため

に十分であるかどうかはいまだに疑問視されている。

異なるパターンの根底にあるであろう神経内分泌パターンの詳細は、Adult Attachment Interview（AAI、**ボックス14**参照）を用いて妊婦の愛着を評価した、Strathearnら（2009）によって示された。筆者は、15人の安定型愛着スタイルの母親と同人数の不安定・回避型愛着表象を特定した。残念ながらStrathearnらは、妊婦の養育表象を評価しなかった。しかしながら第5章で示したように、安定型愛着と柔軟な養育は不安定－回避型愛着とよそよそしい養育と同様、非常に密接に関係している。

出産から7カ月で、赤ん坊との短い自由な遊びのセッション中の安定型と回避型愛着の母親の観察が行われた。RIAによって測定された血漿中オキシトシンは、交流前後に採取された。結果は、乳児との自由な遊びに対するオキシトシン反応は、回避型愛着の母親に比べて安定型愛着の母親の方が有意に高かった。

さらに4カ月後、母親に笑顔、無表情、泣き顔が描かれている60枚の子どもの肖像画を見てもらった。肖像画の半分は自分自身の乳児で、残りの半分は見知らぬ乳児だった。すべての母親は、この課題中にMRI検査を受けた。MRI検査の結果は、自由な遊びでの交流に対するオキシトシン反応と同様であった。回避型愛着の母親と比べて安定型愛着の母親は、自分自身の乳児の笑顔や泣き顔が描かれた肖像画に反応して、視床下部・下垂体部位と腹側線条体の活性化が有意に高かった。これら脳部位の活性は、安定型愛着の母親において、自由な遊びによる交流に応じた高いオキシトシン反応と正の相関があった。視床下部・下垂体部位と腹側線条体は、オキシトシン作動系やドーパミン関連の報酬処理に関与すると考えられてきた。回避型愛着の母親は、疼痛感、嫌悪感、不公平感に関与する脳部位である前島のより強力な活性化を示した。

つまり有効な証拠は、母性オキシトシン作動系が養育の質に中心的な役割を担うことを示唆している。オキシトシン作動系の良好な調子や機能と低いコルチゾール濃度の組み合わせは、柔軟な養育スタイルを持つ母親（および父親）の特性を示すように思われる。

第7章
人と動物の関係
～愛着と養育～

　最初の実験に基づく証拠は、人が動物と愛着や養育関係を確立することを示唆する。オキシトシン系は、人の愛着と養育の基礎となる神経生物学的構造であるように思われるため、ここでは人と動物の交流のプラス効果がオキシトシンのプラス効果とどうして重なるかを説明する。

　人と人との関係に根ざしている一般的な不安定型愛着と養育パターンは、人がペットに対して作り上げる愛着と養育パターンとは一致しないことを示す有効なデータがある。事実、危険性の高い対象者でのペットへの安定型愛着と柔軟な養育の割合は、人への安定型愛着や柔軟な養育と比べて4倍高い。これは、通常その他の密接な人間関係に伝達される愛着と養育パターンは、ペットとの関係には伝達されないことを意味する。

序章

　第1章に記載したエピソードから分かることは、人は動物との関係を築くことが可能で、築く意欲があるということである。人と動物は基本的な社会構造と機構を共有するため（第2章参照）、人と動物の社会的関係は可能である。このような種間の交わりは、愛着や養育関係の基準を満たすかどうかはいまだ明らかになっていない。他の形式が多く存在するが、本書では情動的関係と社会的関係に焦点を当てる。動物は、保護、食糧源、高級品などとして用いられたりするだろうが、これらの側面についてはここでは取り組まない。

　飼い主とペットとの密接な情緒的つながりは、文献で繰り返し述べられてきた。ほとんどの場合、ペットは家族の一員としての地位があることを報告したKatcherら（1983）とAlbertとBulcroft（1988）による研究が例として挙げられる。DohertyとFeeney（2004）およびMcNicholasとCollis（2006）は、特に猫と犬において、飼い主の精神的サポートをもたらす可能性を説明した。Stallones（1994）は、ペットの飼い主がペットの死後特有の周期で悲嘆を経験することを明らかにした。それゆえに、愛着理論との関連性がまだ公表されていないということは驚くべきことである（Beetz, 2003, 2009；Julius, 2001；Kurdek, 2008；Beck & Madresh, 2008といった若干の例外はある）。

人と動物の関係は、愛着関係として概念化することは可能か？

　愛着の概念は、何よりもまず子どもとその主な愛着対象との関係に焦点を当てる。HazanとShaver（1987）は、成人の恋愛関係を含めるために概念を拡大した。TrinkeとBartholomew（1997）は、愛着概念を若い成人における仲間や兄弟関係へ当てはめた最初の研究者である。その際筆者は、Ainsworth（1991）によって開発された愛着関係を定義するための

4つの基準は（以下参照）異なる愛着対象に対して異なって適用されることを立証した。FraleyとShaver（2000）は、愛着理論の有用性が親子、仲間、兄弟、または恋人に限定されたものではないことを論じた。筆者は、4つのすべての愛着基準に合わない関係は、それにもかかわらず愛着に関連した機能を果たすと述べた。

愛着理論が人とペットとの関係を表すのにとにかく適しているなら、人と動物の関係に同じ基準を適用することは筋が通っている。人がペットと愛着関係を築くなら、ペットもAinsworth（1991）によって定義された安定型愛着対象の基準を満たさなければならない。

> 1. 愛着対象は、探求を可能にさせる快適さと安心の信頼できる源である（安全基地）。
> 2. 愛着対象は、情緒的ストレスの場合に近接と安心感を求めて近づいてくる（安全な避難場所）。
> 3. 愛着対象への身体的近接は、肯定的感情と関連がある（近接の維持）。
> 4. 愛着対象からの別離は、否定的情動と関連がある（例：愛着対象がいないのを寂しがる、愛着対象を慕う、別離のつらさ）。

"近接の維持"と"別離のつらさ"の基準は、愛着と養育関係の両方の特性を示す一方、"安全基地"と"安全な避難場所"の基準は、愛着関係だけに限定されている。

これら4つの基準に基づいて、犬もまた飼い主にとって愛着対象として機能すると断言できる。例えばKurdek（2008）は、犬は愛着特徴に関して人より低く評価される傾向があるが、犬に対する4つの愛着尺度のそれぞれの平均は、尺度の中点を上回っていた（それぞれの基準を1から7で測った）ことを示した。父親と兄弟と同じくらい、犬は近接維持の基準を満たした。

これらの結果は、飼い主が肯定的感情と犬への身体的近接を関連付ける（近接の維持）ことを示したDohertyとFeeney（2004）の報告内容と一致する。さらに筆者は、犬が飼い主にとって心地よさと安心のための信頼できる基地であることを報告している（安全基地）。

さらに飼い主は、長い間ペットから離れた場合に彼らを恋しがることが多く、人の愛着対象を亡くした時と同じように、ペットの死後かなり悲嘆にくれる（Stallones, 1994）。

安全基地基準は愛着にとって重要であることから、これらの結果は犬の飼い主が愛着のような関係を犬と築くことを意味する。愛着関係が必ずしも完全に発達しない場合でも、この関係は愛着機能のいくつかを満たすだろう。

飼い主が犬との愛着関係を築く可能性があるということは、社会的サポート理論の分野において実施された研究によってさらに支持されている（第5章参照）。情動的・社会的サポートの提供は愛着関係の典型的な特徴であるため（Ainsworth, 1991：基準1と2参照）、ペットと飼い主にもたらされる情動的・社会的サポートは、愛着関連の相互作用を反映することを提唱する。McNicholasとCollis（2006）による物語的再考察によると、ほとんどの動物の飼い主は、自分のペット（少なくとも犬や猫）が飼い主のストレスや抑うつの感情を認識できると信じる。事実、多くの動物の飼い主は、ストレスの多い状況で精神的サポートのために動物に頼ることを報告している。RostとHartmann（1994）、Covertら（1985）、MelsonとSchwarz（1994）、Juliusら（2010）によるアンケート形式の研究は、ペットを飼育する子どもの75％以上が感情的にストレスを受けた時にペットに頼ることを報告している。同様に、これは成人の飼い主にも当てはまる（Kurdek, 2008）。

観察データに基づく研究不足により、これら

の自己報告が行動的発現を示すということは常識で判断できるものではない。しかしながら内部表現レベルで、ペットが情動的・社会的サポートの源として見られているということは明らかである。

つまり、人はペット、特に安定型愛着の少なくともいくつかの基準を通常満たす猫や犬と関係を築くことができるという印象を裏付ける証拠がある。しかしながら、これらの動物との関係が人との安定型愛着に相当するのか、するとしたらどの程度なのかということはまだ分かっていない。以下に述べる人と動物の養育関係においても同じである。この不確定要素を強調させるため、人と動物の関係について言及する際、"安定"および"不安定"という単語を引用符で囲む。

一般化愛着関係は、人と動物の関係に伝達されるのか？

研究結果は、犬の飼い主が愛着のような関係を犬と築くことができることを示唆している。さらに、犬の飼い主の人に対する一般化された愛着（「一般化愛着」と略す）パターンは、犬に対する愛着表象と一致しないようである（Kurdek, 2008）。Kurdekは、人のパートナーと両親に対する愛着と自分のペットに対する愛着をアンケートを用いて評価したが、それらの質に有意な相関関係は見られなかった。同様にJuliusら（2010）の研究において、Separation Anxiety Test（Julius et al., 2008）によって評価した子どもの愛着表象と、アンケートによって示された子どものペットへの愛着は一致しなかった。もし本当なら、少なくとも2つの重大な意味がある。

第1に、人の一般化愛着パターンとは異なる犬に対するその人の愛着は、精神分析者によって一般に主張されるように、満足のいかない人間関係を持つ人がこれらの関係を動物との関係に単純に置き換えることはできないことを意味する。そうであれば、飼い主の人に対する一般化愛着パターンと飼い主の自分の犬に対する愛着との間には直接的で有意な相関があるだろう。

第2に、愛着の伝達はないように思われる。すなわち、人に対する犬の飼い主の一般化愛着パターンは、飼い主と犬との関係に伝達されないことを意味する。これは、2つの研究によってさらに支持される：Juliusら（2010）は、人間関係の心的外傷（例：身体的または性的虐待、育児放棄、死）を受けた160人の子どもにおいて、人とペットとの愛着について調査した。BeckとMadresh（2008）は、健常な190人の成人のペットの飼い主を調査した。両方の研究は、人に対する一般化愛着パターンと自分自身のペットへの愛着の質は、互いに無関係であることを示した。

さらに、Juliusら（2010）によって実施された研究は、ペット（特に猫と犬）への"安定"型愛着の保有率が、発達障害または精神疾患の危険がある群における人の愛着対象への安定型愛着よりおよそ4倍高かったことを明らかにした（安定型愛着の対象者は最大20％だった）。

1つの愛着関係から他への愛着パターンの伝達は、人と人との関係において普通のことであるため（第5章参照）、これらの結果は大変興味深い。この伝達サイクルが人と動物の関係では壊れるようであるという事実は、第9章で述べられる治療的および教育的アプローチにとってかなり実際的に重要である。しかしながら、人とペットに対しての愛着表象は独立性が高いという我々の主張を支持するデータベースはまだ少なく、多くの研究が必要である。

もし本当に人との否定的な愛着経験が人がどのように動物とかかわるのかに伝播しないなら、人と動物の関係と人と人との関係には違いがあるに違いない。ゆえに、潜在的な"安定"型愛着対象として動物を人から識別する特徴を特定しなければならない。愛着理論の観点から、愛着対象との否定的な経験にもかかわらず

ペットへの"安定型"関係が発達することを支持する、以下の条件が推論される。

■ 動物の特徴

第5章で、愛着パターンが通常潜在的な新しい養育者（例：教師、療法士、恋人、または友人）に伝達されることを議論した。これらの養育者のほとんどは、愛着に関連した行動に補完的に反応するようである。ゆえにもともとの愛着パターンを強化する。これは不安定型および特に無秩序型愛着の人の社会的、情緒的、および認知的発達の妨げになる。

なぜ不安定型および無秩序型愛着が人と動物の関係に再構築されないかについて、考えられる2つの理由がある。

1）伝達サイクルが壊れている

ほとんどの人は人の不安定型愛着関連行動に補完的に反応しやすいが、動物はそうする傾向がない。ゆえに、伝達はこの時点で再現されない。特にほとんどの犬は、底なしに喜びを表出したり真の親和的行動を示す。したがって"不安定型"愛着行動に補完的に反応する傾向はない。それにもかかわらず、行動が極端な場合（身体的接触や親密さを絶えず探し求めるなど）、しばらくすると犬でさえ引き下がろうとする。しかし一般に多くの人と比べた場合、普通ペットや伴侶として飼育されるこれらの家畜化された動物は、親密さや身体的接触への人の欲求（両価型）、それとは反対に一定に距離を保つ人の欲求（回避型）、または他者を支配しようとする人の欲求（無秩序型）をより忍耐強く受け入れる。

2）愛着表象は伝達されない

人と動物の関係に対する一般化愛着表象の伝達は、単純に起こらない可能性がある。一方で、これは動物の特徴によるかもしれない。すなわち動物は、自分の行動に直接的、明確で、批判的ではないため、動物の否定的な反応の予想は対象者に生じないに違いない。したがって、否定的な予想により引き起こされる愛着行動は起こらないはずである。他方では、人と人との関係に基づいたスキーマが、人と動物の関係に適用できないように、人と動物の本質的な違いが精神的に表される可能性もある。

現時点では、潜在的な愛着様対象として見なされるためには、特定の特徴を動物がさらに満たすべきであるということを強調しなければならない。理想としては、生まれつきまた人との十分な早期社会化によって、人の感情表現を読んだり、反応したりできる動物だろう。第1にこれは、数千年にわたって人のすぐ近くで生きて進化し、人と交流してきた家畜（例：犬、猫、および馬）に当てはまる。種内または品種内にさえ個体差はやはり明らかにある（第2章、第9章参照）。

■ 人と動物の関係の特徴

愛着対象との否定的な経験にもかかわらず、ペットとの"安定型"関係の構築を支持するためのさらなる条件は、頻繁な身体的接触である。Prato-Orevudeら（2006）によると、他の人よりも動物と身体的接触をすることで、どの年齢の人も閾値が低くなるようである。人は通常動物からの拒絶を予想せず、また多くの文化で見知らぬ人同士の身体的接触は不適切であるとみなされているため、動物との身体的接触は促進されるのだろう。拒絶の予想は、特に回避型と無秩序型愛着の人にとって、身体的接触をさらに困難にさせる。

頻繁な身体的接触とそのストレス現象作用（第4章参照）は安定型関係の典型であるが、特に回避型や無秩序型愛着の場合、少なくともパートナーのうちの1人が不安定型愛着を有する関係を特徴付けない（Hazan & Zeifmann, 1999）。Beetzら（2011）は、社会的ストレッサー（TSST、**ボックス12**参照）中の親しい犬との身体的接触は、不安定型または無秩序型愛着の子どもにおける有意なストレス減少作用

があることを示した。それに反してこれらの子どもは、同じ状況でストレスを減らすために友好的な人の社会的サポートをあまり利用しない、または利用できなかった。また、犬のストレス緩衝作用は、犬との身体的接触（撫でること）に大きく依存していた。

以上をまとめると、人と動物の身体的接触（特に情緒的サポートに関連する場合）は、人と動物の"安定型"愛着を促進するさらなる条件である。

■ バイオフィリア効果

休息およびリラックスしている動物は、すぐそばの人の自律神経系の調節を、リラックスして不安が緩和された状態に変えるように思われる。これは、潜在意識レベルで人によって読みとられる、周囲環境の安全や危険への手がかりを動物がもたらすという事実によって説明される。または、動物のリラックスした雰囲気は、人に伝達されるのかもしれない。それゆえに、静かにリラックスした動物の存在は、人の自律神経系を下方制御する可能性を持つ。

この生理的鎮静、そのリラクゼーションや安全といった感情への転換は、人と動物の"安定型"愛着の発達を促進するに違いない。安全とストレス減少は愛着の主な特徴の1つであるため（第5章参照）、リラクゼーションや安全といった感情と動物との関連付けは、動物との"安定型"関係の形成を促進しやすい。これは、パートナーとの関係性の近接から生じるストレス緩和作用が、安定型愛着関係の発達に重要な条件であると考えたHazanとZeifmann（1999）の研究と一致する。

結論

ペットの飼い主である人は、ペット、特に犬と愛着のような関係を発達させる可能性がある。愛着の観点から、これらの関係の質は人に対する個人の一般化愛着パターンによって影響を受けないようである。これがまさにその例であるなら、1つの愛着関係から他への内的ワーキングモデルの伝達は、人と人との関係において頻繁に生じることから注目に値するかもしれない。

このサイクルは人と動物の関係において壊れる、または伝達が起こらないという事実は、治療上重要である。なぜなら人の療法士や他の医療従事者への伝達は、良好で信頼性のある（治療的または教育的）関係構築を複雑にするからである。

人と動物の関係は、養育関係として概念化することは可能か？

第1章にて、親からの育児放棄と身体的虐待を受けていた9歳のMarthaの話をした。Marthaは仲間に攻撃的になり、すべての成人の養育者を拒否した。しかし、教師の子犬が彼女の態度を変えた。Marthaは、フードを与え、ブラッシングし、散歩をさせて、子犬の真の養育者になった。子犬がいれば、彼女は教師が近づくことを許した。これが信頼関係の始まりであった。

これは、伴侶動物も人の養育行動を活性化することを示唆する（Archer, 1997）、動物に対する人の養育行動に関するさまざまなエピソードの1つにすぎない。幼い動物の見た目や、特に幼形成熟（ネオテニー）の特徴が交配過程で増加した小型犬のような家畜化された動物種で、養育は促進される。多くの成獣は、kindchenschema（第2章参照）で述べられる特徴を示す。

残念ながら、伴侶動物に対する人の養育行動についての研究はほとんどない。しかしながら入手できるわずかな実験によって得られた結果（例：Enders-Slegers, 2000, Kobak, 2009）は、人が伴侶動物に対する養育行動を見せることを示す体験談と一致する。問題は、これらの行動

が真の養育関係の発現であるかどうかということである。

養育基準

養育の概念は、主に愛着対象と自身の子どもとの関係に焦点を当てる。もしもこの概念が人とペットとの関係の側面を表すことに少しでも適しているなら、人における養育のための基準の定義は人と動物の関係にも合う必要がある。

我々の知る限り、特定の養育行動が表されて社会的サポートがもたらされるような時に、"真の"養育関係と他の形態や関係とを識別するための基準はまだ定義されていない。ゆえに、愛着への基準と同様の基準が適用される必要があると考えられる。最初の2つの基準は愛着に当てはまり、養育にも確かに言えることである。

> 1．子どもへの身体的近接は、肯定的な感情と関連している（近接の維持；Ainsworth, 1991）。
> 2．子どもとの別離は、否定的な感情と関連している（例：子どもがいないのを寂しがる、子どもを切望する、別離のつらさ）。

さらに、以下の特徴は、養育行為と社会的サポートの提供につながるであろう他の関係から真の養育者を識別するために役立つだろう。

> 3．養育者は、安全な避難場所をもたらす；子どもが苦悩または危険を感じた時、近接を築き、ストレスの下方制御に役立つ。

これを機能的養育（仕事として社会的に起こり得る、例；教師や医療従事者による）から識別するため、さらに

> 4．愛着信号や子どものストレス、あるいは子どもに対する危険の認識は、養育者の養育システムの活性化を導き、子どもの愛着システムが順調に失活化された場合には終了される（George & Solomon、1996a, 1996b）。この良好な養育は、満足感だけでなく喜びと落ち着きさえも伴う（養育者のストレス減少）。

これらの基準を人と動物の関係に当てはめると、ペットの飼い主も自分のペットとの関係において養育者として機能することが日常の経験から示唆される。基準は成獣にも当てはまるが、これは新しい子犬の飼い主の例で最も明らかとなる。

ペットからの愛着信号やストレスを認識したり、ペットへの危険を認識すると、ペットを援助したりストレス（不安）を制御するため、飼い主は近接および身体的接触を築こうとする。例えば、犬が傷を負って痛みや苦しみの声を上げると飼い主は犬に近づき、怪我を見て、おそらく犬を撫でて落ち着かせようとするだろう。自分自身のペットの苦痛の声を認識することによって、多くの飼い主はストレスでない場合には自発的に反応する。たいしたことが起こらなかったとはっきりした後や、怪我が治療された後のみ、飼い主は通常落ち着く。

病気のペットを世話したり、1日を終える頃にお腹が空いた犬に単にフードを与えることでさえ、多くの飼い主にとって満足感を伴う。養育システムと養育者における満足のいく肯定的な感情側面としてのフードの提供は、なぜ多くの人々がペットにフードをあげたりトリーツをあげたりするのかについて説明するだろう。これは、今日の伴侶動物間で蔓延する肥満の基本的メカニズムの1つだろう。

上で愛着について述べたように、ほとんどの飼い主にとって、彼らのペットとの身体的近接は肯定的な感情と関連し、いかにペットが愛情を求めているように見えるかによって、そばに

居続けようとする。さらに、別離はペットを恋しがることに関連し（Kurdek, 2008）、ペットの死は強烈な別離のつらさをもたらす。

　要約すると、人とペット、特に猫や犬とは、養育のような関係を構築できると推測するのは合理的である。人はペットに対して愛着のような関係も構築するため、成人同士の親密な関係のように、飼い主やペットの状況や状態によって、ペットの飼い主はこれら2つの関係モデルを切り替えることができる可能性がある。愛着はあっても、ペットに対して養育のような関係を持たずに十分な世話（給餌、必要な場合の獣医学的配慮）をする人もいる。ここでは、養育は機能的と見られる。"真の"養育のような関係との違いは、十分世話をする時の満足感はもちろん、別離のつらさや身体的近接の探求の欠如、およびペットが危険や苦悩に瀕した場合の警告の感覚の欠如の可能性が考えられる。

一般化養育表象は、人と動物の関係に伝達されるのか？

　動物が人の養育行動を引き起こすことができるなら、この行動が人に対する養育の内的ワーキングモデルと一致するのかどうかという疑問が提起されるだろう。

　人と人との関係に関してでさえ、自分自身の子を育てるという本来の機能から他の世話の受け手への養育表象の伝達に関する研究はほとんどない。愛着とは対照的に、養育行動システムは出生後すぐに作用し始めるわけではないが、長年かけて少しずつ発達していく。しかし、それは幼少期にある程度は機能して遊びに表れるが、適切な世話を確実にもたらすことは通常はない。他の行動システム（親和、探索など）が活性化されると、子どもはすぐ容易に気をとられる。

　養育システムは、自分の最初の子との相互作用によって完全に発達するに違いない。しかしながら今日、教師、看護師、幼稚園の教諭、お

よび保育士といった多くのプロの養育者は、信頼できる世話を提供することが求められる。これらの人々の多くにおいて、感情移入を伴う養育行動システムが行動を誘導するのは想像にかたくない。

　人と動物の関係という状況における養育に関するわずかなデータは、自分自身幼年期に不適切な養育を受け本質的に柔軟な養育表象（例：最適な養育表象）を持たない人でさえ、伴侶動物に対しては適正な教育を示すことを示唆している（Kurdek, 2008）。伴侶動物に対する飼い主の"愛着"は飼い主の一般化愛着表象とほとんど無関係なので、Kurdek（2008）によって報告された結果は、動物に対する養育行動が人に対する一般化された養育表象（一般化養育表象と略す）と無関係であることを示唆している。限られたデータが動物に対する一般化養育表象と養育行動との不連続性を確かに示すと仮定すれば、なぜ失見当や無秩序だけではなく失活、認知遮断、世話の増大に特徴付けられる養育表象が人と動物の関係で再構築されないのか説明する2つの要素が引き出される。

■伝達サイクルは壊される（動物特性）

　子どもと対照的に動物は、養育に関してあまり要求しない。動物、特に成獣は小さな子どもよりもっと自主的で、通常は子どもほど要求が高くない。これによって、適正な養育行動を長期にわたり示すことが容易になる。

　さらに動物、特に犬と猫は、"真の感情"を直接的に行動で表すため、感情を"読み取り"やすいだろう。社会的相互作用における彼らのフィードバックは、肯定的および否定的な社会的刺激に関して敏速で、明確である（Bardill & Hatchinson, 1997）。これらの特徴は、適正な養育行動を促進するはずである。伴侶動物は不適切な養育に対して"より寛大"であるため、養育者への負のフィードバック（例：怒りの露呈、拒絶）はあまりない。

■ 現存するスキーマの伝達は生じない

　現存する養育スキーマの伝達は、単に起こらない可能性もある。これは、上で述べた動物の特性または人以外の動物の根本的相違で説明されるかもしれない。ゆえに、人と人との関係で発達するスキーマは、人と動物の関係には適用されない。動物への養育行動が一般化された人のための養育および愛着表象とは無関係であるなら、生物学的機構と構造が（ネガティブな）経験や文化的起源の複雑な表象とは重ならないため、人と動物の関係における主な養育戦略を活性化しやすいはずである。

愛着と養育行動との関連性

　最新のデータは、人は伴侶動物に対して愛着および養育行動の両方を同じく表すことを明らかにした（Kurdek, 2008）。これは人と人との関係において成人にも当てはまるが、その役割が通常明確で非対称であるため、子どもと成人の養育者との愛着関係には当てはまらない。愛着理論によると、より強く賢いために養育機能を果たすことができる成人の愛着対象から、子どもは世話をされて養育を受ける必要がある（Grossmann & Grossmann, 2004）。この明確な役割配分の例外は、長期にわたって成人の愛着対象に対して養育機能を取り入れる、子どもにおける人間関係の精神病理学的形態で見つけられた。例えばこれは、無秩序型愛着表象に当てはまる。

　しかしながら、ペットとの関係に関して子どもは、病理学的意味合いなしに動物に対する愛着と養育行動の両方を示す。SolomonとGeorge（2011）が提案したように、子どもは発達の過程で関係の両側面について学ぶため、これが可能である。これらの筆者が述べたように、養育と愛着の両方は同じ基盤から現れ、コインの裏表のようなものである。動物の役割は、子どもと大人との関係のように機能的にあらかじめ定められたわけではないため、ペットとの関係においてこの二重機能は可能かもしれない。養育と愛着の表示は、人形やおもちゃの動物と遊ぶ場合にも見られる。

　これに関連して、子どもへの養育の遂行は、準最適な家族状況において子どものための保護因子となることが考えられると言及する価値がある。例えばRachman（1979）は、危険性の高い家族条件下で育ち下の子の面倒を見なければならなかった子どもは、同じ条件下で育ったが下の子の面倒を見る必要がなかった子どもに比べて、より高いレベルで精神的に健康な状態と機能を示したことを明らかにした。Rachmanによって"学習した有用性"と定義されたこの現象は、子どもの発達の保護因子として特定された（Julius & Prater, 1996）。動物に対する子どもの養育は、これらのプラスの精神的健康作用と関連することもおそらく事実だろう。

人と動物の"不安定"で愛着のない関係

　人と動物の関係の多くは、愛着や養育のような関係に発展するように思われるが、もちろんすべてではない。単なる交友やただの所有者としてのレベルのままのものもいる。この分野の研究はほとんどないが、我々の観察に基づく推論をいくつか示そう。

　人と動物の関係の中には、不安定型や無秩序型として自分自身を表すものもあるということをここで指摘したい。一部のペットの飼い主は、愛着の内的ワーキングモデルを形成し、動物への回避型または両価型愛着とよく似た行動を見せる。無秩序型または無方向型愛着特有の特徴は、飼い主とペットとの交流にも見られる。明らかに、人への愛着に関する内的ワーキングモデルは、場合によっては人と動物の関係に伝達される可能性がある。Zilcha-Manoら（2011）は、治療的状況では柔軟性に欠けて不

適応な関係戦略が、時にはセラピー動物に投影されることを指摘した。これは、ペット飼育者においても起こり得ることで、飼い主とペットとの肯定的な関係を促進したり、不安定型または無秩序型愛着表象の再構築を妨げたりする療法士が居合わせないためなおさらである（第9章参照）。

ストレス時にはペットとの関係の情緒的重要性を低く評価し、ペットとの身体的距離を保つため、飼い主のペットへの回避型愛着は仕事上の関係に集中して反映される（特に犬と馬）ということを我々は疑っている。不信感や拒絶の恐怖は、ペットとの関係の回避型表象にもかかわるだろう。

それに反して両価型愛着は、動物との親密さの継続的な探求に反映され、ペットからの十分で継続的な愛情とサポートは主観的に"供給"されない。

例えば無秩序型愛着は、伴侶動物の死への過度の恐怖に表れる。明らかに、ほとんどの動物の飼い主はペットの死を怖がるが、無秩序型愛着の人はもっと常に恐怖を表し、もしそうなった場合死に向き合う戦略がなく、自分自身を無力と見るかもしれない。伴侶動物への攻撃性やそれを制御しようとする持続性の試みも、無秩序型愛着を反映する場合が多い。人の愛着のように、動物に対する無秩序型または無方向型行動は特別なストレスの多い状況下で浮上するだけで、常に相互作用に影響力を与えるわけではない。

愛着と養育は密接な関係があるため、ペットへの不安定型および無秩序型愛着の人がペットに示す行動は、ペットへの不安定型および無秩序型養育と関連する行動に一致するだろう。以下で我々は、ペットへの養育表象のこれら不安定型形態に対して"非柔軟型"養育という言葉を使う。

回避型愛着と同様に、身体的または心理的距離を保つことも距離のある養育を反映する。自立に重点を置き、さらに養育を他の誰かに頻繁に簡単に任せるようになり、伴侶動物の愛着要求の切り下げが含まれる可能性がある。両価型愛着と同様に、ペットを常に近くに保つことも不確かな養育を特徴付ける。ペットに対する無秩序型養育には、ペットに対する飼育放棄、虐待、および威嚇行動が挙げられる。

ペットに対する不安定型、非柔軟型および無秩序型愛着と養育は存在するはずだが、現在のデータと経験は、これらの保有率が人同士の関係より人と動物の関係において大幅に低く、愛着と養育表象からより独立していることを示唆する。

愛着と養育～動物の要素～

我々は、動物の観点から本章を終わらせたい。残念ながら、動物の要素は動物人間関係学の分野では非常におろそかにされている。第2章で説明したように、動物、特に伴侶動物として望ましい種は、少なくとも人の愛着および養育の基礎的な社会的手段と行動システムを共有する。その結果、同じ機構に基づいて、彼らはパートナーである人とかかわり、接触からの恩恵を受ける。伴侶動物は我々が持つ社会的要求と同様のものを持つ場合があるため、そう議論するのはもっともらしい。また実際Topalら（1998、2005）によって遂行された2つの研究は、犬が愛着のような関係を飼い主と築く可能性を明らかにした。

Topalら（2005）が示したように、犬は飼い主からの別離および再会により、Strange Situation Test（第6章、**ボックス11**参照）での幼児の安定型および不安定型愛着行動と一致する行動パターンを示す。さらに、Odendaal（2000）、Handlin（2010）、Handlinら（2011）による研究は、犬の飼い主に対する愛着行動が同じシステム、特に人同士の親密な社会的交流で活発なオキシトシン系によって調節されること

を示した。これらの筆者は、飼い主に撫でられることによって犬のオキシトシンが増加し、コルチゾールが減少したことを明らかにした。

このテーマに関して家畜から入手できる間接的な証拠がいくつかある。Waiblingerら（2006）のレビューにおいて、家畜と飼育者との否定的でストレスの多い関係の結果が議論されたが、社会的に肯定的で友好的な関係の結果も含まれた。彼らは、次のように述べた。

「…肯定的なHARの発達（human-animal-relationship；人と動物の関係、人の恐怖レベルが低く強い自信がある）は、有益となり得る。例えば、親しい人の存在や付随的なやさしいハンドリングは、嫌悪状況（例、孤独、係留、直腸検査、受精）で動物を落ち着かせ、苦悩を軽減する可能性がある。」

つまり、動物（少なくとも犬）は、愛着に基づいて人とかかわることができ、この接触から恩恵をこうむることさえあるということを示唆する直接的および間接的証拠がいくつかある。

今までのところデータは、犬とその飼い主との関係は、人同士の関係の根底にあるものと同じ神経生物学的機構と関連があることを明らかにしている。人の社会的サポートのストレス緩和作用が示唆するように、家畜は人によってもたらされる社会的サポートから恩恵をこうむると思われる。これが愛着のような関係を反映するかは、はっきりしないままである。

我々が知る限り、伴侶動物の人に対する養育は調べられていない。しかしながら社会的サポート行動、すなわち親密さと身体的接触の構築は、犬と猫の飼い主によって多く報告されている（第1章、Totoが精神的外傷を負った男の子の目を舐めた話の実例参照）。主観的に人は、これらの行動を"慰め"として解釈する可能性さえある。

単に役に立つ者としてよりはむしろパートナーとして動物を見る社会の姿勢の急激な変化は、うまくいけば人と動物の関係をパートナーの観点から調査する必要があるシステムとして理解するための、直接的な研究に向かわせるだろう。

第8章
要素を結びつける ～人と動物の関係における愛着と養育の生理学～

　前章で我々は、人は安定型愛着と柔軟な養育のような関係を伴侶動物と築くことができるという結論を出した。動物に向けられる基本的な内的ワーキングモデルは、人に向けられるそれとはほとんどの場合無関係であると考えられる。不安定型愛着の人でさえペットへの"安定型"愛着を形成したり、"柔軟"な養育をペットとの関係で示す可能性が高い。これは、社会的行動、身体的、精神的な安定における多くのプラス効果をもたらすストレス系同様、オキシトシン系の"良好な調子や機能"を反映しているに違いない。

人と動物の関係における愛着の基礎を成す生理学的・内分泌学的パターン

　第6章で説明したように、親密な関係における過去の経験を反映する異なる愛着と養育表象は、異なる生理学的および内分泌学的パターンと関連があるだろう。安定型愛着の人と柔軟な養育モデルの人は、高いオキシトシン濃度を有する。オキシトシンは社会的相互作用および絆を促進し、不安とストレスレベルを軽減する。ゆえに、安定型愛着の人や柔軟な養育モデルの人は低いコルチゾール基礎値を有し、ストレッサーに反応した後にコルチゾール濃度が基礎値に素早く戻る。

　残念ながら、不安定回避型と不安定両価型愛着パターンの生理学的データは限られたものしかない。これらの二次的戦略は、無秩序型パターンと比べてかなり低いが、オキシトシン作動系とストレス系の異常調節と関連があるように思われる（第6章参照）。

　しかしながら、無秩序型愛着の人と無秩序型養育パターンの人では、ストレス系はストレッサーに反応して高活性または低活性になることが多い。これらの人々は、低いオキシトシン基礎値やストレスに対するオキシトシン濃度の低下も示す（第6章参照）。

　不安定型と無秩序型愛着パターンは、通常はその後の親密な関係で再構築される。しかしこれは、人と動物の関係には当てはまらないようである。これまでの有効な証拠は、ほとんどの人にとって不安定型と無秩序型愛着や養育表象がペットとの関係に伝達されないことを示している。ゆえに、これらの関係において、条件付けされた二次的戦略ではなく安定型（すなわち一次的）愛着や養育戦略がむしろ活性化され、これらの戦略は崩壊しないと推測するのは妥当である。

　もしこれが事実なら、親密な人と動物の関係に関する神経内分泌学的・生理学的パターンは、たとえその人が人に対して不安定型や無秩序型であったとしても、安定型愛着と柔軟な養育のそれと共通点があるに違いない。

　この仮説を支持するデータを示す前に、親密な人と動物の関係における基本的な神経生物学

的制御パターンは、そもそも人同士の関係のそれと共通点があるかどうかを問いたい。

実際に、授乳中の母親のホルモンと生理学的効果は、短い交流中に犬を撫でることに反応して、女性の犬の飼い主とその犬で見られる効果と似ている（Handlin et al., 2011）。コルチゾールや血圧の低下といったオキシトシン媒介作用は、これらの女性と犬においても認められた。Handlinら（2011）は、これらの結果は、"哺乳類の遺産の一部"であり、"同種の個体によってのみ活性化されるのではなく、異種の個体によっても活性化される"（第2章、第3章参照）オキシトシン作動系機構とストレス系におけるその作用を反映すると結論付けた。これらのデータは、人間同士の親密な関係の調節の根底にある同様の生理学的パターンとホルモンパターンが、親密な人と動物の関係においても関与していることを支持する（Olmert, 2009）。

仮定される親密な人と動物の関係における"不安定型"または"無秩序型"愛着と養育パターンの伝達不足もまた、生理学的・神経内分泌的調整パターンの同時変化と関連があると仮定されるのだろうか。もしそうだとすれば、犬と交流する時に不安定型と無秩序型愛着の人々は、対人関係の安定型愛着を有する人々と類似する生理学的・内分泌学的パターンを示すに違いない。

この考えを支持する体験談やいくつかの実験に基づいた証拠がある。主観的にこの仮説は、心理療法において犬がいる時、引きこもっていた子どもが心を開き、不安が少なくなり、療法士を信頼し始めたという経験によって支持される。典型的な例は、第1章のケーススタディに挙げた。

ここで改めて事例を紹介する。7歳のTimという男の子は、遊戯療法を受ける6カ月前に両親をヘロインの過剰摂取によって亡くした。治療の最初の2カ月間、Timはひどく引きこもっていた。彼は何が起こったのかを思い出すことはできたが、感情が麻痺したかのように見えた。だがこれは、療法士の犬のTotoがセッション中にいた時に劇的に変化した。Totoは、Timが入室した時に彼を熱烈に歓迎し、Timも積極的に反応した。最初に彼は犬を撫で、それから犬を抱きしめた。セッション中に何も頼みごとをしたことがなかったTimは、療法士に次回もTotoを連れて来てくれるよう懇願した。次のセッションでは、Timはほとんどの時間、犬を撫でたり抱きしめたりして過ごした。ある日、TotoがTimの頬を舐めると、Timは泣き始めた。彼はTotoを抱きしめ、Totoに彼の両親の死について語りかけながら、30分近く泣き続けた。次のセッションでは、療法士は男の子と信頼関係を築くことができ、死によるトラウマを克服させることができた。

これは、文献に見られた体験談や人と動物の関係学分野の専門家によって伝えられた多くの体験談のほんの1例である。これらの話の筋書きは、常に同じである。子どもは動物を大事に思ったり、動物からの情緒的サポートを求めたり受け取ったりする。通常報告される効果は、引きこもっていた子どもが心を開く、不安が少なくなる、および専門の療法士を信頼し始めるといったことを示す。

興味深いことに、この筋書きは、動物が重要な役割を果たすほとんどすべての子ども向けの映画にも現れる。典型的な例は、13歳のAmyと彼女の母親が交通事故に巻き込まれ、母親が死んでしまう「Fly Away Home」（邦題「グース」）という映画である。Amyは、彼女が3歳の時に家族を置き去りにし、それ以来連絡を取っていなかった父親と住まなければならなくなった。Amyは、父親からも新しい生活からも身を引いた。片田舎の父親の家で数週間過ごした後、彼女は見捨てられた卵を見つけた。Amyは卵を持ち帰り、孵化させることに成功した。ガチョウの子が最初に見た生き物が

Amyだったため、彼女への刷り込みが起きた。ガチョウの世話は、Amyを劇的に変化させた。彼女は父親に心を開き、捨てられたという昔のトラウマについて彼と話すことができるようになった。これは、Amyと父親との信頼できる安定的な関係の始まりを示した。

Amyのように、このような映画に登場するほとんどの子どもは、不安定型愛着の兆候を示す。これらの例では、不安定型愛着や社会的引きこもりの人々は、養育者や情緒的サポートの受け手として彼らが関連付ける友好的な動物の存在によって、心を開き不安が少なくなり重要な他者を信頼し始める。オキシトシンがこれらの作用の促進や誘発に関連すると推測するための十分な根拠がある。

実験に基づいた証拠によって、不安定型と無秩序型対人関係の生理学的・神経内分泌学的パターンは、人と動物の関係では活性化されないことが示唆される。Beetz（2011）は、社会的ストレスの多い状況で回避型や無秩序型愛着スタイル（7-12歳齢）の男の子が、友好的な人やおもちゃの犬に比べて犬との親密な接触からより恩恵を受けるかどうかを調べた。ストレスは、Trier Social Stress Test for Children（第6章ボックス12参照）によりもたらされ、コルチゾール濃度によって測定された。コルチゾール濃度は、犬との親密な接触のあった子どもにおいて有意に低く、一方2つのコントロール群の子どもで増加した。回避型と無秩序型愛着の子どもは、情緒的サポートの源として友好的な人（またはおもちゃの犬）を利用することが明らかに困難だった。このような子どもは潜在的な愛着対象からの拒絶を予期したり、そのような対象によってストレスや恐怖を感じるかもしれないため、これは予期されることだった。

さらに我々は（Beetz et al., 2010）、同じ状況で検証した安定型愛着の子どものストレス反応について報告した。回避型と無秩序型の子どもに比べてこれらの安定型愛着の子どもは、ストレスの多い状況でのコルチゾール濃度の低下が示すように、友好的な学生による社会的サポートから恩恵を受けることができた。この場合もやはり、安定型愛着の人々は他者に対してより信頼を寄せやすく、ストレス時にこれらの人々に接近するので、これは愛着理論とも一致する。

興味深いことに、両群の子どものコルチゾール反応は、犬を多く撫でるほど減少した。友好的な犬によって支援された子どもの群で見られたストレスレベルの低下は、オキシトシン媒介作用である可能性が高いかもしれない。第4章で説明したように、オキシトシン放出と抗ストレス作用は、友好的として認識される人との身体的接触によって特に強く刺激される。

統合するとこれらの結果は、親密な人と動物の関係は、安定型愛着と柔軟な養育の根底にあるのと同様の、生理学的・内分泌学的パターンによって特徴付けられるかもしれないという最初の証拠を提供する。これは、不安定型と無秩序型愛着の人にとっても当てはまるようであり、不安定型愛着の伝達サイクルが人と動物の関係において壊れるという仮説を支持する。その上これは、不安定型や無秩序型愛着の少なくともほとんどの場合において、オキシトシン放出の可能性は損なわれないままでいることを示す。

人と動物のかかわりの健康促進作用に対する説明

愛着、養育、および対応する生理学的・内分泌学的反応を踏まえると、第3章で概説したように人と動物の相互作用の健康促進作用も解釈することができる。第3章で引用された研究の被験者では愛着や養育は評価されなかったが、被験者の少なくとも40％が不安定型（無秩序型を含む）愛着表象を有したことから、正常集団の愛着パターンの一般的な分布が推測でき

る。臨床サンプルでは、不安定型と無秩序型愛着の保有率はさらに高くなる。

これらの研究のレビューは、人と動物の接触は、人と人との接触のみの場合に比べて、血圧と心拍数の低下（例：Allen et al., 2002, 1991；Cole et al., 2007；Bormbrock & Grossberg, 1988）やコルチゾール濃度の低下（Beetz et al., 2011）によって示されるように、ストレス反応をより抑制することを明らかにした。これらの結果はオキシトシン媒介作用を反映するものであり、研究サンプルの不安定型や無秩序型愛着の被験者数が多かったことによって生じた。

動物との接触に関連したオキシトシン濃度について直接調べた研究はほんのわずかである。しかしながら、社会的相互作用の刺激のようなさらなるオキシトシン媒介作用は、動物の存在や動物との接触と関係があることを我々のレビューは明らかにした（例：Paul & Serpell, 1996；Hergovich et al., 2002；Kotrschal & Ortbauer, 2003；Sams et al., 2006）。この場合もやはり、これらの研究は高い割合で不安定型愛着の被験者を含んだと考えられる。これらの被験者にとって他人とかかわりを持つことは困難であるため、ペットが社会的相互作用を促進した可能性が高い。

無秩序型愛着の人にとって特に重要である恐怖と不安の軽減にも同じことが当てはまる（例；Barker & Dawsin, 1998；Barker et al., 2003；Cole et al., 2007）。これらの人々のストレス系と恐怖や不安は、動物との接触より人との接触によって誘発されやすく、それとは反対におそらくオキシトシン放出によってストレス、恐怖、不安の軽減がもたらされる。

推定されるオキシトシン放出による影響として、他人への信頼が友好的な伴侶動物の存在で増加するということも分かった（例；Schneider & Harley, 2006；Wells, 2004；Gueguen & Ciccotti, 2008）。他人への信頼は、他人の内的ワーキングモデルの伝達のため不安定型愛着の人では欠如するので、これは動物介在介入にとって特に重要であり、関連がある（第9章参照）。

伴侶動物の飼い主は、飼い主でない人に比べてより優れた健康状態を有したことを示したアンケート調査（例：Headey, 1999；Headey & Grabka, 2007）について、ペットとの接触を介したストレス反応の度重なる下方制御とオキシトシン放出を介した鎮静と接続システムの活性化（Uvnäs-Moberg, 2003）は、解釈に役立つだろう。

図2に概説した人と動物の関係の提案モデルは、次の研究結果に基づいている。

①は、人は、概して他の種との交流やかかわりに興味がある（バイオフィリア）ことを示している。

②は、脳構造と生理学的機構（例：ストレス系、OT系）、および養育や愛着のような行動システムが似ているので、真の種間関係を形成する可能性があることを示している。

③は、親密な人と動物の関係は愛着や養育関係として概念化され、動物からの社会的サポートの受け入れから動物の世話まで、役割の入れ替えを可能にすることを示している。

④は、人と人との関係では、不安定型愛着と養育は、準最適なOT系機能と結果として生じるストレス系の準最適調節と関連があると提案された。これは、精神的・身体的健康の危険因子をもたらすことを示している。

⑤は、愛着と養育の不安定型と無秩序型内的ワーキングモデル（IWM）は、それに続く親密な関係に高い頻度で伝達される。伝達は、OT系とストレス制御の機能障害にも当てはまることを示している。

⑥は、不安定型愛着と養育表象は、伴侶動物にめったに伝達されないことを示している。

⑦は、セラピー動物を含む友好的な伴侶動物との交流は、社会的相互作用を可能にさせ、プラスの心理学的・生理学的作用（よりよい社会

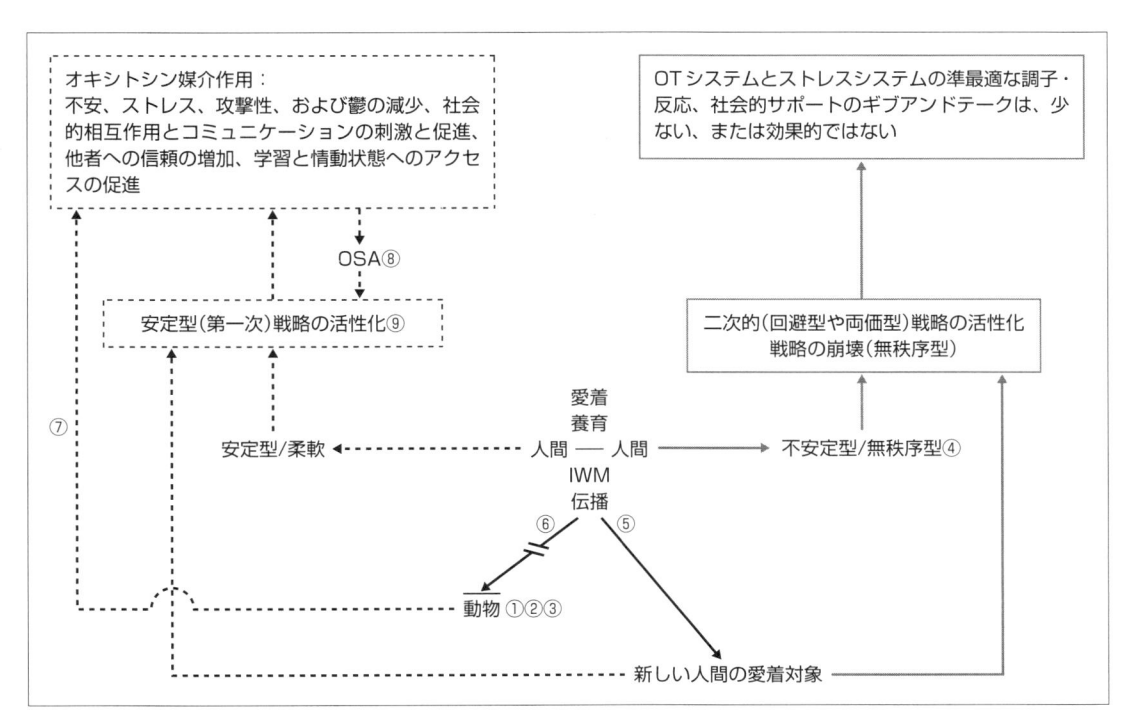

第8章 要素を結びつける～人と動物の関係における愛着と養育の生理学～

図2 人と動物の関係の提案モデル（OT＝オキシトシン、OSA＝安定型愛着への開放性；IWM＝内的作業モデル）

性、信頼の増加、恐怖の軽減、ストレスの軽減）を誘発する。作用は、OT放出によってもたらされる可能性があることを示している。

⑧は、これは特に療法士との、そして特に不安定型と無秩序型愛着（OSA）の場合に、信頼関係の発達を促進することを示している。

⑨は、さらにOT媒介作用は、人と動物の交流とペットの飼育による健康促進作用の一因となることを示している。

141

第9章

治療への実用的意義

　もしも動物に対する愛着や養育のような関係が、ストレス軽減作用や関係促進、不安軽減作用に関連するオキシトシン系を十分活性化することができるなら、動物介在介入を必要としている人にもっと容易に療法士がかかわるための大きな可能性をもたらす。親しい動物の接触に関連する心理学的変化と基礎的な神経内分泌学的変化は、他者への接近行動と信頼を促進し、よそよそしい態度を最小限にするだろう。これらの条件下で、不安定型や無秩序型愛着の人の愛着システムは、人と人との関係の新しい肯定的な経験の一体化を受け入れるだろう。

　これは、人と人との関係における両価型、回避型、または無秩序型愛着表象の子ども、青年、成人にとって特に重要である。なぜならこれらのパターンは、精神的健康と社会的統合の危険因子だからである。

治療との関連

社会的潤滑油としての動物
～オキシトシンの役割～

　およそ半世紀前、Boris Levinson は、動物介在療法の始まりを示した "The dog as a co-therapist（補助的セラピストとしての犬）" という論文（1962）と "Pet-oriented child psychotherapy" という書籍（1969）を発表した。Levinson は、心理療法現場での犬を含む子どもに対する直観的な知識や経験に基づいて発表した。子どもは犬に対して"愛情"を容易にはぐくみ、子どもは抱きしめたり関わったりすることが必要であると報告した。ふわふわした動物を撫でることは、人に"古代の霊長類の毛繕い本能"のはけ口を提供し（Morris, 1967, p. 206、Levinson 1969, p. 32 で述べられた）、ペットがこれをもたらすことができる。したがって Levinson は、人と動物の関係の我々のモデルの主要構成要素のいくつかにすでに取り組んでいた。

　人が動物に対して容易に愛情を育むという事実は、ペットに関連する一次的愛着と養育戦略を活性化する"開放性"（安定型愛着への開放性、OSA、第5章参照）として我々のモデルで述べられている。ゆえに、セラピー動物は、不安定型愛着の人の二次的愛着や養育戦略の活性化を誘発したり、無秩序型愛着の人のこれら戦略の崩壊を引き起こす可能性はなさそうである。言い換えれば、不安定型や無秩序型愛着表象の他の養育者（例：療法士）への伝達は、人と動物の関係には起こらない。動物に関連したこの開放性は、Levinson がすでに述べたようにほとんどの人と動物のかかわりの一部である身体的接触によって促進される。

　前章で詳細に述べたように、これらは、なぜセラピー動物がオキシトシン放出を活性化し、その結果としてオキシトシン媒介作用を活性化した可能性があるのかということの理由である。ゆえに、恐怖と不安は軽減され、社会的接

近行動や信頼が促進されるに違いない。これは、不安定型と無秩序型愛着対象の防御機構の活性化を回避するため、療法士や教育者に計り知れない可能性をもたらす。このようにして、信頼関係は素早く構築できるかもしれない。

他の筆者も、ペットによってもたらされる社会的相互作用と信頼の促進について論じている。例えばSerperll (2000) やWilsonとTurner (1998) は、動物を人同士の相互作用を促進する**社会的潤滑油または社会的触媒**として考える。

明らかに、不安定型と無秩序型愛着の人は、安定型愛着の人より動物介在介入からさらに恩恵を受ける可能性がある。安定型愛着の人は、いずれにせよ療法士との関係を構築する時に一次的愛着戦略を活性化し、オキシトシンを放出するのかもしれない。ゆえに、療法士とクライアントとの安定型関係の構築にセラピー動物のさらなる恩恵は少ないか、まったくないだろう。それでも動物の存在による動機付けやコミュニケーションを刺激する構成要素は、それ自体が重要である。その上、気分が安らぐ接触を療法士がもたらすことが非常に制限される一方、動物は療法中の心地よい身体的接触の可能性をもたらす。

療法士との安定型関係の重要性

心理療法に関する文献で説明されているように、療法士とクライアントとの良好な関係は、治療介入成功のための必須条件であると考えられている（例：Horvath & Symonds, 1991）。愛着理論の観点から、クライアントと療法士との良好な関係は、安定型愛着関係の一部の役割を果たす*。

療法士との安定型愛着のような関係は、社会的統合ならびに精神的健康をサポートする特定でない保護因子としての役割を果たす。一度構築されると、安定型モデルは治療の域を超えて他の対象に置き換えられる可能性がある。それに反して、不安定型と特に無秩序型愛着は、さらなる発達を危険にさらす。

療法士との安定型愛着のような関係は、クライアントの探索を可能にする。第5章で説明したように、安定型愛着の人は探索中にストレスを感じるといつでも愛着対象に頼ることができ、精神的心地よさを受けることができると知っているため、安定型愛着のみが安全をもたらし、比較的ストレスのない探索ができるようになる。愛着理論ではこれは、"安全な避難場所"または"安全基地"の隠喩で記される。外部世界を探索する代わりに、治療における探索はクライアントの**内なる世界**、すなわち内面感情および経験の調査にも当てはまることが多い。

無秩序型愛着の人では、この内なる世界はトラウマ経験（例：幼児虐待や育児放棄の経験または死の経験）で満たされた隔離システムを含む。これらの隔離システムが活性化されるとすぐに、個々に強い不安を誘発する。これらのシステムを引き起こすトラウマ経験に何らかの関連がある外部刺激によって、これは毎日の生活の中で無意識に生じる。治療においては、主な治療目標がトラウマに関連する解離した記憶と情緒の統合であるため、これらのシステムは慎重に取り組まれる。強い不安やストレスは、通常この過程と同時に起こる。情緒的サポートのために頼る安全基地や安全な避難場所なしに、これらの"危険"な内なる世界の探索は、あまりにも危険が多すぎるため探索できない。

さらに、**外部世界**の探索に関する欠如と関連する精神疾患の治療は、治療に安全基地を必要とする。例えば場面緘黙症の子どもは、家族の主要なメンバーとは通常話したり関わったりできるが、学校や幼稚園のような公共の場ではストレスを感じ、こういった状況では話すことができない。これらの子どもを家族以外の人や見知らぬ人と話せるようにさせることが、治療の主な目標である。この場合もやはり、子どもがストレスを感じずに他者とコミュニケーションを取り始めることができる安全基地を要する。

療法士とクライアントとの安全な関係の重要性は、適用される治療の種類とは無関係である。

人と動物のかかわりのプラス効果は、子どもと療法士との安定した関係を築くためにどのように用いられるのだろうか？

Levinson（1969, p. 159）は、どのように達成できるかは彼の著書に明確に述べなかったにもかかわらず、「子どものペットへの愛情は……、それ自身を人に伝達しない」と述べた。愛着理論は、なぜ、どうやって動物の反復使用が療法士と"安定型"関係の発達を促進するのかということを説明する。

我々自身の今までの経験は子どもとの治療的・教育学的介入に限定されるので、この集団について以下で言及する。しかしながら上述の介入は、青年と成人との治療にまで拡大される。

ほとんどの子ども（および成人のクライアント）は、主な愛着対象との関係において用いられる戦略と同様の愛着戦略を療法士に示す。例えば無秩序型愛着の子どもは、療法士に不信感を抱き、この関係においても傷付けられることを予期するため、統制力を発揮しようとするだろう。両価型愛着の子どもは、捨てられることを恐れるために療法士にしがみつき、回避型愛着の子どもは、さらなる拒絶を避けるために情緒的・行動的に療法士を避ける。

これらの恐怖に立ち向かうことを目的とする、いくつかの愛着に基づいた介入戦略が適用される。その全般的な治療目標は、不安定型（二次的）愛着戦略を放棄し、これらの戦略（無秩序型）の崩壊を防ぎ、一次的（安定型）愛着戦略を代わりに活性化することができる新しい関係との経験に子どもを直面させることである。

回避型愛着の例を用いて、この取り組みを解説する。

最初に、治療の初めに療法士は、子どもの回避行動を受け入れるべきである。治療において、療法士が社会的・情緒的親密さを築こうとする試みが早すぎる場合、子どもにさらなる不安やストレスをもたらし、内なる世界や外部世界の探索を遅らせる。感受性の高い療法士の反応は、距離に対する子どもの要求を正しく理解し、それに応じて反応することを含む。例えば療法士は、なぜ子どもが距離を保つのかという理由を理解しており、それでかまわないことを子どもに伝える。これは、子どものストレス状態を軽減する一因となる。

次に療法士は、子どもとの遊戯セッションに取り組むことができるようになる。象徴的な遊びの交流は、子どもと療法士との実際の交流より感情的にもっと距離があるため、子どものストレスを引き起こすことなく新しい関係を慎重に築くことにより適している。この戦略は、療法士を思いやりがあり、親切な人として認識させることを目的とする。

回避型愛着の子どもは、例えば動物への給餌や怪我をした動物の世話を含む提供ゲームを頻繁にする。これらの遊びの状況は、療法士を思いやりがあり、親切で敏感に反応する人として子どもが見ることを強化するよい機会をもたらす。これらのゲームにおいて、回避型愛着の子どものほとんどは保護者または養育者となる。治療のこの局面では、子どもはまだ療法士を無反応で、頼りにならず、世話することを嫌がる人として予期するため（Pearce & Pearce, 1994）、子どもは遊びの中で療法士が養育行動を示すことを受け入れることができない。それゆえ療法士は、あまり立ち入らない程度で子どもの愛着要求を満足させようとすることによって、この考えを変えることができるだろう。例

＊もちろん十分に発達した愛着関係と比べると、治療セッションは通常時間枠が厳密なので、別離のつらさや身体的近接の探求のレベルが低いといった、いくつかの限界がある。

えば療法士は、遊びの間に食べ物を用意する手伝いをしてみる。もしも子どもがこれを受け入れるなら、子どもに対する療法士の養育行動は、少しずつ増やされるだろう。

我々自身の経験（Julius et al., 2009）は、回避型の子どもは10-15回のセッション後、療法士に対して遊びの中で愛着要求を示し始めることを明らかにした。4-6カ月間にわたって徐々に、この行動は子どもと療法士との関係に伝達される。もしも療法士が子どもの愛着信号に敏感に反応するなら、子どもは安定型愛着のような関係を療法士と形成する。

この過程は、セラピー動物の助けによって支援される。治療状況での犬の存在は、療法士に子どもが愛着（安定型）を感じるまでの時間を大幅に短くするかもしれない。通常、人と動物の関係は人との否定的な経験によって抑制されないため、子どもはセラピー犬との関係を素早く築く。この過程は、ほとんどの人と動物の交流の一部である犬を撫でるという行為によって支援される。さらに、動物による無条件の受け入れと信頼のおける行動は、動物に対する一次的愛着や養育戦略という形で現れるクライアントと犬との信頼関係の敏速な構築を促進する。

これらの安定型戦略の発達は、愛着と養育の調整に関与する神経生物学的機構の変化と同様であると推測する。おそらくオキシトシンが増加することで、子どもは療法士に親しみを感じるようになる。関わることへのこの開放性は、子どもの防御を活性化することなく、療法士が子どもとの関係に入り込むことを可能にする。

実際我々の経験では、犬がいると、2回のセッション後にはすでに人形とのロールプレイで安定型一次的愛着戦略を表し始めることを示している。これは、療法士の人形への近接探求によって示される。療法士との安定型関係構築の全過程は、動物の助けなしの場合に要される時間の3分の1にまで短縮できるかもしれない。

動物介在介入の利点は、子どもを含むあらゆる年齢の人がセラピー動物と愛着と養育関係に直接的に関与できることである。我々の経験では、特に無秩序型愛着パターンの子どもは、治療の初めに犬に対して愛着よりむしろ養育を示す。おそらく養育行動（変動するが）は、無秩序型の子どもの他者を支配する要求を和らげる。

養育行動戦略（ペットを慰めるなど）もおそらくオキシトシン放出と同時に起こるため、子どもと療法士との安定型愛着のような関係の形成を促進する。

不適応な愛着や養育表象は、時には動物に伝達される（Zilcha-Mano et al., 2011）。このような場合、この行動パターンの再現や動物への危害を回避するため、経験豊かな療法士の細心の注意が必要である。

我々は、動物介在療法のための2段階モデルへの支持を表明する。ステップ1は、この関係が養育または愛着関係を反映するかどうかにかかわらず、セラピー動物とクライアントとの安全で安定した関係の構築を含む。通常、これはすぐに達成でき、子どもを安定型愛着経験に受け入れる（OSA）。その後にステップ2が続く。ステップ2では、子どもの内的ワーキングモデルは新しい安定型関係経験に直面する必要があり、その経験は療法士との関係における一次的・安定型愛着戦略の活性化を可能にするものである。

動物介在介入の前提条件としての動物と療法士との関係

成功する動物介在介入の必須条件として、療法士は動物の助手との良好な関係を維持する必要がある。例えばこれは、クライアントの社会情緒的発達を目的とした長期介入において特に重要である。良好な関係でのみ、療法士は動物に完全に頼ることができる。そして、動物がクライアントを危険にさらすことなく、治療にプラスになる方法で交流できると信じることがで

きるようになる。療法士は、動物が確実に治療過程に貢献することを期待しながら、クライアントに意識を集中する必要がある。これは、治療以外で動物と療法士との関係構築に時間と努力を注ぎ込んだ場合にのみ可能になる。療法士がよく知らない動物や、療法士と関係がない動物を採用することは推奨されない。よく行われる要求型セッションではなく共同作業に参加することは、関係を築くためだけではなく、両チームメンバーのリラクゼーションおよび喜びのために必要である。

Levinson（1969）によって他の側面も取り組まれた。例えば、クライアントの愛情の競争相手として動物を見る療法士もいるかもしれない。動物との作業では、少なくとも最初のうち動物は、療法士よりも多くの信頼や愛情をクライアントから受けるという事実を受け入れる必要がある。療法士自身が不安定型愛着の場合は、無意識にこれを拒絶として受け取る可能性があり、治療関係に彼自身の問題を持ち込むようになる（Levinson, 1969）。

このような例を見ると、どれが良好な療法士と動物との関係の特徴なのかという疑問が残る。愛着理論の概念から、このような関係は、ペットとその飼い主および飼い主とペットとの安定型関係で特徴付けられるだろう。

セラピー動物の選択

適切なセラピー動物の選択は、動物介在療法で成功する重要な要因である。さまざまな種類の動物が動物介在療法で現在用いられているが、最も一般的で最も適切な動物は、犬と馬である。我々は、動物の選択方法についての指針をここで示すつもりはないが、動物と療法士やクライアントとの良好な関係の可能性を高め、動物が苦しまないことを確実にするいくつかの要因を強調したい。

人に本質的に協調し、人優先の環境でストレスを受けにくい動物を採用することが最も重要と考える。一般に、飼いならされた野生動物ではなく、家畜化された動物のみがこの基準に当てはまる。家畜動物は、彼らの野生原種に比べて人の環境に合うように遺伝的に変えられている（第2章参照）。飼いならされた野生動物のほとんどは不適切であり、それらを用いることは少なくとも倫理にもとる（第2章参照）。

しかしながら犬、猫、および馬の使用は、要求を満たすパートナーとして動物が見なされる場合には、倫理的問題をもたらさない（Sax, 2012）。さらに犬、猫、および馬の使用は、野生動物、例えばイルカと比べて、多くの条件でより持続的な改善を生じさせる。家畜化された動物の使用は、人と動物の関係および動物介在介入の普及を促進する国際的組織であるInternational Association of Human-Animal Interaction Organizations（IAHAIO）の宣言によっても推奨されている。動物介在活動と動物介在療法に関するIAHAIOプラハ宣言（www.iahaio.org；1998）は、"正の強化法で訓練された家畜化された動物で、適切に飼育されている動物のみが活動すること"と述べている。たとえ飼いならされた野生動物が、特定の条件で補助的セラピストとしてより効果的であることが判明したとしても、種の要求に従った適切な飼育ができるかはいまだ問題である。

この例外は、動物を後で自然に放すことを目的として、問題を抱えた青年が傷ついた野生動物の世話を手伝う、ニューヨーク州のGreen Chimneysのプログラムのようによく確立されたプログラムであろう。しかしこれは、訓練された動物飼養者による適切な監督下で行われ、施設は野生動物保護施設として公式に認められている。看病されて元気になった動物を解放する経験は、治療計画の重要な側面である。

事実、ほとんどの動物介在療法は、犬の援助で行われており、それらの犬は役に立ち、安全で、不当に扱われないことを確認する一定の基

準を満たす必要がある。中でもセラピー犬は、おおらか、友好的、社交的で、見知らぬ人と接触することが好きである必要がある。また彼らは魅力的で、可能ならば抱きしめたくなるような外見を持つべきである。

多くの犬はこれらの基準を満たすが、そうでないものもいる。単に療法士の犬であるということは、資格として十分ではない。犬の適合性は、独立した専門家によってチェックされなければならない。事実、療法士や飼い主と彼らの犬は関連する訓練を受けるべきであり、人のパートナーは犬のストレスサインを読み取る知識が豊富でないとならない。そのような犬は耐性があり、ちょっとした音にも反応しない必要がある。さらにすべての犬は、セッションに対処できない場合や、もう参加したくない場合に治療状況を終わらせる権利がある。我々は、すべての課題に従順に反応するように、訓練の過程で子どもがとると予想されるすべての行動に犬を慣らすことが適切であるとは考えていない。十分に尊敬されるパートナーとしてのみ、犬は治療が成功するために十分貢献するだろう。

人と動物にとっての動物介在介入の潜在的リスク

クライアントにとっての動物介在介入のいくつかの危険は、他の筆者によってもすでに取り上げられている（例：Fine, 2006）。これらは、アレルギー、怪我の可能性（例：犬が噛む、馬から落ちる）、人獣共通感染症を含む（Wishon, 1989）。後者のリスクは、治療状況では一般的に低いということが見いだされている（Hines & Fredrickson, 1998）。実際危害を受けるクライアントのリスクは、セラピー動物の注意深い選択、動物の健康や行動の徹底的なモニタリングといった、簡単な予防措置によって最小限にすることができる（Brodie, Francis, Bnurs, & Shewring, 2002）。アレルギーの問題は、セラピー動物の適切な種や品種を選ぶことによって解決できたり、最小限にできる。しかしながら場合によっては、動物への重度のアレルギーは動物介在療法の禁忌を示す。

同じように、セラピー動物も潜在的危害や過度の負担から守られることが重要である（Hubrecht & Turner, 1989）。動物の福祉問題の軽視や、動物を完全なパートナーとしてではなく単に治療の補助因子としてみなすことは、動物の利己的な利用につながり、倫理的に受け入れられない。ストレスを受けた動物は、ストレス調整を最適に支援することができず、クライアントのストレスレベルを増加する可能性すらあるので、これは動物介在療法の成功に悪影響を与える。動物へのリスクは、セラピー動物の最適な選択、適切な訓練や課題への準備、および動物のパートナーによって示されるストレス指標を理解できる療法士との親密で信頼し合える関係、つまり安定型関係によって最小限にできる。特定の動物の要求や行動についての療法士の適切な教育は、動物介在療法の専門家にとって欠くことができない。

我々が知る限り、クライアントへの動物介在療法の起こり得る**心理的**リスクは、今までは軽視されてきた。もちろんミスをした場合、クライアントに危害を加える可能性は常にある。我々の取り組みは関係に基づくため、動物は安定型治療関係の構築に役立つためにそこにいる。動物介在療法は、接触とオキシトシン放出によってクライアントの防御機構を打開し、一般的な信頼や頼りたいという意欲を増加させるので有益である。クライアントの防御を低下させることが治療の成功に必要であるけれども、動物介在療法は他の状況でのクライアントの防御を無意識に低下させる可能性があるため、クライアントをもっと弱らせる。療法士はこれについて認識し、繊細な方法で行動すべきである。動物がいなければ、通常の防御機構がさらなる危害からクライアントを守る可能性が高い。

クライアントの開放性の繊細な取り扱いのための必要条件は、療法士自身の愛着史と、愛着や養育表象に療法士が気付いていることである。しかしながら、すべての療法士がこのために訓練されているわけではない。さらに療法士は、通常不安定型愛着表象のクライアントに対応する。

我々自身の研究の一部は、情緒障害や行動障害を持つ子どもを教える特殊教育教師の50％以上は、自分自身が不安定型愛着表象を持ち（例：Beetz & Julius, 2012）、教師の18％は解決していない愛着トラウマさえ持つため、生徒の愛着要求を正しく理解して繊細に反応することは困難であることを示している。我々が知る限り、療法士に関する比較データはまだ不足している。

しかしながら、かなりの割合の療法士や動物介在介入分野の他の専門家も、訓練や監督で十分指摘されなかった不安定型愛着パターンを示すことはあり得る。彼ら自身の人間関係の問題や関係パターンのために、これらの専門家は動物の潜在力を無駄にするだけではなく、例えば動物介在によってクライアントが共感や信頼をより受けやすい場合、不十分な反応が原因で人との不安定型関係経験を強めることになり、クライアントを危険にもさらす。さらに、セラピー動物との交流に関連するオキシトシンの増加とストレスレベルの低下は、関連する記憶とトラウマへの接近を支援する。療法士はこれに備える必要がある。

明らかに、上で説明したリスクの多くは、愛着理論の知識を持つ十分に訓練を積んだ療法士によって最小限にされる。熱意と"よい心根"を持つが、わずかな訓練しかないまま動物介在介入を行う実践者の数の増加をめぐる疑義がある。このような熱意は賞賛される必要があるが、訓練が不十分な実践者は、クライアントを不適切な方法で動物と接触させるマイナス面がある。単なる犬の飼養や動物との仕事は、よい療法士や実践者を作ることではない。動物は"療法士"の失敗を中和するかもしれないが、不適任者の活動のマイナス効果も強化する可能性がある。

社会における伴侶動物の健康促進潜在力

治療状況の伴侶動物との交流や関係の利点を活かす方法は、前項で詳細に述べられた。しかしながら説明した作用は、飼い主とペットとの関係にも効力を生じる。我々のレビューで報告したペットの飼い主の優れた健康状態に関するデータ（第3章参照）は、これを指し示す。ストレス関連の疾病や精神的健康の問題がより広まってきているため、これは特に関連がある。

特に社会的ストレスは、肉体労働によってもたらされるストレスとは対照的に、過去20-30年の間に増加している。コミュニケーションや素早い返答（例：Eメールや携帯電話のつながりやすさ）への要求は増加している。さらに、仕事や学校で成功することや高い目標を成し遂げることへのプレッシャーは、上昇傾向に思われる。いくつかの事例を挙げると、これまで以上の消費財の購入意欲は、より多い仕事量を余儀なくさせ、そして多くの人々にとって可能性が広がることで、選択肢が増えることもストレスの原因となる可能性がある。

他方では、社会的関係の良好な質や安定性を維持することは、より困難になっているようである。しかしながら、親密で信頼を寄せる関係、すなわち安定型愛着関係は、ストレスの効率的な調節のための主要な供給源である。現代の生活は、安定型愛着関係の発達と維持にとってよい環境をもたらしにくくするというのが我々の印象である。これらは直接的に安定型愛着関係の減少をもたらすわけではないが、ここでは次のような多くの要因が関与する。すなわち、個人の業績や出世の重視、テレビを見た

り、テレビゲームで遊んだり、インターネット検索をするために費やす時間の増加＊、大家族制の崩壊、高い離婚率や別居率、あちこちと引っ越しを積極的に行う（または短い期間に数回、国内または海外）などである。概して、社会的サポートとしての機能を果たす安定した社会的関係の実現と維持は、より困難になってきたようである。

これらの発達と並行して、過去数十年間にわたって、ペットは飼い主にとってより多くの社会的・情緒的意義を得てきた。彼らは友人や家族の一員として見なされることが多く、これらの役割において、飼い主のために社会的サポーター（愛着）や愛情の対象（養育）としての機能を果たす。特に1人暮らしの人や、サポート、愛情、および身体的接触のやりとりの必要性を十分に満たさない社会的関係において、ペットはこの点で非常に重要になることがある。

愛着だけではなく養育行動システムは、人を含む社会性動物にとって非常に基礎的で適切なシステムである。ストレス系とオキシトシン系のそれぞれ有益あるいは不利益な調節とともに、それらは日常的に社会関係に影響を及ぼす。不安定型や無秩序型愛着表象の人々にとって、ペットとの信頼し合える安定型関係は、重要なストレス調節源としての機能を果たす。す

べては、ペットのプラス効果に関する知識の自覚なしで起こる。つまりほとんどの人は、動物が好きで生活をともにしたいという理由だけで、ペットを飼う選択をする。

もちろん、我々は伴侶動物を人間関係のパートナーの代理、すなわち友人、恋人、または自分自身の子どもとして見ることに対して反論する。それにもかかわらず、ストレスレベルの増加とそのストレスを下方制御する可能性の低下の不均衡の拡大は、少なくとも部分的に伴侶動物によって補われる。これは、社会的状況が最も重要な健康関連要因であるので重要である（Coan, 2011）。

人と動物の関係のプラス効果の必須条件は、動物の種特有の要求を満たす、すなわち動物の要求に従って"飼育"する、人に興味を持ち、人と親しくし、共有の活動に十分な時間を費やすことであるというのは明らかである。単なる所有者よりはむしろペットとの良好な関係のみ、我々が説明した人と動物の交流のプラス効果と関連があるだろう。

伴侶動物は、人の社会的パートナーになり得るし、逆もまたしかりである。人と動物の関係の統合的・複合的モデルとともに我々は、この社会的関係とそのプラス効果の発達の一因となる基礎的な機構を説明することを目指した。

＊カイザー家族財団（医療政策に対する調査・提言を行っている慈善団体）の調査によると、アメリカの子どもや若者は、テレビを見たり、ビデオゲームをしたり、ネットサーフィンをするのに毎日7時間以上費やしている。

参考文献

Achatz, A. (2007). *Transmission von Bindungsmodellen bei Eltern-Kind- und Lehrer-Schüler-Beziehungen* [Transmission of attachment models in parent-child and teacher-pupil relationships]. (Doctoral dissertation). University of Vienna, Austria

Agren, G., Lundeberg, T., Uvnäs-Moberg, K., & Sato, A. (1995). The oxytocin antagonist 1-deamino-2-D-Tyr-(Oet)-4-Thr-8-Orn-oxytocin reverses the increase in the withdrawal response latency to thermal, but not mechanical nociceptive stimuli following oxytocin administration or massage-like stroking in rats. *Neuroscience Letters, 187*, 49-52.

Ahnert, L., Gunnar, M., Lamb, M., & Barthel, M. (2004). Transition to child care: Associations with infant-mother attachment, infant negative emotion, and cortisol elevations. *Child Development, 75*, 639-650.

Ainsworth, M. D. S. (1963). *Derminants of infant behavior*. New York: Wiley.

Ainsworth, M. D. S. (1967). *Infancy in Uganda: Infant care and the growth of love*. Oxford, UK: Johns Hopkins Press.

Ainsworth, M. D. S. (1985). Patterns of attachment. *Clinical Psychologist, 38*, 27-29.

Ainsworth, M. D. S. (1991). Attachment and other affectional bonds across the life cycle. In C. Parkes, J. Stvenson-Hinde, & P. Marris (Eds.), *Attachment across the life cycle* (pp. 33-51). New York: Routledge.

Ainsworth, M. D. S., & Wittig, B. A. (1969). Attachment and the exploratory behavior of one-year-olds in a strange situation. In B. M. Foss (Ed.), *Determinants of infant behavior* (pp. 111-136). London: Methuen.

Ainsworth, M. D. S., Bell, S. M., & Stayton, D. J. (1971). Individual differences in Strange-Situation behavior of one-year-olds. In H. R. Schaffer (Ed.), *The origins of human social relations* (pp. 17-52). New York: Academic Press.

Ainsworth, M. D. S., Blehar, M. C., Waters, E., & Wall, S. (1978). *Patterns of attachment: A psychological study of the strange situation*. Hillsdale, NY: Erlbaum.

Albert, A., & Bulcroft, K. (1988). Pets, families, and the life course. *Journal of Marriage and the Family, 50*, 543-552.

Allen, J. P., Moore, C., Kuperminc, G., & Bell, K. (1998). Attachment and adolescent psychosocial functioning. *Child Development, 69*, 1406-1419.

Allen, K., Blascovich, J., & Mendes, W. B. (2002). Cardiovascular reactivity and the presence of pets, friends, and spouses: the truth about cats and dogs. *Psychosomatic Medicine, 64*, 727-739.

Allen, K., Blascovich, J., Tomaka, J., & Kelsey, R. M. (1991). The presence of human friends and pet dogs as moderators of autonomic responses to stress in women. *Journal of Personality and Social Psychology, 61*, 582-589.

Allen, K., Shykoff, B. E., & Izzo, J. L. (2001). Pet ownership, but not ace inhibitor therapy, blunts home blood pressure responses to mental stress. *Hypertension, 38*, 319-324.

Altemus, M., Deuster, P. A., Galliven, E., Carter, C. S., & Gold, P. W. (1995). Suppression of hypothalmic-pituitary-adrenal axis responses to stress in lactating women. *The Journal of Clinical Endocrinology and Metabolism, 80*, 2954-2959.

Amico, J. A., Mantella, R. C., Vollmer, R. R., & Li, X. (2004). Anxiety and stress responses in female oxytocin deficient mice. *Journal of Neuroendocrinology, 16*, 319-324.

Amico, J. A., Miedlar, J. A., Hou-Ming, D., & Vollmer, R. R. (2008). Oxytocin knockout mice: a model for studying stress-related and ingestive behaviours. *Progress in Brain Research, 170*, 53-64.

Araki, T., Iro, M., Kurosawa, M., & Sato, A. (1984). Responses of adrenal sympathetic nerve activity and catecholamine secretion to cutaneous stimulation in anesthetized rats. *Neuroscience, 12*, 231-237.

Archer, J. (1997). Why do people love their pets? *Evolution and Human Behavior, 18*, 237-259.

Aschauer, S. (2006). *Findet eine Transmission der Eltern-Kind-Beziehung auf die Lehrer-Schüler-Beziehung statt?* [Is the parent-child relationship transferred to the teacher-pupil relationship?] (Master's thesis). University of Vienna, Austria.

Aureli, F., & de Waal, F. B. (2000). *Natural conflict resolution*. Berkley, CA: University of California Press.

Baerends, G. P., Brower, R., & Waterbolk, H. T. (1955). Ethological studies on Lebistes reticulatus Peter. I. Analysis of the male courtship pattern. *Behaviour, 8*, 249-334.

Bagdy, G., & Kalogeras, K. T. (1993). Stimulation of 5HT1A and 5HT2/5HT1c receptors induce oxytocin release in male rats. *Brain Research, 611*, 330-332.

Bagley, D. K., & Gonsman, V. L. (2005). Pet attachment and personality type. *Anthrozoös, 18*, 28-42.

Bakermans-Kranenburg, M. J., van Ijzendoorn, M. H., & Juffer, F. (2003). Less is more: Meta-analysis of sensitivity and attachment interventions in early childhoood. *Psychological Bulletin, 129*, 195-215.

Bakermans-Kranenburg, M. J., & Van Ijzendoorn, M. H. (2007). Research review: Genetic vulnerability or differential susceptibility in child development: The case of attachment. *Journal of Child Psychology and Psychiatry, 48,* 1160-1173.

Balthazart, J., & Schofeniels, E. (1979). Pheromones are involved in the control of sexual behaviour in birds. *Naturwissenschaften, 66,* 55-56.

Banks, M. R., & Banks,W. A. (2002). The effects of animal-assisted therapy on loneliness in an elderly population in long-term care facilities. *The Journals of Gerontology. Series A, Biological Sciences and Medical Sciences, 57,* M428-M432.

Banks, M. R., & Banks, W. A. (2005). The effects of animal-assisted therapy on loneliness in an elderly population in long-term care facilities. *Journal of Gerontology, 57,* 428-432.

Barak, Y., Savorai, O., Mavashev, S., & Beni, A. (2001). Animal-assisted therapy for elderly schizophrenic patients: A one-year controlled trial. *American Journal of Geriatric Psychiatry, 9,* 439-442.

Bardill, N., & Hatchinson, R. N. (1997). Animal-assisted therapy with hospitalized adolescents. *Journal of Child and Adolescent Psychiatric Nursing, 10,* 17-24.

Barker, S. B., & Dawson, K. S. (1998). The effects of animal-assisted therapy on anxiety ratings of hospitalized psychiatric patients. *Psychiatric Services, 49,* 797-801.

Barker, S. B., Knisely, J. S., McCain, N. L., & Best, A. M. (2005). Measuring stress and immune responses in health care professionals following interaction with a therapy dog: a pilot study. *Psychological Reports, 96,* 713-729.

Barker, S. B., Pandurangi, A. K., & Best, A. M. (2003). Effects of animal-assisted therapy on patients' anxiety, fear, and depression before ECT. *Journal of ECT, 19,* 38-44.

Barker, S. B., Rasmussen, K. G., & Best, A. M. (2003). Effect of aquariums on electroconvulsive therapy patients. *Anthrozoös, 16,* 229-240.

Bass, M. M., Duchowny, C. A., & Llabre, M. M. (2009). The effect of therapeutic horseback riding on social functioning in children with autism. *Journal of Autism and Developmental Disorders, 39,* 1261-1267.

Beck, L., & Madresh, A. (2008). Romantic and four-legged friends: An extension of attachment theory to relationships with pets. *Anthrozoös, 21,* 43-56.

Beech, A., & Mitchell, I. (2005). A neurobiological perspective on attachment problems in sexual offenders and the role of selective serotonin re-uptake inhibitors in the treatment of such problems. *Clinical Psychology Review, 25,* 153-182.

Beetz, A. (2003). Bindung als Basis sozialer und emotionaler Kompetenzen [Attachment as basis of social and emotional competencies]. In E. Olbrich & C. Otterstedt (Eds.), *Menschen brauchen Tiere. Grundlagen und Praxis der tiergestützten Pädagogik und Therapie* (pp. 76-83). Stuttgart, Germany: Franckh-KosmosVerlag.

Beetz, A. (2009). Psychologie und Physiologie der Bindung zwischen Mensch und Tier [Psychology and physiology of human-animal attachments]. In C. Otterstedt & M. Rosenberger (Eds.), *Gefährten - Konkurrenten - Verwandte. Die Mensch-Tier-Beziehung im wissenschaftlichen Diskurs* (pp. 113-153). Göttingen, Germany: Vandenhoek & Ruprecht.

Beetz, A., & Podberscek, A. (Eds.). (2005). Bestiality and zoophilia: Sexual relations with animals. [Special issue]. *Anthrozoös.*

Beetz, A., & Julius, H. (2012) *Attachment styles of teachers who teach emotionally and behaviorally disturbed children.* Manuscript in preparation.

Beetz, A., Hediger, K., Julius, H., Balzer, H.-U., Turner, D., Uvnäs-Moberg, K., & Kotrschal, K. (2010, July). *Stress reduction in children in the presence of a real dog, a stuffed toy dog, or a friendly adult.* Special session presented at the 12th International Conference on Human-Animal Interactions (IAHAIO), Stockholm, Sweden.

Beetz, A., Kotrschal, K., Turner, D., Hediger, K., Uvnäs-Moberg, K., & Julius, H. (2011). The effect of a real dog, toy dog and friendly person on insecurely attached children during a stressful task: An exploratory study. Anthrozoös, 24, 349-368.

Beinotti, F., Correia, N., Christofoletti, G., & Borges, G. (2010). Use of hippotherapy in gait training for hemiparetic post-stroke. *Arquivos de Neuro-Psiquiatria, 68,* 908-913.

Bell, A. M., & Sih, A. (2007) Exposure to predation generates personality in threespined sticklebacks (Gasterosteus aculeatus). *Ecology Letters, 10,* 828-834.

Belsky, J., Jaffee, S. R., Sligo, J., Woodward, L., & Silva, P. A. (2005). Intergenerational transmissin of warm-sensitive stimulating parenting: A prospective study of mothers and fathers of 3-year-olds. *Child Development, 76,* 384-396.

Belyaev, D. K. (1979). Destabilizing selection as a factor in domestication. *Heredity, 70,* 301-308.

Bennett, P. M., & Harvey, P. H. (1985). Relative brain size and ecology in birds. *Journal of Zool-ogy, 207,* 151-189.

Berget, B., Ekeberg, O., & Braastad, B. O. (2008). Animal-assisted therapy with farm animals for persons with psychiatric disorders: effects on self-efficacy, coping ability and quality of life, a randomized controlled trial. *Clinical Practice and Epidemiology in Mental Health, 4.* Retrieved from http://www.cpementalhealth.com/content/4/1/9.

Berget, B., Ekeberg, O., Pedersen, I., & Braastad, B. (2011). Animal-assisted therapy with farm animals for persons with psychiatric disorders: effects on anxiety and depression. A randomized controlled trial. *Occupational Therapy in Mental Health, 27,* 50-64.

Bering, J. M. (2004). A critical review of the "enculturation hypothesis": The effects of human rearing

Bernstein, P., Friedmann, E., & Malaspina, A. (2000). Animal-assisted therapy enhances resident social interaction and initiation in long-term care facilities. *Anthrozoös, 13*, 213–224.

Best, J. R. (2010). Effects of physical activity on children's executive function: Contributions of experimental research on aerobic exercise. *Developmental Review, 30*, 331–351.

Björkstrand, E., Ahlénius, S., Smedh, U., & Uvnäs-Moberg, K. (1996). The oxytocin receptor antagonist 1-deamino-2-D-Tyr-(OEt)-4-Thr-8-Orn-oxytocin inhibits effects of the 5-HT1A receptor agonist 8-OH-DPAT on plasma levels of insulin, cholecystokinin and somatostatin. *Regulatory Peptides, 63*, 47–52.

Björkstrand, E., Eriksson, M., & Uvnäs-Moberg, K. (1996). Evidence of a peripheral and a central effect of oxytocin on pancreatic hormone release in rats. *Neuroendocrinology, 63*, 377–383.

Bonne, D., & Cohen, P. (1975). Characterization of oxytocin receptors on isolated rat fat cells. *European Journal of Biochemistry, 56*, 295–303.

Bowlby, J. (1958). The nature of the child's tie to his mother. *The International Journal of Psychoanalysis, 39*, 350–373.

Bowlby, J. (1969). *Attachment and loss, Vol. 1: Attachment.* New York: Basic Books.

Bowlby, J. (1973). *Attachment and loss. Vol. 2: Separation: Anxiety and anger.* London: Hogarth Press.

Bowlby, J. (1979). *The making and breaking of affectional bonds.* London: Tavistock.

Bowlby, J. (1980). *Attachment and loss, Vol. 3: Loss, sadness and depression.* New York: Basic Books.

Bowlby, J. (1982). *Das Glueck und die Trauer. Herstellung und Loesung affektiver Bindungen* [Joy and grief. Forming and untying affective bonds]. Stuttgart, Germany: Klett-Cotta.

Bowlby, J. (1988). *A secure base.* New York: Basic Books.

Bowlby, J. (1989). The role of attachment in personality development and psychopathology. In S. Greenspan & G. Pollock (Eds.), *The course of life, Vol. 1: Infancy* (pp. 229–270). Madison, CT: International Universities Press.

Brennan, K. A., & Shaver, P. R. (1992). Dimensions of adult attachment, affect regulation, and romantic relationship functioning. *Personality and Social Psychology Bulletin, 21*, 267–283.

Bretherton, I. (1999). Updating the internal working model construct. Some reflections. *Attachment and Human Development, 1*, 343–357.

Bretherton, I. (1987). New perspectives on attachment relations: Security, communication, and internal working models. In J. D. Osofsky (Ed.), *Handbook of infant development* (2nd ed., pp. 1061–1100). Oxford, UK: Wiley.

Bretherton, I., & Munholland, K. (1999). Internal working models in attachment relationships: A construct revisited. In J. Cassidy & P. R. Shaver (Eds.), *Handbook of attachment: Theory, research, and clinical applications.* New York: Guilford.

Brodie, S. J., Francis, C., Bnurs, B., & Shewring, M. (2002). An exploration of the potential risks associated with using pet therapy in healthcare settings. *Journal of Clinical Nursing, 11*, 444–456.

Broom, D. M. (2003). *The evolution of morality and religion.* Cambridge: Cambridge University Press.

Bruce, J., Kroupina, M., Parker, S., & Gunnar, M. (2000, July). *The relationships between cortisol patterns, growth retardation, and developmental delay in post-institutionalized children.* Poster presented at the International Conference on Infant Studies. Brighton, UK:.

Bshary, R., Wickler, W., & Fricke, H. (2002). Fish cognition: a primate's eye view. *Animal Cognition, 5*, 1–13.

Buchheim, A., Heinrichs, M., George, C., Pokorny, D., Koops, D., Henningsen, ... Gündel, H. (2009). Oxytocin enhances the experience of attachment security. *Psychoneuroendocrinology, 34*, 1417–422.

Bugental, D., Martorell, G., & Barraza, V. (2003). The hormonal costs of subtle forms of infant maltreatment. *Hormones and Behavior, 43*, 237–244.

Bugnyar, T., & Heinrich, B. (2006). Pilfering ravens, Corvus corax, adjust their behaviour to social context and identity of competitors. *Animal Cognition, 9*, 369376.

Bugnyar, T., Schwab, C., Schlögl, C., Kotrschal, K., & Heinrich, B. (2007). Ravens judge competitors through experience with play caching. *Current Biology, 17*, 1804–1808.

Buijs, R. M., De Vries, G. J., & Van Leeuwen, F. W. (1985). The distribution and synaptic release of oxytocin in the central nervous system. In J. A. Amico & A. G. Robinson (Eds.), *Oxytocin: Clinical and Laboratory Studies* (pp. 77–86). Amsterdam, The Netherlands: Elsevier.

Burish, M. J., Hao, Y. K., & Wang, S. S.-H. (2004). Brain architecture and social complexity in modern and ancient birds. *Brain, Behaviour and Evolution, 63*, 107–124.

Buske-Kirschbaum, A., Jobst, S., Wustmans, A., Kirschbaum, C., Rauh, W., & Hellhammer, D. (1997). Attenuated free cortisol response to psychosocial stress in children with atopic dermatitis. *Psychosomatic Medicine, 59*, 419–426.

Buske-Kirschbaum, A., von Auer, K., Krieger, S., Wels, S., Rauh, W., & Hellhammer, D. (2003). Blunted cortisol responses to psychosocial stress in astmatic chilfdren: A general feature of atopic disease? *Psychosomatic Medicine, 65*, 806–810.

Byrne, R. W., & Whiten, A. (1988). *Machiavellian intelligence: Social expertise, and the evolution of intellect in monkeys, apes, and humans.* Oxford: Clarendon Press.

Bystrova, K., Ivanova, V., Edhborg, M., Matthiesen, A .S., Ransjö-Arvidson, A. B., Mukhamedrakhimov, R., ... Widström, A. M. (2009). Early contact versus separation: Effects on mother-infant interaction one year later. *Birth, 36*, 97-109.

Bystrova, K., Matthiesen, A. S., Vorontsov, I., Widström, A. M., Ransjö-Arvidson, A. B., & Uvnäs-Moberg, K. (2007). Maternal axillar and breast temperature after giving birth: effects of delivery ward practices and relation to infant temperature. *Birth, 34*, 291-300.

Bystrova, K., Matthiesen, A. S., Vorontsov, I., Widström, A. M., Ransjö-Arvidson, A. B., Welles- Nyström, B., Vorontsov, I., ... Uvnäs-Moberg, K. (2009). Effect of closeness versus separation after birth and influence of swaddling on mother-infant interaction one year later: A study in St Petersburg. *Birth, 36*, 97-109.

Bystrova, K., Widström, A. M., Matthiesen, A.-S., Ransjö-Arvidson, A.-B., Welles-Nyström, B., Wassberg, C., ... Uvnäs-Moberg, K. (2003). Skin-to-skin contact may reduce negative consequences of "the stress of being born" : A study on temperature in newborn infants, subjected to different ward routines in St. Petersburg. *Acta Paediatrica, 92*, 320-326.

Cannon, W. B. (1929). *Bodily changes in pain, hunger, fear and rage.* New York: Appleton.

Carlson, M., & Earls, F. (1997). Psychological and neuroendocrinological sequelae of early social deprivation in institutionalized children in Romania. *Annals of the New York Academy of Sciences, 807*, 419-428.

Carnelley, K. B., Pietromonaco, P. R., & Jaffe, K. (2005). Attachment, caregiving, and relationship functioning in couples: Effects of self and partner. *Personal Relationships, 3*, 257-277.

Carpenter, E. M., & Kirkpatrick, L. A. (1996). Attachment style and presence of a romantic partner as moderators of psychophysiological responses to a stressful laboratory situation. *Personal Relationships, 3*, 351-367.

Carpenter, L., Carvalho, J., & Tyrka, A., (2007). Decreased adreno-corticotropic hormone and cortisol responses to stress in healthy adults reporting significant childhood maltreatment. *Biological Psychiatry, 62*, 1080-1087.

Carpenter, L., Tyrka, A., Ross, N., Khoury. L., Anderson, G., & Price, L. (2009). Effect of childhood emotional abuse and age on cortisol responsivity in adulthood. *Biological Psychiatry, 66*, 69-75.

Carter, C., & Keverne, E. B. (2002). The neurobiology of social affiliation and pair bonding. In D. W. Pfaff, A. P. Arnold, A. M. Etgen, S. E. Fahrbach, & R. T. Rubin (Eds.), *Hormones, Brains and Behavior* (pp. 299-337). San Diego, CA: Academic Press.

Carter, C. S. (1998). Neuroendocrine perspectives on social attachment and love. *Psychoneuroendocrinology, 23*, 779-818.

Carter, C. S. (2005). The chemistry of child neglect: Do oxytocin and vasopressin mediate the effects of early experience? *Proceedings of the National Academy of Science, 102*, 18247-18248.

Carter, C. S., De Vries, A. C., & Getz, L. L. (1995). Physiological substrates of mammalian monogamy: The prairy vole model. *Neuroscience Biobehavioral Reviews, 19*, 203-214.

Cassidy, J. (2008). The nature of the child's ties. In J. Cassidy & P. R. Shaver (Eds.), *Handbook of attachment: Theory, research and clinical applications.* New York: Guilford.

Cassidy, J., & Berlin, L. J. (1994). The insecure/ambivalent pattern of attachment: Theory and research. *Child Development, 65*, 971-991.

Champagne, F. A., & Meaney, M. J. (2007). Transgenerational effects of social environment on variations in maternal care and behavioural response to novelty. *Behavioral Neuroscience, 121*, 1353-1363.

Charnetski, C. J., Riggers, S., & Brennan, F. X. (2004). Effect of petting a dog on immune system function. *Psychological Reports, 95*, 1087-1091.

Cherng, R.-J., Liao H.-F., Leung, H. W., & Hwang, A.-W. (2004). The effectiveness of therapeutic horseback riding in children with spastic cerebral palsy. *Adapted Physical Activity Quarterly, 21*, 103-121.

Christensson, K., Cabrera, T., Christensson, E., Uvnäs-Moberg, K., & Winberg, J. (1995). Separation distress call in the human neonate in the absence of maternal body contact. *Acta Paediatrica, 84*, 468-473.

Cicchetti, D., & Rogosch, F. A. (1996a). Equifinality and multifinality in developmental psychopathology. *Development and Psychopathology, 8*, 597-600.

Cicchetti, D. & Rogosch, F. A. (1996b). The role of self-organization in the promotion of resilience in maltreated children. Development and Psychopathology, 9, 799-817.

Cicchetti, D., Rogosch, F., Gunnar, M., & Toth, S. (2010) The differential impacts of early physical and sexual abuse and internalizing problems on daytime cortisol rhythm in school-aged children. *Child Development, 81*, 252-269.

Clarke, G., Fall, C. H., Lincoln, D. W., & Merrick, L. P. (1978). Effects of cholinoceptor antagonists on the suckling-induced and experimentally evoked release of oxytocin. *British Journal of Pharmacology, 63*, 519-527.

Coan, J. A. (2011). Social regulation of emotion. In J. Decety & J. Cacioppo (Eds.), *Handbook of social neuroscience* (pp. 614-623). New York: Oxford University Press.

Cohen, S., & Wills, T. A. (1985). Stress, social support and the buffering hypothesis. *Psychological Bulletin, 98*, 310.

Cole, K. M., Gawlinski, A., Steers, N., & Kotlerman, J. (2007). Animal-assisted therapy in patients hospitalized with heart failure. *American Journal of Criti-*

cal Care, 16, 575-585.

Cole, M., & Cole, S. R. (1996). *The development of children*. New York: Freeman & Co.

Collins, N. & Feeney, B. (2004). Working models of attachment shape perceptions of social support: Evidence from experimental and observational studies. *Journal of Personality and Social Psychology, 87*, 363-383.

Colombo, G., Buono, M. D., Smania, K., Raviola, R., & DeLeo, D. (2006). Pet therapy and institutionalized elderly: A study on 144 cognitively unimpaired subjects. *Archives of Gerontology and Geriatrics, 42*, 207-216.

Cooper, M. L., Shaver, P. R., & Collins, N. L. (1998). Attachment styles, emotion regulation, and adjustment in adolescence. *Journal of Personality and Social Psychology, 74*, 1380-1397.

Coppinger, R. & Schneider, R. (1995). The evolution of working dogs. In J. A. Serpell (Ed.), *The domestic dog* (pp. 21-50). Cambridge: Cambridge University Press.

Costa, B., Pini, S., Gabelloni, P., Abelli, M., Lari, L., Cardini, A., ... Martini, C. (2009). Oxytocin receptor polymorphisms and adult attachment style in patients with depression. *Psychoneuroendocrinology, 34*, 1506-1514.

Costa, P. T. & McCrae, R. R. (1999). A five-factor theory of personality. In L. A. Pervine & O. P. John (Eds.), *Handbook of personality: Theory and research* (pp. 139-153). New York: Guilford.

Covert, A., Whiren, A., Keith, J., & Nelson, C. (1985). Pets, early adolescents and families. *Marriage and Family Review, 8*, 63-78.

Creel, S. (2005). Dominance, aggression and glucocorticoid levels in social carnivores. *Journal of Mammalogy, 86*, 255-264.

Creel, S., Creel, N. M., & Monfort, S. (1996). Social stress and dominance. *Nature, 379*, 212.

Crowley-Robinson, P., Fenwick, D. C., & Blackshaw, J. K. (1996). A long-term study of elderly people in nursing homes with visiting and resident dogs. *Applied Animal Behaviour Science, 47*, 137-148.

Crowley, W. R., Parker, S. L., Armstrong, W. E., Wang, W., & Grosvenor, C. E. (1991). Excitatory and inhibitory dopaminergic regulation of oxytocin secretion in the lactating rat: Evidence for respective mediation by D1 and D2 dopamine receptor subtypes. *Neuroendocrinology, 53*, 493-502.

Cunningham, W. A., & Zelazo, P. D. (2007). Attitudes and evaluations: A social cognitive neuroscience perspective. *Trends in Cognitive Sciences, 11*, 97-104.

Curley, J. P., & Keverne, E. B. (2005). Genes, brains and mammalian social bonds. *Trends in Ecology and Evolution, 20*, 561-567.

Cutuli, J., Wiik, K., Herbers, J., Gunnar, M., & Masten, A. (2010). Cortisol function among early school-aged homeless children. *Psychoneuroendocrinology, 35*, 833-84.

Cyranowsky, J., Hofkens, T., Frank, E., Seltman, H., Cai, H-M., & Amico, J. (2008). Evidence of dysregulated peripheral oxytocin release among depressed women. *Psychosomatic Medicine, 70*, 967-975

Daisley, J. N., Bromundt, V., Möstl, E., & Kotrschal, K. (2005). Enhanced yolk testosterone influences behavioural phenotype independent of sex in Japanese quail (*Coturnix coturnix Japonica*). *Hormones and Behavior, 47*, 185-194.

Dale, H. H. (1909). The action of extracts of the pituitary body. *Biochemical Journal, 4*, 427-447.

Daly, B., & Morton, L. L. (2003). Children with pets do not show higher empathy: A challenge to current views. *Anthrozoös, 16*, 298-314.

Daly, B. & Morton, L. L. (2006). An investigation of human-animal interactions and empathy as related to pet preference, ownership, attachment, and attitudes in children. *Anthrozoös, 19*, 113-127.

Daly, B., & Morton, L. L. (2009). Empathic difference in adults as a function of childhood and adult pet ownership and pet type. *Anthrozoos, 22*, 371-382.

Damasio, A. R. (1999). *The feeling of what happens. Body and emotion in the making of consciousness*. New York: Harcourt Brace.

Darrah, J. P. (1996). A pilot survey of animal-facilitated therapy in Southern California and South Dakota nursing homes. *Occupational Therapy International, 3*, 105-121.

Darwin, C. (1872). *The expression of the emotions in man and animals*. London: Murray.

Davis, E., Davies, B., Wolfe, R., Raadsveld, R., Heine, B., Thomason, P., ... Graham, H. K. (2009). A randomized controlled trial of the impact of therapeutic horse riding on the quality of life, health, and function of children with cerebral palsy. *Developmental Medicine and Child Neurology, 51*, 111-119.

De Bellis, M. D., Baum, A. S., Birmaher, B., Keshavan, M. S., Eccard, C. H., Boring, A. M., ... Ryan, N. D. (1999). Developmental traumatology, Part 1: Biological stress systems. *Biological Psychiatry, 45*, 1259-1270.

DeLoache, J. S., Pickard, M. B., & LoBue, V. (2011) How very young children think about animals. In S. McCune, S. J. A. Griffin, & V. Maholmes (Eds.), *How animals affect us: Examining the influences of human-animal interaction on child development and human health*, (pp. 85-99). Washington, DC: American Psychological Association.

Demello, L. R. (1999). The effect of the presence of a companion-animal on physiological changes following the termination of cognitive stressors. *Psychology and Health, 14*, 859-868.

De Schriver, M. M., & Riddick, C. C. (1990). Effects of watching aquariums on elders' stress. *Anthrozoös, 4*, 44-48.

De Vries, A. C. (2002). Interaction among social environment, the hypothalamo-pituitary-adrenal axis and behavior. *Hormones and Behavior, 41*, 405-413.

De Vries, A. C., Glasper, E. R., & Dentillion, C. E. (2003). Social modulation of stress responses. *Physiology and Behavior, 79*, 399-407.

De Waal, F. B. (2000a). Primates - a natural heritage of conflict resolution. *Science, 289*, 586-590.

De Waal, F. B. (2000b). *Chimpanzee politics. Power and sex among apes* (revised ed.).. Baltimore, MD: Johns Hopkins University Press.

De Waal, F. B. (2008). Putting the altruism back into altruism: The evolution of empathy. *Annual Review of Psychology, 59*, 279-300.

De Waal, F. B., & Brosnan, S. F. (2006). Simple and complex reciprocity in primates. In P. M. Kappeler & C. P. van Schaik (Eds.), *Cooperation in primates and humans: Mechanisms and evolution* (pp. 85-105). Berlin, Germany: Springer Verlag.

De Wied, D., Gaffori, O., Burbach, J. P., Kovács, G. L., & van Ree, J. M. (1987). Structure activity relationship studies with C-terminal fragments of vasopressin and oxytocin on avoidance behaviors of rats. *Journal of Pharmacology and Experimental Therapeutics, 241*, 268-74.

De Wolff, M. S., & van Ijzendoorn, M. H. (1997). Sensitivity and attachment: A meta-analysis on parental antecedents of infant attachment. *Child Development, 68*, 571-591.

Diamond, L. M. (2001). Contributions of psychophysiology to research on adult attachment: Review and recommendations. *Personality and Social Psychology Review, 5*, 276-295.

Diamond, L., Hicks, A., & Otter-Henderson, K. (2008). Every time you go away: Changes in affect, behavior, and physiology associated with travel-related separations from romantic partners. *Journal of Personality and Social Psychology, 95*, 385-403.

Dickerson, S. S., & Kemeny, M. E. (2004). Acute stressors and cortisol responses: A theoretical integration and synthesis of laboratory research. *Psychological Bulletin, 130*, 355-391.

Dingemanse, N. J., & De Goede, P. (2004). The relation between dominance and exploratory behavior is context-dependent in wild great tits. *Behavioural Ecology, 15*, 1023-1030.

Dingemanse, N. J., Both, C., Drent, P. J., & Tinbergen, J. M. (2004). Fitness consequences of avian personalities in a fluctuating environment. *Proceedings of the Royal Society London B, 271*, 847-852.

Di Simplicio, M., Massey-Chase, R., Cowen, P., & Harmer, C. (2008). Oxytocin enhances processing of positive versus negative emotional information in healthy male volunteers. *Journal of Psychopharmacology, 23*, 241-248.

Ditzen, B., Neumann, I. D., Bodenmann, G., von Dawans, B., Turner, R. A., Ehlert, U., & Heinrichs, M. (2007). Effects of different kinds of couple interaction on cortisol and heart rate responses to stress in women. *Psychoneuroendocrinology, 32*, 565-574.

Ditzen, B., Schmidt, S., Strauss, B., Nater, M., Ehlert, U., & Heinrichs, M. (2008a). Adult attachment and social support interact to reduce psychological but not cortisol responses to stress. *Journal of Psychosomatic Research, 64*, 479-486.

Ditzen, B., Schmidt, S., Strauss, B., Nater, U. M., Ehlert, U., & Heinrichs, M. (2008b). Adult attachment and social support interact to reduce psychological but not cortisol responses to stress. *Journal of Psychosomatic Research, 64*, 479-486.

Ditzen, B., Schaer, M., Gabriel, B., Bodenmann, G., Ehlert, U., & Heinrichs, M. (2009). Intranasal oxytocin increases positive communication and reduces cortisol levels during couple conflict. *Biological Psychiatry, 65*, 728-731.

Divac, I., Thibault, J., Skageberg, G., Palacios, J. M., & Dietl, M. M. (1994): Dopaminergic innervation of the brain in pigeons. The presumed "prefrontal cortex" . *Acta Neurobiologica Experimental (Wars), 54*, 227-234.

Dodge, K. A. (1993). Social-cognitive mechanisms in the development of conduct disorders and depression. *Annual Review of Psychology, 44*, 559-584.

Doherty, N. A., & Feeney, J. A. (2004). The composition of attachment networks throughout the adult years. *Personal Relationships, 11*, 469-488.

Domes, G., Heinrichs, M., Glascher, J., Buchel, C., Braus, D., & Herpertz, S. C. (2007a). Oxytocin attenuates amygdala responses to emotional faces regardless of valence. *Biological Psychiatry, 62*, 1187-1190.

Domes, G., Heinrichs, M., Michel, A., Berger, C., & Herpertz, S. C. (2007b). Oxytocin improves "mind-reading" in humans. *Biological Psychiatry, 61*, 731-733.

Dorn, L., Campo, J., Thato, S., Dahl, R., Lewin, D., Chandra, R., & Di Lorenzo, C. (2003). Psychological comorbidity and stress reactivity in children and adolescents with recurrent abdominal pain and anxiety disorders. *Journal of the American Academy of Child and Adolescent Psychiatry, 42*, 66-75.

Dornes, M. (1999). Die Entstehung seelischer Erkrankungen: Risiko- und Schutzfaktoren [The development of mental disorders: Risk factors and protective factors]. In G. Suess & W. Pfeiffer (Eds.), *Frühe Hilfen: Anwendung von Bindungs- und Kleinkindforschung in Erziehung, Beratung, Therapie und Vorbeugung* (pp. 25-64). Gießen, Germany: Psychosozial-Verlag.

Dreifuss, J., Raggenbass, M., Charpak, S., Dubois-Dauphin, M., & Tribollet, E. (1988). A role of central oxytocin in autonomic functions: Its action in the motor nucleus of the vagus nerve. *Brain Resarch Bulletin, 20*,765-770.

Drent, P. J., & Marchetti, C. (1999). Individuality, exploration and foraging in hand raised juvenile great tits. In N. J. Adams & R. H. Slotow (Eds.), *Proceedings of the 22nd International Ornithological Con-

ference (pp. 896–914). Johannesburg, South Africa: Bird Life South Africa.

Du Vigneaud, V., Ressler, C., & Trippett, S. (1953). The sequence of amino acids in oxytocin, with a proposal for the structure of oxytocin. *The Journal of Biological Chemistry, 205*, 949-57.

Dunbar, R. I. (1998). The social brain hypothesis. *Evolutionary Anthropology, 6*, 178-90.

Dunbar, R. I. (2007). Evolution of the social brain. In S. W. Gangestad & J. A. Simpson (Eds.), *The evolution of mind*, (pp. 280–293). New York: Guilford.

Eibl-Eibesfeldt, I. (1970). *Liebe und Haß. Zur Naturgeschichte elementarer Verhaltensweisen* [Love and hate. On the natural history of elementary behaviors]. Munich, Germany: Piper.

Eibl-Eibesfeldt, I. (1999). *Grundriß der vergleichenden Verhaltensforschung. Ethologie* [An outline of comparative behavior research. Ethology]. Munich, Germany: Piper.

Eibl-Eibesfeldt, I. (2004). *Die Biologie des menschlichen Verhaltens. Grundriss der Humanethologie* [The biology of human behavior. An outline of human ethology]. Vierkirchen-Pasenbach, Germany: Blank.

Eilsfeld, M., & Julius, H. (2012). Attachment style and intelligence development. Manuscript in preparation.

Elands, J., Resink, A., & De Kloet, R. (1990). Neurohypophyseal hormone receptors in the rat thymus, spleen and lymphocytes. *Endocrinology, 126*, 2703-2710.

Emery, N. J. (2006). Cognitive ornithology: The evolution of avian intelligence. *Philosophical Transactions of the Royal Society B, 361*, 23-43.

Emery, N. J., & Clayton, N. S. (2004). The mentality of crows: Convergent evolution of intelligence in corvids and apes. *Science, 306*, 1903-1907.

Emery, N. J., Seed, A. M., von Bayern, A. M., & Clayton, N. S. (2007). Cognitive adaptations of social bonding in birds. *Philosophical Transactions of the Royal Society B, 362*, 489-505.

Enders-Slegers, M.-J. (2000). The meaning of companion animals: Qualitative analysis of the life histories of elderly cat and dog owners. In A. L. Podberscek, E. S. Paul, & J. A. Serpell (Eds.), *Companion animals and us: Exploring the relationships between people and pets* (pp. 237–256). Cambridge: Cambridge University Press.

Engert, V., Efanov, S., Dedovic, K., Duchesne, A., Dagher, A., & Pruessner, J. (2009). Perceived early-life maternal care and the cortisol response to repeated psychosocial stress. *Joural of Psychiatry and Neuroscience, 47*, 370-377.

Erikson, B. (2000). The social significance of pet-keeping among Amazonian Indians. In A. L. Podberscek, E. Paul, & J. A. Serpell (Eds.), *Companion animals and us: Exploring the relationships between people and pets*, (pp. 7–26). Cambridge: Cambridge University Press.

Feeney, J. A. (1995). Adult attachment and emotional control. *Personal Relationships, 2*, 143-159.

Feeney, B. C., & Kirkpatrick, L. A. (1996). Effects of adult attachment and presence of romantic partners on physiological responses to stress. *Journal of Personality and Social Psychology, 70*, 255-270.

Feldman, R., Gordon, I., & Zagoory-Sharon, O. (2011). Maternal and paternal plasma, salivary, and urinary oxytocin and parent-infant synchrony: Considering stress and affiliation components of human bonding. *Developmental Science, 14*, 752-761.

Feldman, R., Weller, A., Zagoory-Sharon, O., & Levine, A. (2007). Evidence for a neuroendocrinological foundation of human affiliation: Plasma oxytocin levels across pregnancy and the postpartum period predict mother-infant bonding. *Psychological Science, 18*, 965-970.

Fick, K. M. (1993). The influence of an animal on social interactions of nursing home residents in a group setting. *American Journal of Occupational Therapy, 47*, 529-534.

Field, T. (1991). Attachment and early separations from parents and peers. In J. L. Gewirtz & W. M. Kurtines (Eds.), *Intersections with attachment* (pp. 165–179). Hillsdale, NJ: Erlbaum.

Field, T. (2002). Massage therapy. *Medical Clinics of North America, 86*, 1034-1036.

Field, T., & Reite, M. (1984). Children's responses to separation from mother during the birth of another child. *Child Development, 55*, 1308-1316.

Filan, S. L., & Llewellyn-Jones, R. H. (2006). Animal-assisted therapy for dementia: A review of the literature. *International Psychogeriatrics, 18*, 597-611.

Filipp, S.-H. (1995). *Kritische Lebensereignisse* [Critical life events]. Weinheim, Germany: Beltz.

Fine, A. H. (2006). *Handbook on animal-assisted therapy* (2nd ed.). San Diego, CA: Academic Press/Elsevier.

Fine, A. H. (2006). Incorporating animal-assisted therapy into psychotherapy: Guidelines and suggestions for therapists. In A. H. Fine (Ed.), *Handbook on animal-assisted therapy. Theoretical foundations and guidelines for practice* (pp. 167–206). San Diego, CA: Academic Press/ Elsevier.

Foley, P., & Kirschbaum, C. (2010). Human hypothalamus-pituitary-adrenal axis responses to acute psychosocial stress in laboratory settings. *Neuroscience and Biobehavioral Reviews, 34*, 91-96.

Folkow, B. (1997). Physiological aspects of the "defence" and "defeat" reactions. *Acta Physiologica Scandinavia, 640*, 34-37.

Fonagy, P. (2001). *Attachment theory and psychoanalysis*. New York: Other Press.

Fournier, A. K., Geller, E. S., & Fortney, E. V. (2007). Human-animal interaction in a prison setting: Impact on criminal behavior, treatment progress, and social skills. *Behavior and Social Issues, 16*, 89-105.

Fox, N. A., Hane, A. A., & Pine, D. S. (2007). Plasticity of affective neurocircuity: How the environment influences the gene. *Current Directions in Psychology, 16,* 1-15.

Fraley, R. C., & Shaver, P. R. (2000). Adult romantic attachment: Theoretical developments, emerging controversies, and unanswered questions. *Review of General Psychology, 4,* 132-154.

Freud, S. (1975). *Studienausgabe, Vol. III: Psychologie des Unbewussten* [Study edition, vol. III: The psychology of the unconscious]. Frankfurt/Main, Germany: Fischer.

Freund-Mercier, M. J., Stoeckel, M. E., Palacios, J. M., Pazos, A., Reichhart, J. M., Porte, A., & Richard, P. (1987). Pharmacological characteristics and anatomical distribution of [3H]oxytocin-binding sites in the wistar brain studied by autoradiography. *Neuroscience, 20,* 599-614.

Friedman, E., Katcher, A. H., Thomas, S. A., Lynch, J. J., & Messent, P. R. (1983). Social interaction and blood pressure: Influence of animal companions. *Journal of Nervous and Mental Disease, 171,* 461-464.

Friedman, B. H., & Thayer, J. F. (1998). Autonomic balance revisited: Panic anxiety and heart rate variability. *Journal of Psychosomatic Research, 44,* 133-151.

Friedmann, E., & Thomas, S. A. (1998). Pet ownership, social support, and one-year survival after acute myocardial infarction in the cardiac arrhythmia suppression trial (CAST). In C. C. Wilson & D. C. Turner (Eds.), *Companion animals in human health* (pp. 187-201). Thousand Oaks, CA: Sage.

Friedmann, E., Thomas, S. A., & Eddy, T. J. (2000). Companion animals and human health: physical and cardiovascular influences. In A. L. Podberscek, E. Paul, & J. Serpell (Eds.), *Companion animals and us: Exploring the relationships between people and pets,* (pp. 125-142). Cambridge: Cambridge University Press.

Fries, A. B., Ziegler, T. E., Kurian, J. R., Jacoris, S., & Pollak, S. D. (2005a). Early experience in humans is associated with changes in neuropeptides critical for regulating social behavior. *Proceedings of the National Academy of Science, 102,* 17237-17240.

Fries, E., Hesse, J., & Hellhammer, D. (2005b). A new view on hypocortisolism. *Psychoneuroendocrinology, 30,* 1010-1016

Fritz, J., & Kotrschal, K. (2002). On avian imitation: Cognitive and ethological perspectives. In K. Dauterhahn & C. L. Nehaniv (Eds.), *Imitation in animals and artefacts* (pp. 133-156). Cambridge, MA: MIT Press.

Gallese, V., & Goldman, A. (1998). Mirror neurons and the simulation theory of mind reading. *Trends in Cognitive Sciences, 2,* 493-501.

Gallese, V., Keysers, C., & Rizzolatti, G. (2004). A unifying view on the basis of social cognition. *Trends in Cognitive Sciences, 8,* 396-403.

Gardner, R. A., & Wallach, L. (1965). Shapes and figures identified as a baby's head. *Perceptual and Motor Skills, 20,* 135-142.

Garmezy, N. (1983). Stressors of childhood. In N. Garmezy, & M. Rutter (Eds.), *Stress, Coping, and Development in Children* (pp. 43-84). New York: McGraw-Hill.

Garrity, T. F., Stallones, L., Marx, M. B., & Johnson, T. P. (1989). Pet ownership and attachment as supportive factors in the health of the elderly. *Anthrozoös, 3,* 35-44.

Gee, N. R., Church, M. T., & Altobelli, C. L. (2010). Preschoolers make fewer errors on an object categorization task in the presence of a dog. *Anthrozoos, 23,* 223-230.

Gee, N. R., Crist, E. N., & Carr, D. N. (2010). Preschool children require fewer instructional prompts to perform a memory task in the presence of a dog. *Anthrozoös, 23,* 173-184.

Gee, N. R., Harris, S. L., & Johnson, K. L. (2007). The role of therapy dogs in speed and accuracy to complete motor skill tasks for preschool children. *Anthrozoös, 20,* 375-386.

Gee, N. R., Sherlock, T. R., Bennett, E. A., & Harris, S. L. (2009). Preschoolers' adherence to instruction as a function of presence of a dog and motor skill task. *Anthrozoös, 22,* 267-276.

George, C., & Solomon, J. (1989). Internal working models of caregiving and security of attachment at age six. *Infant Mental Health Journal, 10,* 222-237.

George C., & Solomon, J. (Eds.). (1996a). Defining the caregiving system [Special issue]. *Infant Mental Health Journal, 17*(3).

George, C., & Solomon, J. (1996b). Representational models of relationships: Links between caregiving and attachment. *Infant Mental Health Journal, 17,* 198-216.

George, C., & Solomon, J. (2008). The caregiving system. A behavioral systems approach to parenting. In J. Cassidy & P. Shaver (Eds.), *Handbook of attachment: Theory, research and clinical applications* (pp. 833-856). New York: Guilford.

George, C., & West, M. (2001). The development and preliminary validation of a new measure of adult attachment: The Adult Attachment Projective. *Attachment and Human Development, 3,* 30-61.

George, C., West, M., & Pettem, O. (1997). *Adult Attachment Projective. Protocol and classification scoring system.* Unpublished Manual.

George, C., West, M., & Pettem, O. (1999). The Adult Attachment Projective: Disorganization of adult attachment at the level of representation. Attachment disorganization. In J. Solomon & C. George (Eds.), *Attachment disorganization* (pp. 318-346). New York: Guilford.

Giaquinto, S., & Valentini, F. (2009). Is there a scientific basis for pet therapy? *Disability and Rehabilitation: An International Multidisciplinary Journal, 31,* 595-598.

Gillath, O., Shaver, P., Baek, J.-M., & Chun, D. (2008).

Genetic correlates of adult attachment style. *Personality and Social Psychology Bulletin, 20*, 1-10.

Gilles, E. E., Berntson, G. G., Zipf, W. B., & Gunnar, M., (2000, July). Neglect is associated with a blunting of behavioral and biological stress responses in human infants. *Paper presented at the International Conference on Infant Studies*, Brighton, UK.

Gingrich, B., Liu, Y., Cascio, C., Wang, Z. X., & Insel, T. R. (2000). Dopamine D2 receptors in the nucleus accumbens are important for social attachment in female prairie voles. *Behavioral Neuroscience, 114*, 173-183.

Giraldeau, L.-A., & Caraco, T. (2000). Social foraging theory. *Monographs in Behavior and Ecology*. Princeton, NJ: Princeton University Press.

Gloger-Tippelt, G., Vetter, J., & Rauh, H. (2000). Untersuchungen mit der "Fremden Situation" in deutschsprachigen Ländern. Ein Überblick [Studies using the "strange situation" in German-speaking countries. An overview]. *Psychologie in Erziehung und Unterricht, 27*, 87-98.

Goldman, M., Marlow-O'Connor, M., Torres, I., & Carter, C. S. (2008). Diminished plasma oxytocin in schizophrenic patients with neuroendocrine dysfunction and emotional deficits. *Schizophrenia Research, 98*, 247-255.

Goodson, J. L. (2005). The vertebrate social behavior network: Evolutionary themes and variations. *Hormones and Behaviour, 48*, 11-22.

Goodson, J. L., & Bass, A. H. (2001). Social behavior functions and related anatomical characteristics of vasotocin/vaspressin systems in vertebrates. *Brain Research Reviews, 35*, 246-265.

Gordon, S., & du Vigneaud, V. (1953). Preparation of S,S'-dibenzyloxytocin and its reconversion to oxytocin. *Proceedings of the Society for Experimental Biology and Medicine, 84*, 723-725.

Gordon, I., Zagoory-Sharon, O., Schneiderman, I., Leckman, J. F., Weller, A., & Feldman, R. (2008). Oxytocin and cortisol in romantically unattached young adults: Associations with bonding and psychological distress. *Psychophysiology, 45*, 349-352.

Gosling, S. D. (2001). From mice to men: What can we learn about personality from animal research? *Psychological Bulletin, 127*, 45-86.

Gosling, S. D., & John, O. P. (1999). Personality dimensions in nonhuman animals: A crossspecies review. *Current Directions in Psychological Science, 8*, 69-75.

Gould, S. J. (1980). *The Panda's thumb*. London: Norton.

Gregory, S. G., Connelly, J. J., Towers, A. J., Johnson, J., Biscocho, D., Markunas, C. A., ... Pericak-Vance, M. A. (2009). Genomic and epigenetic evidence for oxytocin receptor deficiency in autism. *BMC Medicine, 7*, 62.

Grewen, K. M., Girdler, S. S., Amico, J., & Light, K. C. (2005). Effects of partner support on resting oxytocin, cortisol, norepinephrine, and blood pressure before and after warm partner contact. *Psychosomatic Medicine, 67*, 531-538.

Groothuis, T. G., Müller, W., von Engelhardt, N., Carere, C., & Eising, C. (2005). Maternal hormones as a tool to adjust offspring phenotype in avian species. *Neuroscience and Biobehavioural Reviews, 29*, 329-352.

Grossberg, J. M., & Alf, E. F. (1985). Interaction with pet dogs: Effects on human cardiovascular response. *Journal of the Delta Society, 2*, 20-27.

Grossmann, K., & Grossmann, K. (2003). Elternbindung und Entwicklung des Kindes in Beziehungen [Parent attachment and child development in relationships]. In B. Herpertz-Dahlmann, F. Resch, M. Schulte-Markwort & A. Warnke (Eds.), *Entwicklungspsychiatrie* (pp. 115-135). Stuttgart, Germany: Schattauer.

Grossmann, K., & Grossmann, K. (2004). *Bindungen - Das Gefüge psychischer Sicherheit* [Attachments - the framework of mental security]. Stuttgart, Germany: Klett-Cotta.

Grossmann, K., Grossmann, K., Huber, F., & Wartner, U. (1981). German children's behavior towards their mothers at 12 month and their fathers at 18 month in Ainsworth's Strange Situation. *International Journal of Behavioral Development, 4*, 157-181.

Guastella, A. J., Einfeld, S. L., Gray, K. M., Rinehart, N. J., Tonge, B. J., Lambert, T. J., & Hickie, I. B. (2010). Intranasal oxytocin improves emotion recognition for youth with autism spectrum disorders. *Biological Psychiatry, 67*, 692-694.

Guastella, A. J., Howard, A. L., Dadds, M. R., Mitchell, P., & Carson, D. S. (2009). A randomized controlled trial of intranasal oxytocin as an adjunct to exposure therapy for social anxiety disorder. *Psychoneuroendocrinology, 34*, 917-923.

Guastella, A. J., Mitchell, P. B., & Dadds, M. R. (2008a). Oxytocin increases gaze to the eye region of human faces. *Biological Psychiatry, 63*, 3-5.

Guastella, A. J., Mitchell, P. B., & Mathews, F. (2008b). Oxytocin enhances the encoding of positive social memories in humans. *Biological Psychiary, 64*, 256-258.

Gueguen, N., & Cicotti, S. (2008). Domestic dogs as facilitators in social interaction: An evaluation of helping and courtship behaviors. *Anthrozoös, 21*, 339-349.

Gunnar, M. R., Brodersen, L., Nachmias, M., Buss, K., & Rigatuso, J. (1996). Stress reactivity and attachment security. *Developmental Psychobiology, 29*, 191-204.

Gunnar, M. R., Larsson, M., Hertsgaard, L., Harris, M. L., & Brodersen, L. (1992). The stressfulness of separation among nine-month-old infants: Effects of social context variables and infant temperament. *Child Development, 63*, 290-303.

Gunnar, M. R., Mangelsdorf, S., Larson, M., & Hertsgaard, L. (1989). Attachment, temperament, and adrenocortical activity in infancy - a study of psychoendocrine regulation. *Developmental Psychology, 25,* 355-363.

Güntürkün, O. (2005). The avian prefrontal cortex. *Current Opinions Neurobiology, 15,* 686-693.

Gurrieri, F., & Neri, G. (2009). Defective oxytocin function: a clue to understanding the cause of autism? *BMC Medicine, 7,* 63.

Guttman-Steinmetz, S., & Crowell, J. A. (2006). Attachment and externalizing disorders: A developmental psychopathology perspective. *Journal of the American Academy of Child and Adolescent Psychiatry, 45,* 440-451.

Handlin, L. (2010). *Human-human and human-animal interaction.* Doctoral thesis, Swedish University of Acricultural Sciences, Skara, Sweden.

Handlin, L., Hydbring-Sandberg, E., Nilsson, A., Ejdebäck, M., Jansson, A., & Uvnäs-Moberg, K. (2011). Short-term interaction between dogs and their owners - effects on osytocin, cortisol, insulin and heart rate - an exploratory study. *Anthrozoös, 24,* 301-316.

Handlin, L., Hydbring-Sandberg, E., Nilsson, A., Ejdebäck, M., Uvnäs-Moberg, K. (2012). Associations between the psychological characterstics of the human-dog relationship and oxytocin and cortisol levels. *Anthrozoos, 25,* 215-228.

Handlin, L., Jonas, W., Petersson, M., Ejdebäck, M., Ransjö-Arvidson, A. B., Nissen, E., & Uvnäs-Moberg, K. (2009). Effects of sucking and skin-to-skin contact on maternal ACTH and cortisol levels during the second day postpartum-influence of epidural analgesia and oxytocin in the perinatal period. *Breastfeeding Medicine, 4,* 207-220.

Hansen, K. M., Messenger, C. J., Baun, M., & Megel, M. E. (1999). Companion animals alleviating distress in children. *Anthrozoös, 12,* 142-148.

Hare, M., & Tomasello, M. (2005). Human-like social skills in dogs? *Trends in Cognitive Sciences, 9,* 440-444.

Harkness, K., Stewart, J., & Wynne-Edwards, K. (2011). Cortisol reactivity to social stress in adolescents: Role of depression severity and child maltreatment. *Psychoneuroendocrinology, 36,* 173-181.

Hart, L. A., Hart, B., & Bergin, B. (1987). Socializing effects of service dogs for people with disabilities. *Anthrozoös, 1,* 41-44.

Haughie, E., Milne, D., & Elliott, V. (1992). An evaluation of companion pets with elderly psychiatric patients. *Behavioral Psychotherapy, 20,* 367-372.

Havener, L., Gentes, B. Thaler, B., Megel, M. E., Baun, M. M., Driscoll, F. A., ... Agrawal, S. (2001). The effects of a companion animal on distress in children undergoing dental procedures. *Issues in Comprehensive Pediatric Nursing, 24,* 137-152.

Hazan, C., & Shaver, P. (1987). Romantic love conceptualized as an attachment process. *Journal of Personality and Social Psychology, 52,* 511-524.

Hazan, C., & Zeifman, D. (1999). Pair bonds as attachments: Evaluating the evidence. In J. Cassidy & P. R. Shaver (Eds.), *Handbook of attachment: Theory, research and clinical application* (pp. 436-455). New York: Guilford.

Headey, B. (1999). Health benefits and health cost savings due to pets: Preliminary estimates from an Australian national survey. *Social Indicators Research, 47,* 233-243.

Headey, B., & Grabka, M. M. (2007). Pets and human health in Germany and Australia: National longitudinal results. *Social Indicators Research, 80,* 297-311.

Headey, B., Na, F., & Zheng, R. (2008). Pet dogs benefit owners' health: A "natural experiment" in China. *Social Indicators Research, 84,* 481-493.

Heim, C., Newport, D. J., Heit, S., Graham, Y. P., Wilcox, M., Bonsall, R., ... Nemeroff, C. B. (2000). Pituitary-adrenal and autonomic responses to stress in women after sexual and physical abuse in childhood. *JAMA: The Journal of the American MedicalAssociation, 284,* 592-597.

Heim, C., Newport, D. J., Wagner, D., Wilcox, M. M., Miller, A. H., & Nemeroff, C. B. (2002). The role of early adverse experience and adulthood stress in the prediction of neuroendocrine stress reactivity in women: A multiple regression analysis. *Depression and Anxiety, 15,* 117-125.

Heim, C., Young, L., Newport, D., Mletzko, T., Miller, A., & Nemeroff, C. (2008). Lower CSF oxytocin concentrations in women with a history of childhood abuse. *Molecular Psychiatry, 2009, 14,* 954-958.

Heinrichs, M., Baumgartner, T., Kirschbaum, C., & Ehlert, U. (2003). Social support and oxytocin interact to suppress cortisol and subjective responses to psychosocial stress. *Biological Psychiatry, 54,* 1389-1398.

Heinrichs, M., Meinlschmidt, G., Neumann, I., Wagner, S., Kirschbaum, C., Ehlert, U., & Hellhammer, D. A. (2001). Effects of suckling on hypothalamic-pituitary-adrenal axis responses to psychosocial stress in postpartum lactating women. *The Journal of Clinical Endocrinology and Metabolism, 86,* 4798-4804.

Hemelrijk, C. (1977). Cooperation without genes, games or cognition. Proceedings of the 4th European conference on artificial life (ECAL 97). Retrieved from *www.cogs.susx.ac.uk/ecal97/ publ.html*

Hennighausen, K., & Lyons-Ruth, K. (2006). Disorganization of behavioral and attentional strategies toward primary attachment figures: From biologic to dialogic processes. In C. S. Carter, L. Ahnert, K. E. Grossmann, S. B. Hrdy, M. E. Lamb, S. W. Porges, & N. Sachser (Eds.), *Attachment and bonding: A new synthesis* (pp. 269-299). Cambridge, MA: MIT Press.

Hergovich, A., Monshi, B., Semmler, G., & Zieglmayer, V. (2002). The effects of the presence of a dog in the classroom. *Anthrozoös, 15*, 37-50.

Herre, W., & Röhrs, M. (1973). *Haustiere, zoologisch gesehen* [Pets, a zoological perspective]. Stuttgart, Germany: Fischer.

Hertsgaard, L., Gunnar, M., Erickson, M. F., & Nachmias, M. (1995). Adrenocortical responses to the strange situation in infants with disorganized/disoriented attachment relationships. *Child Development, 66*, 1100-1106.

Hesse, E., & Main, M. (2000). Disorganized infant, child, and adult attachment: Collapse in behavioral and attentional strategies. *Journal of the American Psychoanalytic Association, 48*, 1097-1127.

Het, S., Rohleder, N., Schoofs, D., Kirschbaum, C., & Wolf, O. T. (2009). Neuroendocrine and psychometric evaluation of a placebo version of the "Trier Social Stress Test". *Psychoneuroendocrinology, 34*, 1075-1086.

Hinde, R. A. (1982). *Ethology. Its nature and relations with other sciences*. New York: Oxford University Press.

Hinde, R. A., & Barden, L. A. (1985): Th evolution of the teddy bear. *Animal Behaviour, 33*, 1371-1372.

Hinde, R. A. (1998). Mother-infant separation and the nature of inter-individual relationships: Experiments with rhesus monkeys. In J. Bolhuis & J. A. Hogan (Eds.), *The development of animal behaviour: A reader* (pp. 283-299). Oxford: Blackwell.

Hinde, R. A., & Stevenson-Hinde, J. (1987). Interpersonal relationships and child development. *Developmental Review, 7*, 1-21.

Hinde, R., & Stevenson-Hinde, J. (1991). Perspectives on attachment. In C. Parkes & P. Maris (Eds.), *Attachment across the life cycle* (pp. 52-65). New York: Routledge.

Hines, L., & Fredrickson, M. (1998). Perspectives on animal assisted activities and therapy. In C. C. Wilson & D. Turner (Eds.), *Companion animals in human health* (pp. 23-39). London: Sage.

Hirschenhauser, K., & Frigerio, D. (2005). Hidden patterns of male sex hormones and behavior vary with life history. In L. Anolli, S. Duncan, M. Magnusson, & G. Riva (Eds.), *The hidden structure of interaction: From neurones to culture patterns* (pp. 82-96). Amsterdam, The Netherlands: IOS Press.

Hoge, E. A., Pollack, M. H., Kaufman, R. E., Zak, P. J., & Simon, N. M. (2008). Oxytocin levels in social anxiety disorder. *Breastfeeding Medicine, 14*, 165-170.

Holcomb, R., Jendro, C., Weber, B., & Nahan, U. (1997). Use of an aviary to relieve depression in elderly males. *Anthrozoös, 10*, 32-36.

Hollander, E., Bartz, Chaolin, W., Philips, A., Sumner, J., Soorya, L., ... Wasserman, S. (2007). Oxytocin increases retention of social cognition in autism. *Biological Psychiatry, 61*, 498-503.

Holst, S., Lund, I., Petersson, M., &Uvnäs-Moberg, K. (2005). Massage-like stroking influences plasma levels of gastrointestinal hormones, including insulin, and increases weight gain in male rats. *Autonomic Neuroscience, 120*, 73-79.

Holst, S., Uvnäs-Moberg, K., & Petersson, M. (2002). Postnatal oxytocin treatment and postnatal stroking of rats reduce blood pressure in adulthood. *Autonomic Neuroscience-Basic & Clinical, 99*, 85-90.

Holt-Lunstad, J., Birmingham, W. A., & Light, K. C. (2008). Influence of a "warm touch" support enhancement intervention among married couples on ambulatory blood pressure, oxytocin, alpha amylase, and cortisol. *Psychosomatic Medicine, 70*, 976-985.

Horvath, A. O., & Symonds, B. D. (1991). Relation between working alliance and outcome in psychotherapy: A meta-analysis. *Journal of Counseling Psychology, 38*, 139-149.

Howe, D. (2003). Attachment disorders: Disinhibited attachment behaviors and secure base distortions with special reference to adopted children. *Attachment and Human Development, 5*, 265-270.

Howes, C., & Hamilton, C. (1992). Children's relationships with child care teachers: Stability and concordance with parental attachments. *Child Development, 63*, 867-878.

Hubrecht, R. C., & Turner, D. (1998). Companion animal welfare in private and institutional settings. In C. C. Wilson & D. Turner (Eds.), *Companion animals in human health* (pp. 267-291). London: Sage.

Hückstedt, B. (1965). Experimentelle Untersuchungen zum "Kindchenschema" [Experimental studies on the kindchenschema]. *Zeitschrift für experimentelle und angewandte Psychologie, 12*, 421-450.

Humphrey, N. K. (1976). The social function of intellect, In P. Bateson & R. A. Hinde (Eds.) *Growing points in ethology* (pp. 303-321). Cambridge: Cambridge University Press.

Huntingford, F. A. (1976). The relationship between antipredator behaviour and aggression among conspecifics in the three-spined stickleback. *Animal Behaviour, 24*, 245-260.

Insel, T. R. (2003). Is social attachment an addictive disorder? *Physiology and Behavior, 79*, 351-357.

Isabella, R. A., & Belsky, J. (1991). Interactional synchrony and the origins of infant-mother attachment: A replication study. *Child Development, 62*, 373-384.

Ivell, R., & Richter, D. (1984). Structure and comparison of the oxytocin and vasopressin genes from rat. *Proceedings of the National Academy of Sciences, 81*, 2006-2010.

Iwaniuk, A. N., & Nelson, J. E. (2003). Developmental differences re correlated with relative brain size in birds: A comparative analysis. *Canadian Journal of Zoology, 81*, 1913-1928.

Jacobsen, T., Edelstein, W., & Hoffmann, V. (1994). A longitudinal study of the relation between representations of attachment in childhood and adoles-

cence. *Developmental Psychology, 30*, 112-124.
Jarvis, E. D., Güntürkün, O., Bruce, L., Csillag, A., Karten, H., Kuenzel, W., ... Avian Brain Nomenclature Consortium. (2005). Avian brains and a new understanding of vertebrate brain evolution. *Nature Reviews Neuroscience, 6*, 151-159.
Jenkins, J. (1986). Physiological effects of petting a companion animal. *Psychological Reports, 58*, 21-22.
Jessen, J., Cardiello, F., & Baun, M. M. (1996). Avian companionship in alleviation of depression, loneliness, and low morale of older adults in skilled rehabilitation units. *Psychological Reports, 78*, 339-348.
Jonas, W., Johansson, L. M., Nissen, E., Ejdebäck, M., Ransjö-Arvidson, A. B., & Uvnäs-Moberg, K. (2009). Effects of intrapartum oxytocin administration and epidural analgesia on the concentration of plasma oxytocin and prolactin, in response to suckling during the second day postpartum. *Breastfeeding Medicine, 4*, 71-82.
Jonas, W., Nissen, E., Ransjö-Arvidson, A. B., Matthiesen, A. S., & Uvnäs-Moberg, K. (2008). Influence of oxytocin or epidural analgesia on personality profile in breastfeeding women: a comparative study. *Archives of Women's Mental Health, 11*, 335-345.
Jonas, W., Nissen, E., Ransjö-Arvidson, A. B., Wiklund, I., Henriksson, P., & Uvnäs-Moberg, K. (2008). Short- and long-term decrease of blood pressure in women during breastfeeding. *Breastfeeding Medicine, 3*, 103-109.
Jonas, W., Wiklund, I., Nissen, E., Ransjö-Arvidson, A. B., & Uvnäs-Moberg, K. (2007). Newborn skin temperature two days postpartum during breastfeeding related to different labour ward practices. *Early Human Development, 83*, 55-62.
Julius, H. (2001). Die Bindungsorganisation von Kindern, die an Erziehungshilfeschulen unterrichtet werden [Attachment organization in children educated at educational support schools]. *Sonderpädagogik, 31*, 74-93.
Julius, H. (2012). *Teachers' reactions to controlling behaviors of children*. Manuscript in preparation.
Julius, H., Beetz, A. M., & Niebergall, K. (2010, July). Breaking the transmission of insecure attachment relationships. *Special session presented at the 12th International Conference on Human-Animal Interactions* (IAHAIO), Stockholm, Sweden.
Julius, H., Gasteiger-Klicpera, B., & Kissgen, R. (2009). *Bindung im Kindesalter. Diagnostik und Intervention* [Childhood attachment. Diagnosis and intervention]. Göttingen, Germany: Hogrefe.
Julius, H., & Prater, M.-A. (1996). Resilienz [Resilience]. *Sonderpädagogik, 26*, 228-235.
Jung, C. G. (1995). *Gesammelte Werke, Vol. 7: Zwei Schriften über die analytische Psychologie* [Collected works, vol. 7: Two treatises on analytical psychology]. Olten/ Freiburg, Germany: Walter.
Kalenscher, T., Ohmann, T., & Güntürkün, O. (2006). The neuroscience of impulsive and self-controlled decisions. *International Journal of Psychophysiology, 62*, 203-211.
Kalenscher, T., Widmann, S., Diekamp, B., Rose, J., Güntürkün, O., & Colombo, M. (2005). Single units in the pigeon brain integrate reward amount and time-to-reward in an impulsive choice task. *Current Biology, 15*, 594-602.
Kamil, A. C. (1998). On the proper definition of cognitive ethology. In R. P. Balda, I. M. Pepperberg, & A. C. Kamil (Eds.), *Cognitive ethology* (pp. 1-28). San Diego, CA: Academic Press.
Kaminski, M., Pellino, T., & Wish, J. (2002). Play and pets: The physical and emotional impact of child-life and pet therapy on hospitalized children. *Children's Health Care, 31*, 321-335.
Katcher, A. H., Friedman, E., Goodman, M., & Goodmann, L. (1983). Men, women, and dogs. *California Veterinarian, 2*, 14-16.
Kellert, S. R., & Wilson, E. O. (1993). *The biophilia hypothesis*. Washington, DC: Islands Press.
Kendrick, K. M., Keverne, E. B., & Baldwin, B. A. (1987). Intracerebroventricular oxytocin stimulates maternal behaviour in the sheep. *Neuroendocrinology, 46*, 56-61.
Kendrick, K. M., Keverne, E. B., Baldwin, B. A., & Sharman, D. F. (1986). Cerebrospinal fluid levels of acetylcholinesterase, monoamines and oxytocin during labour, parturition, vaginocervical stimulation, lamb separation and suckling in sheep. *Neuroendocrinology, 44*, 149-156.
Kendrick, K. M., Keverne, E. B., Chapman, C., & Baldwin, B. A. (1988). Intracranial dialysis measurement of oxytocin, monoamine and uric release from the olfactory bulb and substantia nigra of sheep during parturition, suckling, separation from lambs and eating. *Brain Research, 439*, 1-10.
Kennel, J. H., Trause, M. A., & Klaus, M. H. (1975). Evidence for a sensitive period in the human mother. *Ciba Foundation Symposium, 33*, 87-101.
Kermoian, R., & Liederman, P. (1986). Infant attachment to mother and child caretaker in an East African community. *International Journal of Behavioral Development, 9*, 455-469.
Kertes, D., Gunnar, M., Madsen, N., & Long, J., (2008). Early deprivation and home basal cortisol levels: a study of internationally-adopted children. *Development Psychopathology, 20*, 473-491.
Keverne, B., & Kendrick, K. M. (1994). Maternal behaviour in sheep and its neuroendocrine regulation. *Acta Paediatrica, 83*, 47-56.
Kirsch, P., Esslinger, C., Chen, Q., Mier, D., Lis, S., Siddhanti, S., ... Meyer-Lindenberg, A. J. (2005). Oxytocin modulates neural circuitry for social cognition and fear in humans. *Neuroscience, 25*, 11489-11493.
Kirschbaum, C., Pirke, K. M., & Hellhammer, D. H. (1993). The "Trier Social Stress Test" - a tool for investigating psychobiological stress responses in a

laboratory setting. *Neuropsychobiology, 28,* 76-81.

Kisilevsky, B. S., Hains, S. M., Lee, K., Xie, X., Huang, H., Ye, H. H., ... Wang, Z. (2003). Effects of experience on fetal voice recognition. *Psychological Science, 14,* 220-224.

Klaus, M. H., Jerauld, R., Kreger, N. C., McAlpine, W., Steffa, M., & Kennel, J. H. (1972). Maternal attachment. Importance of the first post-partum days. *The New England Journal of Medicine, 286,* 460-463.

Klaus, M. H., & Kennell, J. H. (1997). The doula:Aan essential ingredient of childbirth rediscovered. *Acta Peadriatrica, 86,* 1034-1036.

Knox, S. S., & Uvnäs-Moberg, K. (1998). Social isolation and cardiovascular disease: An atherosclerotic pathway? *Psychoneuroendocrinology, 23,* 877-890.

Kobak, R. (2009). Defining and measuring of attachment bonds: Comment on Kurdek (2009). *Journal of Family Psychology, 23,* 447-449.

Kobak, R. R., & Sceery, A. (1988). Attachment in late adolescence - working models, affect regulation, and representations of self and others. *Child Development, 59,* 135-146.

Kobak, R. R., Sudler, N., & Gamble, W. (1993). Attachment and depressive symptoms during adolescence. *Development and Psychopathology, 3,* 461-474.

Koechlin, E., & Hyafil, A. (2007). Anterior prefrontal function and the limits of human decision making. *Science, 318,* 594-598.

Koolhaas, J. M., Korte, S. M., Boer, S. F., Van der Vegt, B. J., Van Reenen, C. G., ... Blokhuis, H. J. (1999). Coping styles in animals: Current status in behavior and stress physiology. *Neuroscience and Biobehavior Review, 23,* 925-935.

Kosfeld., M., Heinrichs, M., Zak, P. J., Fischbacher, U., & Fehr, E. (2005). Oxytocin increases trust in humans. *Nature, 435,* 673-676.

Kostandy, R. R., Ludington-Hoe, S. M., Cong, X., Abouelfettoh, A., Bronson, C., Stankus, A., & Jarrell, J. R. (2008). Kangaroo care (skin contact) reduces crying response to pain in preterm neonates: pilot results. *Pain Management Nursing, 9,* 55-65.

Kotrschal, K. (2005, August). *Why and how vertebrates are social: Physiology meets function.* Plenary contribution given at the International ethological conference, Budapest, Hungary.

Kotrschal, K., Hemetsberger, J., & Weiss, B. (2006). Homosociality in greylag geese. Making the best of a bad situation. In P. Vasey & V. Sommer (Eds.), *Homosexual behaviour in animals: An evolutionary perspective* (pp. 45-76). Cambridge: Cambridge University Press.

Kotrschal, K., & Ortbauer, B. (2003). Behavioral effects of the presence of a dog in a classroom. *Anthrozoös, 16,* 147-159.

Kotrschal, K., Scheiber, I. B., & Hirschenhauser, K. (2010). Individual performance in complex social systems: The greylag goose example. In P. Kappeler (Ed.), *Animal behaviour: Evolution and mechanisms* (pp. 121-148). Berlin, Germany: Springer Verlag.

Kotrschal, K., Schöberl, I., Bauer, B., Thibeaut, A-M., & Wedl, M. (2009). Dyadic relationships and operational performance of male and female owners and their male dogs. *Behavioural Processes, 81,* 383-391.

Kotrschal, K., Schlögl, C., & Bugnyar, T. (2007). Dumme Vögel? Lektionen von Rabenvögel und Gänsen [Stupid birds? Lessons from ravens and geese]. *Biologie in Unserer Zeit, 6,* 366-374.

Kramer, S. C., Friedmann, E., & Bernstein, P. L. (2009). Comparison of the effect of human interaction, animal-assisted therapy, and AIBO-assisted therapy on long-term care residents with dementia. *Anthrozoös, 22,* 43-57.

Krause, J., & Ruxton, G. D. (2002): *Living in groups.* Oxford: Oxford University Press.

Kringelbach, M. L., Lehtonen, A., Squire, S., Harvey, A. G., Craske, M. G., Holliday, E. A., ... Stein, A.. (2008). A specific and rapid neural signature for parental instinct. *PLoS One, 3,* e1664.

Kroupina, M., Gunnar, M. R., & Johnson, D. E. (1997). Report on salivary cortisol levels in a Russian baby home. Minneapolis, MN: Institute of Child Development, University of Minnesota.

Kruk, M. R., Halàsz, J., Meelis, W., & Haller, J. (2004). Fast positive feedback between the adrenocortical stress response and a brain mechanism involved in aggressive behaviour. *Behavioral Neuroscience, 118,* 1062-1070.

Kudielka, B. M., & Wüst, S. (2010). Human models in acute and chronic stress: Assessing determinants of individual hypothalamus-pituitary-adrenal axis activity and reactivity. *Stress, 13*(1), 1-14.

Kurdek, L. (2008). Pet dogs as attachment figures. *Journal of Social and Personal Relationships, 25,* 247-266.

Kurdek, L. (2009). Pet dogs as attachment figures for adult owners. *Journal of Family Psychology, 23,* 439-446.

Kurosawa, M., Lundeberg, T., Ågren, G., Lund, I., & Unväs-Moberg, K. (1995). Massage-like stroking of the abdomen lowers blood pressure in anesthetized rats: Influence of oxytocin. *Journal of the Autonomic Nervous System, 56,* 26-30.

Kurosawa, M., Suzuki, K., Utsugi, T., & Araki, T. (1982). Response of adrenal efferent nerve activity to nonnoxious mechanical stimulation of the skin in rats. *Neuroscience Letters, 34,* 295-300.

Kvetnansky, R., Pacak, K., Fukuhara, K., Viskupic, E., Hiremagalur, B., Nankova, B., ... Kopin, I. J. (1995). Sympathoadrenal system in stress. Interaction with the hypothalamic-pituitary-adrenocortical system. *Annals of the New York Academy of Sciences, 177,* 131-158.

Labuschagne, I., Phan, K., Wood, W., Angstadt, M., Chua, P., Heinrichs, M., ... Nathan, P. J. (2010). Oxytocin attenuates amygdala reactivity to fear in generalized social anxiety disorder. *Neuropsychopharmacology, 35*, 2403-2413.

Lagercrantz, H., & Slotkin, T. A. (1986). The "stress" of being born. *Scientific American, 254*, 100-107.

Lakatos, K., Nemoda, Z., Toth, I., Ronai, Z., Ney, K., Sasvari-Szekely, M., & Gervai, J. (2002). Further evidence for the role of the dopamine D4 receptor (DRD4) gene in attachment disorganization: Interaction of the exon III 48-bp repeat and the -521 C/T promoter polymorphisms. *Molecular Psychiatry, 7*, 27-31.

Larson, J. H., & Holman, T. B. (1994). Premarital predictors of marital quality and stability. *Family Relations, 43*, 228-237.

Laurent, H., & Powers, S. (2007). Emotion regulation in emerging adult couples: Temperament, attachment, and HPA response to conflict. *Biological Psychology, 76*, 61-71.

Lee, S. Y., Kim, M. T., Jee, S. H., & Yang, H. P. (2005). Does long-term lactation protect premenopausal women against hypertension risk? A Korean women's cohort study. *Preventive Medicine, 41*, 433-438.

Lefebvre, L., Reader, S. M., & Sol, D. (2004). Brains, innovations and evolution in birds and primates. *Brain Behaviour and Evolution, 63*, 233-246.

Lefebvre, L., Whittle, P., Lascaris, E., & Finkelstein, A. (1997). Feeding innovations and forebrain size in birds. *Animal Behaviour, 53*, 549-560.

Legros, J.-J., Chiodera, P., & Geenen, V. (1988). Inhibitory action of exogenous oxytocin on plasma cortisol in normal human subjects at the adrenal level. *Neuroendocrinology, 48*, 204-206.

Legros, J., Chiodera, P., Geenen, V., Smitz, S., & von Frenckell, R. (1984). Dose- response relationship between plasma oxytocin and cortisol and adrenocorticotropin concentrations during oxytocin infusion in normal men. *The Journal of Clinical Endocrinology and Metabolism, 58*, 105-109.

Lerer, E., Levi, S., Salomon, S., Darvasi, A., Yirmiya, N., & Ebstein, R. P. (2008). Association between the oxytocin receptor (OXTR) gene and autism: Relationship to Vineland Adaptive Behavior Scales and cognition. *Molecular Psychiatry, 10*, 980-988.

Levine, A., Zagoory-Sharon, O., Feldman, R., & Weller, A. (2007). Oxytocin during pregnancy and early postpartum: individual patterns and maternal-fetal attachment. *Peptides, 28*, 1162-1169.

Levinson, B. (1964). Pets: A special technique in child psychotherapy. *Mental Hygiene, 48*, 243-248.

Levinson, B. M. (1962). The dog as a "co-therapist." *Mental Hygiene, 46*, 59-65.

Levinson, B. M. (1969). *Pet-oriented child psychotherapy*. Springfield, IL: Thomas.

Light, K. C., Grewen, K. M., & Amico, J. A. (2005). More frequent partner hugs and higher oxytocin levels are linked to lower blood pressure and heart rate in premenopausal women. *Biological Psychology, 69*, 5-21.

Lightman, S. L., & Young, W. S. (1989). Lactation inhibits stress-mediated secretion of corticosterone and oxytocin and hypothalamic accumulation of corticotropin-releasing factor and enkephalin messenger ribonucleic acids. *Endocrinology, 124*, 2358-2364.

Lindberg, J., Björnerfeldt, S., Saetre, P., Svartberg, K., Seehuus, B., Baken, M., ... Jazin, E. (2005). Selection for tameness has changed brain gene expression in silver foxes. *Current Biology, 15*, R915-R916.

Liotti, G. (1999). Disorganization of attachment as a model for understanding dissociative psychopathology. In J. Solomon & C. George (Eds.), *Attachment disorganization* (pp. 291-317). New York: Guilford.

Lissek, S., & Güntürkün, O. (2003). Dissociation of extinction and behavioural disinhibition: The role of NMDA receptors in the pigeon associative forebrain during extinction. *Journal of Neuroscience, 23*, 8119-8124.

Lonstein, J. S. (2005). Reduced anxiety in postpartum rats requires recent physical interactions with pups but is independent of suckling and peripheral sources of hormones. *Hormones and Behavior, 47*, 241-255.

Lorenz, K. (1943). Die angeborenen Formen möglicher Erfahrung [Innate forms of possible experience]. *Zeitschrift für Tierpsychologie, 5*, 235-409.

Lorenz, K. (1950). The comparative method in studying innate behavior patterns. Physiological mechanisms in animal behavior. In Society for Experimental Biology (Ed.), *Physiological mechanisms in animal behavior* (pp. 221-268). Oxford: Academic Press.

Lorenz, K. (1965). *Das sogenannte Böse* [The so-called evil]. Vienna, Austria: Borotha-Schoeler.

Lorenz, K. (1978). *Vergleichende Verhaltensforschung. Grundlagen der Ethologie* [Comparative behavior studies. Foundations of ethology]. Vienna, Austria: Springer Verlag.

Lorenz, K., & Tinbergen, N. (1939). Taxis und Instinkthandlung in der Eirollbewegung der Graugans [Taxis and instinctive action in graylag geese's egg rolling movements]. *Zeitschrift für Tierpsychologie, 2*, 1-29.

Lucht, M. J., Barnow, S., Sonnenfeld, C., Rosenberger, A., Grabe, H. J.,Schroeder, W., ... Rosskopf, D. (2009). Associations between the oxytocin receptor gene (*OXTR*) and affect, loneliness and intelligence in normal subjects. *Progress in Neuro-Psychopharmacology and Biological Psychiatry, 33*, 860-866.

Ludwig, M., & Leng, G. (2006). Dendritic peptide release and peptide-dependent behaviours. *Nature reviews. Neuroscience, 7*, 126-136.

Luecken, L. J. (1998). Childhood attachment and loss experiences affect adult cardiovascular and cortisol function. *Psychosomatic Medicine, 60*, 765-772.

Luecken, L. J. (2000). Parental caring and loss during childhood and adult cortisol responses to stress. *Psychology and Health, 15*, 841-851.

Lund, I., Ge, Y., Yu, L. C., Uvnäs-Moberg, K., Wang, J., Yu, C., ... Lundeberg, T. (2002). Repeated massage-like stimulation induces long-term effects on nociception: Contribution of oxytocinergic mechanism. *European Journal of Neuroscience, 16*, 330-338.

Lund, I., Lundeberg, T., Kurosawa, M., & Uvnäs-Moberg, K. (1999). Sensory stimulation (massage) reduces blood pressure in unanaesthetized rats. *Journal of the Autonomic Nervous System, 78*, 30-37.

Lupoli, B., Johansson, B., Uvnäs-Moberg, K., & Svennersten-Sjaunja K. (2001). Effect of suckling on the release of oxytocin, prolactin, cortisol, gastrin, CCK, somatostatin and insulin in dairy cows and their calves. *The Journal of Dairy Research, 68*, 175-187.

Lyons-Ruth, K. & Jacobvitz, D. (2008). Attachment disorganization: Genetic factors, parenting contexts, and development transformation from infancy to adulthood. In J. Cassidy & P. R. Shaver (Eds.), *Handbook of attachment: Theory, research, and clinical applications* (pp. 666-697). New York: Guilford.

Lyons-Ruth, K., Easterbrooks, M. A., & Cibelli, C. D. (1997). Infant attachment strategies, infant mental lag, and maternal depressive symptoms: Predictors of problems at age 7. *Developmental Psychology, 33*, 681-692.

MacDonald, K., & MacDonald, T. (2010). The peptide that binds: A systematic review of oxytocin and its prosocial effects in humans. *Harvard Review of Psychiatry, 18*, 1-21.

MacMillan, H., Georgiades, K., Duku, E., Shea, A., Steiner, M., Niec, A., ... Schmidt, L. A. (2009). Cortisol response to stress in female youths exposed to childhood maltreatment: Results of the youth mood project. *Biological Psychiatry, 66*, 62-68.

Mae, L., McMorris, L. E., & Hendry, J. L. (2004). Spontaneous trait transference from dogs to owners. *Anthrozoös, 17*, 225-243.

Main, M. (1997). Desorganisation im Bindungsverhalten [Disorganization in attachment behavior]. In G. Spangler & P. Zimmermann (Eds.), *Die Bindungstheorie: Grundlagen, Forschung und Anwendung* (pp. 120-140). Stuttgart, Germany: Klett-Cotta.

Main, M., Kaplan, N., & Cassidy, J. (1985). Security in infancy, childhood, and adulthood: A move to the level of representation. *Monographs of the Society for Research in Child Development, 50*(1/2), 66-104.

Main, M., & Solomon, J. (1986). Discovery of an insecure disorganized/disoriented attachment pattern: Procedures, findings and implications for the classification of behavior. In T. B. Brazelton & M. Yogman (Eds.), *Affective development in infancy* (pp. 95-124). Norwood, NJ: Ablex.

Main, M., & Solomon, J. (1990). Procedures for identifying infants as disorganized/-disoriented during the Ainsworth strange situation. In M. T. Greenberg, D. Cichetti & E. M. Cummings (Eds.), *Attachment in the preschool years. Theory, research and intervention* (pp. 121-160). Chicago, IL: University of Chicago Press.

Mallinckrodt, B. (2000). Attachment, social competencies, social support, and interpersonal process in psychotherapy. *Psychotherapy Research, 10*, 239-266.

Mallinckrodt, B., & Wei, M. (2005). Attachment, social competencies, social support, and psychological distress. *Journal of Counseling Psychology, 52*, 358-67.

Mallon, G. (1994). Some of our best therapists are dogs. *Child and Youth Care Forum, 23*, 89-101.

Marazziti, D., Dell'Osso, B., Baroni, S., Mungai, F., Catena, M., Rucci, P., ...Dell'Osso, L. (2006). A relationship between oxytocin and anxiety of romantic attachment. *Clinical Practice and Epidemiology in Mental Health, 2*, 28.

Marino, L. (2002). Convergence and complex cognitive abilities in cetaceans and primates. *Brain, Behaviour and Evolution, 59*, 21-32.

Marino, L., & Lilienfeld, S. O. (2007). Dolphin-assisted therapy: More flawed data and more flawed conclusions. *Anthrozoös, 20*, 239-249.

Marler, P., & Hamilton, W. J. (1966). *Mechanisms of animal behavior*. New York: Wiley.

Marr, C. A., French, L., Thompson, D., Drum, L., Greening, G., Mormon, J., ... Carroll, W. (2000). Animal-assisted therapy in psychiatric rehabilitation. *Anthrozoös, 13*, 43-47.

Martin, F., & Farnum, J. (2002). Animal-assisted therapy for children with pervasive developmental disorders. *Western Journal of Nursing Research, 24*, 657-670.

Marvin, R. S., & Britner, P. A. (1999). Normative development: The ontogeny of attachment. In J. Cassidy & P. R. Shaver (Eds.), *Handbook of attachment: Theory, research, and clinical applications* (pp. 44-67). New York: Guilford.

Masten, A. S., Best, K. M., & Garmezy, N. (1990). Resilience and development: Contributions from the study of children who overcome adversity. *Development and Psychopathology, 2*, 425-444.

Matthiesen, A. S., Ransjö-Arvidsson, A. B., Nissen, E., & Uvnäs-Moberg, K. (2001). Postpartum maternal oxytocin release by newborns: effect of infant hand massage and sucking. *Birth, 28*, 13-19.

Mayes, L. C. (2006). Arousal regulation, emotional flexibility, medial amygdala function and the impact of early experience. *Annals of the New York Academy of Science, 1094*, 178-192.

McCann, S. M., Antunes-Rodrigues, J., Jankowski, M., &

Gutkowska, J. (2002). Oxytocin, vasopressin and atrial natriuretic peptide control body fluid homeostasis by action on their receptors in brain, cardiovascular system and kidney. *Progress in Brain Research, 139*, 309-328.

McCrae, R. R., del Pilar, G. H., Rolland, J. P., & Parker, W. D. (1998). Cross-cultural assessment of the five-factor model: The revised NEO personality inventory. *Journal of Cross-Cultural Psychology, 29*, 171-188.

McEwen, B. S., & Wingfield, J. C. (2003) The concept of allostasis in biology and biomedicine. *Hormones and Behavior, 43*, 2-15.

McNicholas, J., & Collis, G. (2006). Animals as social supporters. Insights for understanding animal-assisted therapy. In A. Fine (Ed.), *A handbook on animal-assisted therapy* (pp. 49-71). San Diego, CA: Elsevier.

McWilliams, L. A. & Asmundson, G. J. (2007). The relationship of adult attachment dimensions to pain-related fear, hypervigilance, and catastrophizing. *Pain, 127*, 27-34.

Meaney, M. J., Mitchell, J. B., Aitken, D. H., Bhatnagar, S., Bodnoff, S. R., Iny, L. J., & Sarrieau, A. (1991). The effects of neonatal handling on the development of the adrenocortical response to stress: Implications for neuropathology and cognitive deficits later in life. *Psychoneuroendocrinology, 16*, 85-103.

Meewisse, M. L., Reitsma, J. B., de Vries, G. J., Gersons, B. P., & Olff, M. (2007), Cortisol and post-traumatic stress disorder in adults: systematic review and meta-analysis. *British Journal of Psychiatry, 191*, 387-392.

Melson, G. F., & Schwarz, R. (1994, October). *Pets as social support for families of young children*. Paper presented at the annual meeting of the Delta Society, New York.

Meredith, P. J., Strong, J., & Feeney, J. A. (2006). The relationship of adult attachment to emotion, catastrophizing, control, threshold and tolerance, in experimentally-induced pain. *Pain, 120*, 44-52.

Mickelson, K. D., Kessler, R. C., & Shaver, P. R. (1997). Adult attachment in a nationally representative sample. *Journal of Personality and Social Psychology, 73*, 1092-1106.

Mikail, S. F. & Henderson, P. R. (1994). An interpersonally based model of chronic pain: An application of attachment theory. *Clinical Psychology Review, 14*, 1-16.

Miklosi, A. (2007). *Dog behaviour, evolution and cognition*. Oxford: Oxford University Press.

Miklósi, A., Polgárdi, R., Topál, J., & Csányi, V. (1998). Use of experimentergiven cues in dogs. *Animal Cognition, 1*, 113-121.

Mikulincer, M., & Shaver, P. R. (2009). An attachment and behavioral-system perspective on social support. *Journal of Social and Personal Relationships, 26*, 7-19.

Milberger, S. M., Davis, R. M., & Holm, A. L. (2009). Pet owners' attitudes and behaviours related to smoking and second-hand smoke: A pilot study. *Tobacco Control, 18*, 156-158.

Miller, S. C., Kennedy, C., Devoe, D. Hickey, M., Nelson, T., & Kogan, L. (2009). An examination of changes in oxytocin levels in men and women before and after interaction with a bonded dog. *Anthrozoös, 22*, 31-42.

Miyake, A., Friedman, N. P., Emerson, M. J., Witzki A. H., Howerter, A., & Wager, T. D. (2000). The unity and diversity of executive functions and their contributions to complex "Frontal Lobe" tasks: A latent variable analysis. *Cognitive Psychology, 41*, 49-100.

Modahl, C., Green, L., Fein, D., Morris, M., Waterhouse, L., Feinstein, C., & Levin, H. (1998). Plasma oxytocin levels in autistic children. *Biological Psychiatry, 15*, 270-277.

Morris, D. (1967). *The naked ape*. New York: McGraw-Hill.

Moss, E., Rousseau, D., Parent, S., St-Laurent, D., & Saintonge, J. (1998). Correlates of attachment at school age. *Child Development, 69*, 1390-1405.

Moss, E., Smolla, N., Cyr, C., Dubois-Comtois, K., Mazzarello, T., & Berthiaum, C. (2006). Attachment and behavior problems in middle childhood as reported by adult and child informants. *Development and Psychopathology, 18*, 425-444.

Motooka, M., Koike, H., Yokoyama, T., & Kennedy N. L. (2006). Effect of dog-walking on autonomic nervous activity in senior citizens. *Medical Journal of Australia, 184*, 60-63.

Motti, F. (1986). *Relationships of preschool teachers with children of varying developmental histories*. Unpublished doctoral dissertation, University of Minnesota, Minneapolis, MN, USA.

Nachmias, M., Gunnar, M., Mangelsdorf, S., Parritz, R. H., & Buss, K. (1996). Behavioral inhibition and stress reactivity: The moderating role of attachment security. *Child Development, 67*, 508-522

Nagasawa, M., Kikusui, T., Onaka, T., & Ohta, M. (2009). Dog's gaze at its owner increases owner's urinary oxytocin during social interaction. *Hormones and Behavior, 55*, 434-441.

Nagengast, S. L., Baun, M., Megel, M. M., & Leibowitz, J. M. (1997). The effects of the presence of a companion animal on physiological arousal and behavioral distress in children during a physical examination. *Journal of Pediatric Nursing, 12*, 323-330.

Nathans-Barel, I., Feldman, P., Berger, B., Modai, I., & Silver, H. (2005). Animal-assisted therapy ameliorates anhedonia in schizophrenia patients. *Psychotherapy and Psychosomatics, 74*, 31-35.

Nelson, R. J. (2000). *An introduction to behavioural endocrinology*. Sunderland, MA: Sinauer.

Neumann, I. D. (2002). Involvement of the brain oxytocin system in stress coping: interactions with the hypothalamo-pituitary-adrenal axis. *Progress in Brain Research, 139*, 147-162.

Neumann, I. D., Krömer, S. A., Toschi, N., & Ebner, K. (2000). Brain oxytocin inhibits the (re) activity of the hypothalamo-pituitary-adrenal axis in male rats: Involvement of hypothalamic and limbic brain regions. *Regulatory Peptides, 96*, 31-38.

Niemer, J., & Lundahl, B. (2007). Animal-assisted therapy: A meta-analysis. *Anthrozoös, 20*, 225-238.

Nieuwenhuys, R., Ten Donkelaar, H. J., & Nicholson, C. (1998): *The central nervous system of vertebrates, Vol. I-III*. Berlin/Heidelberg, Germany: Springer.

Nishioka, T., Anselmo-Franci, J., Li, P., Callahan, M., & Morris, M. (1998). Stress increases oxytocin release within the hypothalamic paraventricular nucleus. *Brain Research, 781*, 57-61.

Nissen, E., Gustavsson, P., Widstrom, A. M., & Uvnäs-Moberg, K. (1998). Oxytocin, prolactin, milk production and their relationship with personality traits in women after vaginal delivery or cesarean section. *Journal of Psychosomatic Obstetrics and Gynaecology, 19*, 49-58.

Nissen, E., Uvnäs-Moberg, K., Svensson, K., Stock, S., Widström, A. M., & Winberg, J. (1996). Different patterns of oxytocin, prolactin but not cortisol release during breastfeeding in women delivered by caesarean section or by the vaginal route. *Early Human Development, 45*, 103-118.

Nussdorfer, G. G. (1996). Paracrine control of adrenal cortical function by medullary chromaffin cells. *Pharmacological Reviews, 48*, 495-530.

Odebrecht, S., Nunes, V., Watanabe, M. Morimoto, H. K., Moriya, R., & Reiche, E. M. (2010). Impact of childhood sexual abuse on activation of immunological and neuroendocrine response. *Aggression and Violent Behavior, 15*, 440-445.

Odendaal, J. S. (2000). Animal-assisted therapy - magic or medicine? *Journal of Psychosomatic Research, 49*, 275-280.

Odendaal, J. S. & Meintjes, R. A. (2003). Neurophysiological correlates of affiliative behavior between humans and dogs. *Veterinary Journal, 165*, 296-301.

Ohlsson, B., Truedsson, M., Bengtsson, M., Torstenson, R., Sjölund, K., Björnsson, E. S., & Simrén, M. (2005). Effects of long-term treatment with oxytocin in chronic constipation: A double blind, placebo-controlled pilot trial. *Neurogastroenterol Motil, 17*, 697-704.

Olausson, H., Lamarre, Y., Backlund, H., Morin, C., Wallin, B. G., Starck, G., Ekholm, S., Strigo, I., Worsley, K., Vallbo, A. B., &Bushnell, M. C. (2002). Unmyelinated tactile afferents signal touch and project to insular cortex. *Nature Neuroscience, 5*, 900-904.

Olbrich, E., & Otterstedt, E. (2003). *Menschen brauchen Tiere: Grundlagen und Praxis der tiergestützten Pädagogik und Therapie* [Humans need animals: Foundations and practice of animal-assisted education and therapy]. Stuttgart, Germany: Kosmos.

Olmert, M. D. (2009). *Made for each other. The biology of the human-animal bond*. Cambridge, MA: Da Capo.

Oosterman, M., De Schipper, J., Fisher, P., Dozier, M., & Schuengel, C. (2010). Autonomic reactivity in relation to attachment and early adversity among foster children. *Development Psychopathology, 22*, 109-118.

Osofsky, J. D., Hann, D. M., & Peebles, C. (1993). Adolescent parenthood. Risks and opportunities for mothers and infant. In C. H. Zeanah (Ed.), *Handbook of infant mental health* (pp. 106--119). New York: Guilford.

Ott, I., & Scott, J. C. (1910). The action of infundibulum upon mammary secretion. *Proceedings of the Society for Experimental Biology and Medicine, 8*, 48-49.

Page, S. R., Ang, V. T. Y., Jackson, R., White, A., Nussey, S. S., & Jenkins, J. S. (1990). The effect of oxytocin infusion on adnohypophyseal function in man. *Clincial Endocrinology, 32*, 307-313

Pang, J-F., Kluetsch, C., Zou, X., Zhang, Z., Luo, L., & Angleby, H., ... Savolainen, P. (2009). mtDNA data indicate a single origin for dogs south of Yangtze river, less than 16,300 years ago, from numerous wolves. *Molecular Biology and Evolution, 26*, 2849-2864.

Panksepp, J. (1998). *Affective neuroscience. The foundations of human and animal emotions*. Oxford: Oxford University Press.

Panksepp, J. (2005). Affective consciousness: Core emotional feelings in animals and humans. *Consciousness and Cognition, 14*, 30-80.

Panksepp, J., Nelson, E., & Bekkedal, M. (1997). Brain systems for the mediation of social separation-distress and social-reward. Evolutionary antecedents and neuropeptide intermediaries. *Annals of the New York Academy of Sciences, 807*, 78-100.

Papini, D. R., Roggman, L. A., & Anderson, J. (1991). Early adolescent perception of attachment to mother and father. *Journal of Early Adolescence, 11*, 258-275.

Parker, K. J., Buckmaster, C. L., Schatzberg, A. F., & Lyons, D. M. (2005). Intranasal oxytocin administration attenuates the ACTH stress response in monkeys. *Psychoneuroendocrinology, 30*, 924-929

Parslow, R. A., Jorm, A. F., Christensen, H., Rodgers, B., & Jacomb, P. (2005). Pet ownership and health in older adults: Findings from a survey of 2,551 community-based Australians aged 60-64. *Gerontology, 51*, 40-47.

Pauk, J., Kuhn, C. M., Fields, T. M., & Schanberg, S. M. (1986). Positive effects of tactile versus kinesthetic or vestibular stimulation on neuroendocrine and ODC activity in maternally-deprived rat pups. *Life Science, 39*, 2081-2087.

Paul, E. S. (2000a). Love of pets and love of people. In

A. L. Podberscek, E. Paul, & J. A. Serpell (Eds.), *Companion animals and us: Exploring the relationships between people and pets* (pp. 168-186). Cambridge: Cambridge University Press.

Paul, E. S. (2000b). Empathy with animals and with humans: are they linked. *Anthrozoös, 13*, 194-202.

Paul, E. S., & Serpell, J. (1992). Why children keep pets: The influence of child and family characteristics. *Anthrozoös, 5*, 231-244.

Paul, E. S., & Serpell, J. A. (1996). Obtaining a new pet dog: effects on middle childhood children and their families. *Applied Animal Behavior Science, 47*, 17-29.

Paulus, M. P. (2007). Decision-making dysfunctions in psychiatry-altered homoeostatic processing? *Science, 318*, 602-606.

Pavlov, I. P. (1927). *Conditioned reflexes: An investigation of the physiological activity of the cerebral cortex*. London: Oxford University Press.

Pavlov, I. P. (1954). *Sämtliche Werke* [Complete works]. Berlin, Germany: Akademie Verlag.

Pearce, J. W., & Pearce, T. D. (1994). Attachment theory and ist implications for psychotherapy with maltreated children. *Child Abuse and Neglect, 18*, 425-438.

Pedersen, C., Vadlamudi, S., Boccia, M., & Amico, J. (2006). Maternal behavior deficits in nulliparous oxyotcin knockout mice. *Genes, Brain and Behavior, 5*, 274-81.

Pedersen, C. A., Caldwell, J. D., Peterson, G., Walker, C. H., & Mason, G. A. (1992). Oxytocin activation of maternal behavior in the rat. *Annals of the New York Academy of Sciences, 652*, 58-69.

Pedersen, C. A., & Prange, A. J. (1979). Induction of maternal behavior in virgin rats after intracerebroventricular administration of oxytocin. *Proceedings of the National Academy of Sciences of the United States of America, 76*, 6661-6665.

Pepperberg, I. M. (1999). *The Alex studies. Cognitive and communicative abilities of grey parrots*. Cambridge: Harvard University Press.

Perkins, J., Bartlett, H., Travers, C., & Rand, J. (2008). Dog-assisted therapy for older people with dementia: A review. *Australian Journal on Ageing, 27*, 177-182.

Petersson, M., Ahlenius, S., Wiberg, U., Alster, P., & Uvnäs-Moberg, K. (1998). Steroid dependent effects of oxytocin on spontaneous motor activity in female rats. *Brain Research Bulletin, 45*, 301-305.

Petersson, M., Alster, P., Lundeberg, T., & Uvnäs-Moberg, K. (1996a). Oxytocin increases nociceptive thresholds in a long-term perspective in female and male rats. *Neuroscience Letters, 212*, 87-90.

Petersson, M., Alster, P., Lundeberg, T., & Uvnäs-Moberg, K. (1996b). Oxytocin causes a long-term decrease of blood pressure in female and male rats. *Physiology and Behavior, 60*, 1311-1315.

Petersson, M., Diaz-Cabiale, Z., Fuxe, K., & Uvnäs-Moberg, K. (2005). Oxytocin increases the density of high affinity alpha 2-adrenoreceptors within the hypothalamus, the amygdala and the nucleus of the solitary tract in female ovariectomized rats. *Brain Research, 1049*, 234-239.

Petersson, M., Hulting, A.-L., Andersson, R., & Uvnäs-Moberg, K. (1999). Long-term changes in gastrin, cholecystokinin and insulin in response to oxytocin treatment. *Neuroendocrinology, 69*, 202-208.

Petersson, M., Hulting, A.-L., & Uvnäs-Moberg, K. (1999). Oxytocin causes a sustained decrease in plasma levels of corticosterone in rats. *Neuroscience Letters, 264*, 41-44.

Petersson, M., Lundeberg, T., Sohlström, A., Wiberg, U., & Uvnäs-Moberg, K. (1998). Oxytocin increases the survival of musculocutaneous flaps. *Naunyn Schmiedebergs Archives of Pharmacology, 357*, 701-704.

Petersson, M., Lundeberg, T., & Uvnäs-Moberg, K. (1999a). Oxytocin enhances the effects of clonidine on blood pressure and locomotor activity in rats. *Journal of the Autonomic Nervous System, 78*, 49-56.

Petersson, M., Lundeberg, T., & Uvnäs-Moberg, K. (1999b). Short-term increase and long-term decrease of blood pressure in response to oxytocin-potentiating effect of female steroid hormones. *Journal of Cardiovascular Pharmacology and Therapeutics, 33*, 102-108.

Petersson, M., & Uvnäs-Moberg, K. (2003). Systemic oxytocin treatment modulates glucocorticoid and mineralocorticoid receptor mRNA in the rat hippocampus. *Neuroscience Letters, 343*, 97-100.

Petersson., Uvnäs-Moberg, K, Erhardt, S., & Engberg, G. (1998). Oxytocin increases locus coeruleus alpha 2-adrenoreceptor responsiveness in rats. *Neuroscience Letters, 255*, 115-118.

Petersson, M., Wiberg, U., Lundeberg, T., & Uvnäs-Moberg, K. (2001). Oxytocin decreases carrageenan induced inflammation in rats. *Peptides, 22*, 1479-1484.

Petrovic, P., Kalisch, R., Singer, T., & Dolan, R. J. (2008). Oxytocin attenuates affective evaluations of conditioned faces and amygdala activity. *The Journal of Neuroscience, 28*, 6607-6615.

Pfeffer, K., Fritz, J., & Kotrschal, K. (2002): Hormonal correlates of being an innovative greylag goose. *Animal Behaviour, 63*, 687-695.

Piaget, J. (1981). *Einführung in die genetische Erkenntnistheorie* [Introduction to genetic epistemology]. Berlin, Germany: Suhrkamp.

Pierrehumbert, B., Torrisi, B., Laufer, D., Halfon, O., Ansermet, F., & Beck, P. M. (2010). Oxytocin response to an experimental psychosocial challenge in adults exposed to traumatic experiences during childhood or adolescence. *Neuroscience, 166*, 168-177.

Podberscek, A. L. Paul, E., & Serpell J. A. (2000). *Companion animals and us: Exploring the relationships between people and pets. Cambridge: Cambridge University Press.

Popper, K. (2002). *The logic of scientific discovery*. London: Routledge

Poresky, R. H., & Hendrix, C. (1990). Differential effects of pet presence and pet-bonding on young children. *Psychological Reports, 67*, 51-54.

Powers, S. I., Pietromonaco, P. R., Gunlicks, M., & Sayer, A. (2006). Dating couples' attachment styles and patterns of cortisol reactivity and recovery in response to a relationship conflict. *Journal of Personality and Social Psychology, 90*, 613-628.

Prather, J. F., Peters, S., Nowicki, S., & Mooney, R. (2008). Precise auditory-vocal mirroring in neurons for learned vocal communication. *Nature, 451*, 305-310.

Prato-Previde, E., Fallani, G., & Valsecchi, P. (2006). Gender differences in owners interacting with pet dogs: An observational study. *Ethology, 112*, 64-73.

Prinstein, M. J. & La Greca, A. M. (2004). Childhood peer rejection and aggression as predictors of adolescent girls' externalizing and health risk behaviors: A 6-year longitudinal study. *Journal of Consulting & Clinical Psychology, 72*, 103-112.

Prothmann, A., Bienert, M., & Ettrich, C. (2006). Dogs in child psychotherapy: Effects on state of mind. *Anthrozoös, 19*, 265-277.

Prothmann, A., Ettrich, C., & Prothmann, S. (2009). Preference for and responsiveness to people, dogs and objects in children with autism. *Anthrozoös, 22*, 161-171.

Pryce, C. R. (1995). Determinants of motherhood in human and nonhuman primates: A biosocial model. In C. R. Pryce, R. D. Martin & D. Skuse (Eds.), *Motherhood in human and nonhuman primates* (pp. 1-15). Basel, Switzerland: Karger.

Quirin, M., Pruessner, J. C., & Kuhl, J. (2008). HPA system regulation and adult attachment anxiety: Individual differences in reactive and awakening cortisol. *Psychoneuroendocrinology, 33*, 581-590.

Rachman, S. (1979). The concept of required helpfulness. *Behaviour Research and Therapy, 17*, 1-6.

Raina, P., Waltner-Toews, D., Bonnett, B., Woodward, C., & Abernathy, T. (1999). Influence of companion animals on the physical and psychological health of older people: An analysis of a one-year longitudinal study. *Journal of the American Geriatrics Society, 47*, 323-329.

Ramachandran, V. S. (2008). Reflecting on the mind. *Nature, 452*, 814-815

Raoa, U., Hemmenb, C., Ortizc, L. R., Chena, L.-A., & Polandd, R. E. (2008). Effects of early and recent adverse experiences on adrenal response to psychosocial stress in depressed adolescents. *Biological Psychiatry, 64*, 521-526.

Reiner, A., Perkel, D. J., Bruce, L. L., Butler, A. B., Csillag, A., Kuenzel, W., … Avian Brain Nomenclature Forum. (2004). Revised nomenclature for avian telencephalon and some brain stem nuclei. *Journal of Comparative Neurology, 473*, 377-414.

Reite, M., & Boccia, M. L. (1994). Physiological aspects of adult attachment. In M. B. Sperling & W. H. Berman (Eds.), *Attachment in adults: Clinical and developmental perspectives* (pp. 98-127). New York: Guilford.

Rimmele, U., Hediger, K., Heinrichs, M., & Klaver, P. (2009). Oxytocin makes a face in memory familiar. *Journal of Neuroscience, 29*, 38-42.

Rizzolatti, G., & Craighero, L. (2004). The mirror-neuron system. *Annual Review of Neuroscience, 27*, 169-192.

Rizzolatti, G., & Sinigalia, C. (2007). *Mirrors in the brain: How our minds share actions and emotions*. Oxford: Oxford University Press.

Roisman, G. I. (2007). The psychophysiology of adult attachment relationships: Autonomic reactivity in marital and premarital interactions. *Developmental Psychology, 43*, 39-53.

Roisman, G. I., Holland, A., Fortuna, K., Fraley, R. C., Clausell, E., & Clarke, A. (2007). The adult attachment interview and self-reports of attachment style: An empirical rapprochement. *Journal of Personality and Social Psychology, 92*, 678-697.

Rost, D. H., & Hartmann, A. (1994). Children and their pets. *Anthrozoös, 7*, 242-254.

Russon, A. E., Bard, K. A., & Parker, S. T. (1998). *Reaching into thought: The minds of the great apes*. Cambridge: Cambridge University Press.

Sachser, N., Dürschlag, M., & Hirzel, D. (1998). Social relationships and the management of stress. *Psychoneuroendocrinology, 23*, 891-904.

Sakar, S. (1999). From the "Reaktionsnorm" to the adaptive norm: The norm of reaction. *Biology and Philosophy, 14*, 235-252.

Sams, M. J., Fortney, E., & Willenbring, S. (2006). Occupational therapy incorporating animals for children with autism: A pilot investigation. *The American Journal of Occupational Therapy, 60*, 268-274.

Sanfey, A. G. (2007). Social decision making: Insights from game theory and neuroscience. *Science, 318*, 598-602.

Sapolsky, R. (1992). Neuroendocrinology of the stress response. In S. Becker, S. Breedlove & D. Crews (Eds.), *Hormonal influences on human sexual behaviour* (pp. 287-324). Cambridge, MA: MIT Press.

Sapolsky, R. M., Romero, L. M., & Munck, A. U. (2000). How do glucocorticoids influence stress responses? Integrating permissive, supressive, stimulatory and preparative actions. *Endocrine Reviews, 21*, 55-89.

Savaskan, E., Ehrhardt, R., Schulz, A., Walter, M., & Schachinger, H. (2008). Post-learning intranasal oxytocin modulates human memory for facial identity. *Psychoneuroendocrinology, 33*, 368-374.

Sawchenko, P. E. & Swanson, L. W. (1982). Immunohistochemical identification of neurons in the paraventricular nucleus of the hypothalamus that project to the medulla or to the spinal cord in the rat. *The Journal of Comparative Neurology, 205,* 260–272.

Sax, F. (2012). *My pony and me.* Unpublished manuscript.

Scheiber I. B., Weiss, B. M., Frigerio, D., & Kotrschal, K. (2005). Active and passive social support in families of Greylag geese (*Anser anser*). *Behaviour, 142,* 1535–1557.

Scheiber, I. B., Weiß, B. M., Hirschenhauser, K., Wascher, C. A., Nedelcu, I. T., & Kotrschal, K. (2007). Does "relationship intelligence" make big brains in birds? *Open Behaviour Science Journal, 1,* 6–8.

Schneider, M. S. & Harley, L. P. (2006). How dogs influence the evaluation of psychotherapists. *Anthrozoös, 19,* 128–142.

Schleidt, W. M. (1973). Tonic communication: Continual effects of discrete signs. *Journal of Theoretical Biology, 42,* 359–386.

Schommer, N. C., Hellhammer, D. H., & Kirschbaum, C. (2003). Dissociation between reactivity of the hypothalamus-pituitary-adrenal axis and the sympathetic-adrenal-medullary system to repeated psychosocial stress. *Psychosomatic Medicine, 65,* 450–460.

Schultz, W. (2000). Multiple reward systems in the brain. *Nature Reviews Neuroscience, 1,* 199–207.

Schumacher, M., Coirini, H., Johnson, A., Flanagan, L., Frankfurt, M., Pfaff, D., & McEwen, B. (1993). The oxytocin receptor: A target for steroid hormones. *Regulatory Peptides, 45,* 114–119.

Scott, J. P., & Fuller, J. L. (1965). *Genetics and the social behavior of the dog.* Chicago, IL: University of Chicago Press.

Seltzer, L. J., Ziegler,T. E., & Pollak, S. D. (2010). Social vocalizations can release oxytocin in humans. *Proceedings of the Royal Society B, 277,* 2661–2666.

Selye, H. (1951). The general-adaptation-syndrome. *Annual Reviews of Medicine, 2,* 327–342.

Selye, H. (1976). *Stress in health and disease.* Boston, MA: Butterworths.

Serpell, J. A. (1983). The personality of the dog and its influence on the pet-owner bond. In A. H. Katcher (Ed.), *New Perspectives on our Lives with Companion Animals* (pp. 57–65). Philadelphia, PA: University of Pennsylvania Press.

Serpell, J. A. (1986). *In the company of animals.* Oxford: Blackwell.

Serpell, J. A. (1995). *The domestic dog.* Cambridge: Cambridge University Press.

Serpell, J. A. (2000). Creatures of the unconscious: Companion animals as mediators. In A. L. Podberscek, E. S. Paul & J. A. Serpell (2000). *Companion animals and us: Exploring the relationships between people and pets* (pp. 108–121). Cambridge: Cambridge University Press.

Shettleworth, S. (1998). *Cognition, evolution and behavior.* Oxford: Oxford University Press.

Shiloh, S., Sorek, G., & Terkel, J. (2003). Reduction of state-anxiety by petting animals in a controlled laboratory experiment. *Anxiety, Stress, and Coping, 16,* 387–395.

Shipman, P. (2010). The animal connection and human evolution. *Current Anthropology, 51,* 519–538.

Siegel, J. (1990). Stressful life events and use of physician services among the elderly: The moderating role of pet ownership. *Journal of Personality and Social Psychology, 58,* 1081–1086.

Sih, A., Bell, A. M., & Johnson, J. C. (2004). Behavioral syndromes: An ecological and evolutionary overview. *Trends in Ecology and Evolution, 19,* 372–378.

Silber, M., Larsson, B., & Uvnäs-Moberg, K. (1991). Oxytocin, somatostatin, insulin and gastrin concentrations vis-à-vis late pregnancy, breastfeeding and oral contraceptives. *Acta Obstetricia et Gynecologica Scandinavica, 70,* 283–289.

Simpson, J. A., Rholes, W. S., & Nelligan, J. S. (1992). Support seeking and support giving within couples in an anxiety-provoking situation: The role of attachment styles. *Journal of Personality and Social Psychology, 62,* 434–446.

Simson, U., Perings, C., Plaskuda, A., Schäfer, R., Brehm, M., Bader, D., ... Franz, M. (2006). Einfluss des Bindungsmusters, sozialer Unterstützung und der Häufigkeit von ICD-Entladungen auf die psychische Belastung bei Patienten mit einem implantierten Kardioverter Defibrillator (ICD) [Impact of attachment style, social support and the number of implantable cardioverter defibrillator (ICD) discharges on psychological strain of ICD patients]. *Psychotherapie, Psychosomatik, medizinische Psychologie, 56,* 493–499.

Sjögren, B., Widstöm, A. M., Edman, G., Uvnäs-Moberg, K. (2000). Changes in personality pattern during first pregnancy and lactation. *Journal of Psychosomatic Obstetrics and Gynecology, 21,* 31–38.

Sofroniewm, M. V. (1983). Morphology of vasopressin and oxytocin neurones and their central and vascular projections. *Progress in Brain Research, 60,* 101–114.

Solomon, J., & George, C. (1996). Defining the caregiving system: Toward a theory of caregiving. *Infant Mental Health Journal, 17,* 183–197.

Solomon, J., & George, C. (1999). *Attachment disorganisation.* New York: Guilford.

Solomon, J., & George, C. (2008). The caregiving system. A behavioral systems approach to parenting. In J. Cassidy & P. R. Shaver (Eds.), *Handbook of attachment: Theory, research and clinical applications* (pp. 833–856). New York: Guilford.

Solomon, J., George, C. (Eds.). (2011). *Disorganized attachment and caregiving: Research and clinical advances.* New York: Guilford.

Souter, M. A., & Miller, M. D. (2007). Do animal-assisted activities effectively treat depression? A meta-analysis. *Anthrozoös, 20,* 167-180.

Spangler, G., & Grossmann, K. E. (1993). Biobehavioral organization in securely and insecurely attached infants. *Child Development, 64,* 1439-1450.

Spangler, G., & Schieche, M. (1998). Emotional and adrenocortical responses of infants to the strange situation: The differential function of emotional expression. *International Journal of Behavioral Development, 22,* 681-706.

Speltz, M. L., Greenberg, M. T., & DeKlyen, M. (1990). Attachment in preschoolers with disruptive behavior: A comparison of clinic-referred and non-problem children. *Development and Psychopathology, 2,* 31-46.

Spindler, P. (1961): Studien zur Vererbung von Verhaltensweisen. Verhalten gegenüber jungen Katzen [Studies on the hereditary transmission of behaviors. Behavior toward young cats]. *Anthropologischer Anzeiger, 25,* 60-80.

Spitz, R. A. (1945). Hospitalism: An inquiry into the genesis of psychiatric conditions in early childhood. *The Psychoanalytic Study of the Child, 1,* 53-74.

Sprecher, S. (1988). Investment model, equity, and social support determinants of relationship commitment. *Social Psychology Quarterly, 51,* 318-328.

Sroufe, L. (1983). Infant-caregiver attachment and patterns of adaptation in pre-school: The roots of maladaptation and competence. In M. Perlmutter (Ed.), *Minnesota Symposium in Child Psychology* (pp. 41-81). Hillsdale, NJ: Erlbaum.

Sroufe, L. A., Egeland, B., Carlson, E. A., & Collins, W. A. (2005). *The development of the person.* New York: Guilford.

Sroufe, L. A., & Fleeson, J. (1988). The coherence of family relationships. In R. A. Hinde & J. Stevenson-Hinde (Eds.), *Relationships within families: Mutual influences* (pp. 27-47). Oxford: Clarendon.

Sroufe, L. A., Fox, N. E., & Pancake, V. R. (1983). Attachment and dependency in developmental perspective. *Child Development, 54,* 1615-1627.

Sroufe, L. A., & Rutter, M. (1984). The domain of developmental psychopathology. *Child Development, 55,* 17-29.

Sroufe, L. A., & Waters, E. (1977). Heart-rate as a convergent measure in clinical and developmental research. *Merrill-Palmer Quarterly-Journal of Developmental Psychology, 23,* 3-27.

Stachowiak, A., Macchi, G., Nussdorfer, G. G., & Malendowicz, L. K. (1995). Effects of oxytocin on the function and morphology of the rat adrenal cortex: In vitro and in vivo investigations. *Research in Experimental Medicine, 195,* 265-274.

Stallones, L. (1994). Pet loss and mental health. *Anthrozoös, 7,* 43-54.

Stallones, L., Marx, M. B., Garrity, T. F., & Johnson, T. P. (1990). Pet ownership and attachment in relations to the health of U. S. adults, 21 to 64 years of age. *Anthrozoös, 4,* 100-112.

Stock, S., & Uvnäs-Moberg, K. (1988). Increased plasma levels of oxytocin in response to afferent electrical stimulation of the sciatic and vagal nerves and in response to touch and pinch in anaesthtetized rats. *Acta Physiologica Scandinavica, 132,* 29-34.

Stock, S., Fastbom, J., Björkstrand, E., Ungerstedt, U., & Uvnäs-Moberg, K. (1990). Effects of oxytocin in vivo release of insulin and glucagon studied by microdialysis in the rat pancreas and autoradiographic evidence for [^{3}H]oxytocin binding sites within the islets of Langerhans. *Regulatory Peptides, 30,* 1-13.

Stoeckel, M. E., & Freund-Mercier, M. J. (1989). Autoradiographic demonstration of oxytocin-binding sites in the macula densa. *American Journal of Physiology, 257,* 310-314.

Straatman, I., Hanson, E., Endenburg, N., & Mol, J. (1997). The influence of a dog on male students during a stressor. *Anthrozoös, 10,* 191-197.

Strathearn, L., Fonagy, P., Amico, J., & Montague, P. R. (2009). Adult attachment predicts maternal brain and oxytocin response to infant cues. *Neuropsychopharmacology, 34,* 2655-2666.

Strauss, B., Buchheim, A., & Kächele, H. (2002). *Klinische Bindungsforschung. Theorien, Methoden, Ergebnisse* [Clinical attachment research. Theories, methods, results]. Stuttgart: Schattauer.

Stuebe, A. M., Michels, K. B., Willett, W. C., Manson, J. E., Rexrode, K., & Rich-Edwards, J. W. (2009). Duration of lactation and incidence of myocardial infarction in middle to late adulthood. *American Journal of Obstetrics and Gynecology, 138,* 1-8.

Styron, T., & Janoff-Bulman, R. (1997). Childhood attachment and abuse: Long-term effects on adult attachment, depression, and conflict resolution. *Child Abuse & Neglect, 21,* 1015-1023.

Suess, G. J., Grossmann, K. E., & Sroufe, L. A. (1992). Effects of infant attachment to mother and father on quality of adaptation in preschool: From dyadic to individual organization of self. *International Journal of Behavioral Development, 15,* 43-65.

Suh, B. Y., Liu, J. H., Rasmussen, D. D., Gibbs, D. M., Steinberg, J., & Yen, S. S. (1986). Role of oxytocin in the modulation of ACTH release in women. *Neuroendocrinology, 44,* 309-313.

Swanson, L. W. & Sawchenko, P. E. (1980). Paraventricular nucleus: A site for the integration of neuroendocrine and autonomic mechanisms. *Neuroendocrinology, 31,* 410-417.

Swanson, L. W., & Sawchenko, P. E. (1983). Hypothalamic integration: Organization of the paraventricular and supraoptic nuclei. *Annual Review of Neuroscience, 6,* 269-324.

Szeto, A., Nation, D. A., Mendez, A. J., Dominguez-Bendala, J., Brooks, L. G., Schneiderman, N., & McCabe, P. M. (2008). Oxytocin attenuates NADPH-dependent superoxide activity and IL-6 secretion in macrophages and vascular cells. *American Journal of Physiology, Endocrinology and Metabolism, 295*, 1495-1501.

Tarullo, A. R., Gunnar, M. R. (2006). Child maltreatment and the developing HPA axis. *Hormones and Behavior, 50*, 632-639.

Taylor, S. E., Gonzaga, G. C., Klein, L. C., Hu, P., Greendale, G. A., & Seeman, T. E. (2006). Relation of oxytocin to psychological stress responses and hypothalamic-pituitaryadrenocortical axis activity in older women. *Psychosomatic Medicine, 68*, 238-245.

Thompson, R. J., Parker, K. J., Hallmayer, J. F., Waugh, C. E., & Gotlib, I. H. (2011). Oxytocin receptor gene polymorphism (rs2254298) interacts with familial risk for psychopathology to predict symptoms of depression and anxiety in adolescent girls. *Psychoneuroendocrinology, 36*, 144-147.

Tinbergen, N. (1951). *The study of instincts*. London: Oxford University Press.

Tinbergen, N. (1963). On aims and methods of ethology. *Zeitschrift für Tierpsychologie, 20*, 410-433.

Topál, J., Miklósi, A., Csányi, V., & Dóka, A. (1998). Attachment behavior in dogs (*Canis familiaris*): A new application of Ainsworth's (1969) Strange Situation Test. *Journal of Comparative Psychology, 112*, 219-229.

Topál, J., Gacsi, M., Miklosi, A., Viranyi, Z., Kubinyi, E., & Csanyi, V. (2005). Attachment to humans: a comparative study on hand-reared wolves and differently socialized dog puppies. *Animal Behaviour, 70*, 1367-1375.

Tops, M., van Peer, J. M., Korf, J., Wijers, A. A., & Tucker, D. M. (2007). Anxiety, cortisol, and attachment predict plasma oxytocin. *Psychophysiology, 44*, 444-449.

Törnhage, C. J., Serenius, F., Uvnäs-Moberg, K., & Lindberg, T. (1996). Plasma somatostatin and cholecystokinin levels in preterm infants during the first day of life. *Biology of the Neonate, 70*, 311-321.

Trinke, S. J., & Bartholomew, K. (1997). Hierarchies of attachment relationships in young adulthood. *Journal of Social and Personal Relationships, 14*, 603-625.

Trivers, R. (1985). *Social evolution*. Menlo Park, CA: Benjamin/Cummings.

Tsuchiya, T., Nakayama, Y., Sato, A. (1991). Somatic afferent regulation of plasma corticosterone in anesthetized rats. *Japanese Journal of Physiology, 41*, 169-176.

Turner, D. C. (2000). The human-cat relationship. In D. C. Turner & P. Bateson, (Eds.), *The domestic cat* (pp. 194-206). Cambridge: Cambridge University Press.

Turner, D. C., & Bateson, P. (Eds.) (2000). *The domestic cat* (2nd ed.). Cambridge: Cambridge University Press.

Turner, D. C. Feaver, J., Mendl, M., & Bateson, P. (1986). Variations in domestic cat behaviour towards humans: A paternal effect. *Animal Behaviour, 34*, 1890-1892.

Turner, D. C., Rieger, G. and Gygax, L. (2003). Spouses and cats and their effects on human mood. *Anthrozoös, 16*, 213-228.

Turner, R. A., Altemus, M., Enos, T., Cooper, B., & McGuinness, T. (1999). Preliminaryresearch on plasma oxytocin in normal cycling women: Investigating emotion and interpersonal distress. *Psychiatry, 62*, 97-113.

Twardosz, S., & Lutzker, J. R. (2010). Child maltreatment and the developing brain: A review of neuroscience perspectives. *Aggression and Violent Behavior, 15*, 59-68.

Uvnäs-Moberg, K. (1987). Gastrointestinal Hormones and Pathophysiology of Functional Gastrointestinal Disorders. *Scandinavian Journal of Gastroenterology, 22*, 138-146.

Uvnäs-Moberg, K. (1989). The gastrointestinal tract in growth and reproduction. *Scientific American, 261*, 78-83.

Uvnäs-Moberg, K. (1994a). Oxytocin and behaviour. *Annals of Medicine, 26*, 315-317.

Uvnäs-Moberg, K. (1994b). Role of efferent and afferent vagal nerve activity during reproduction: Integrating function of oxytocin on metabolism and behaviour. *Psychoneuroendocrinology, 19*, 687-95.

Uvnäs-Moberg, K. (1996). Neuroendocrinology of the mother-child interaction. *Trends in Endocrinological Metabolism, 7*, 126-131.

Uvnäs-Moberg, K. (1997a). Oxytocin-linked antistress effects - the relaxation and growth response. *Acta Physiologica Scandinavica, 161*, 38-42.

Uvnäs-Moberg, K. (1997b). Physiological and endocrine effects of social contact. *Integrative Neurobiology of Affiliation, 807*, 146-163.

Uvnäs-Moberg, K. (1998a). Antistress pattern induced by oxytocin. *News in Physiological Sciences, 13*, 22-25.

Uvnäs-Moberg, K. (1998b). Oxytocin may mediate the benefits of positive social interactions and emotions. *Psychoneuroendocrinology, 23*, 819-835.

Uvnäs-Moberg, K. (2003). *The oxytocin factor. Tapping the hormone of calm, love, and healing*. Cambridge: Da Capo.

Uvnäs-Moberg K. (2004). *Massage and wellbeing, an integrative role for oxytocin? In: Touch in labour and infancy*. San Francisco, CA: J & J Publishing.

Uvnäs-Moberg, K. (2006). Physiological and endocrine effects of social contact. *Annals of the New York Academy of Sciences, 80*, 146-163.

Uvnäs-Moberg, K. (2007). Die Bedeutung des Hormons Oxytozin für die Entwicklung der Bindung des Kindes und der Anpassungsprozesse der Mutter nach der Geburt [The significance of the hormone oxytocin for the development of attachment in the child and for adjustment processes in the mother after delivery. In K.-H. Brisch & T. Hellbrügge

(Eds.), *Die Anfaenge der Eltern-Kind-Bindung* (pp. 183-213). Stuttgart, Germany: Klett-Cotta.

Uvnäs-Moberg, K. (2011). Die Funktion von Oxytocin in der frühen Entwicklung und die mögliche Bedeutung eines Oxytozinmangels für Bindung und frühe Störungen der Entwicklung [The function of oxytocin in early development and potential implications of oxytocin deficiency for attachment and early developmental disturbances]. In K.-H. Brisch (Ed.), *Bindung und frühe Störungen der Entwicklung* (pp. 13-34). Stuttgart, Germany: Klett Cotta

Uvnäs-Moberg, K., Ahlenius, S., Hillegaart, V., & Alster, P. (1994). High doses of oxytocin cause sedation and low doses cause an anxiolytic-like effect in male rats. *Pharmacology, Biochemistry, and Behavior, 49*, 101-106.

Uvnäs-Moberg, K., Alster, P., Lund, I., Lundeberg, T., Kurosawa, M., & Ahlenius, S. (1996). Stroking of the abdomen causes decreased locomotor activity in conscious male rats. *Physiology and Behavior, 60*, 1409-1411.

Uvnäs-Moberg, K., Arn, I., & Magnusson, D. (2005). The psychobiology of emotion: The role of the oxytocinergic system. *International Journal of Behavioral Medicine, 12*, 59-65.

Uvnäs-Moberg, K., Björkstrand, E., Hillegaart, V., & Ahlenius, S. (1999). Oxytocin as a possible mediator of SSRI-induced antidepressant effects. *Psychopharmacology, 142*, 95-101.

Uvnäs-Moberg, K., Björkstrand, E., Salmi, P., Johansson, C., Astrand, M., & Ahlenius, S. U. (1999). Endocrine and behavioral traits in low-avoidance Sprague-Dawley rats. *Regulatory Peptides, 80*, 75-82.

Uvnäs-Moberg, K., Bruzelius, G., Alster, P., & Lundeberg, T. (1993). The antinociceptive effect of non-noxious sensory stimulation is mediated partly through oxytocinergic mechanisms. *Acta Physiologica Scandinavica, 149*, 199-204.

Uvnäs-Moberg, K., Handlin, L., & Petersson, M. (2011) Promises and pitfalls of hormone research in human-animal interaction. In: P. McCardle, S. McCune, J. A. Griffin & V. Maholmes (Eds.), *How animals affect us: Examining the influences of human-animal interaction on child development and human health* (pp. 53-81). Washington, DC: American Psychological Association.

Uvnäs-Moberg, K., Lundeberg, T., Bruzelius, G., & Alster, P. (1992). Vagally mediated release of gastrin and cholecystokinin following sensory stimulation. *Acta Physiologica Scandinavica, 146*, 349-356.

Uvnäs-Moberg, K., & Petersson, M. (2005). Oxytocin, a mediator of anti-stress, well-being, social interaction, growth and healing. *Zeitschrift für Psychosomatische Medizin und Psychotherapie, 51*, 57-80.

Uvnäs-Moberg, K., & Petersson, M. (2011). Role of oxytocin and oxytocin related effects in manual therapies. In H. H. King, W. Jänig & M. M. Pattersson (Eds.), *The science and clinical application of manual therapy* (pp. 127-136). Amsterdam, The Netherlands: Elsevier.

Uvnäs-Moberg, K., Widström, A. M., Marchini, G., & Winberg, J. (1987). Release of GI hormones in mother and infant by sensory stimulation. *Acta Pediatrica Scandinavica, 76*, 851-860.

Uvnäs-Moberg, K., Widstrom, A. M., Nissen, E., & Bjorvell, H. (1990). Personality traits in women 4 days postpartum and their correlation with plasma-levels of oxytocin and prolactin. *Journal of Psychosomatic Obstetrics and Gynecology, 11*, 261-273.

Vallbo, A. B., Olausson, H., & Wessberg, J. (1999). Unmyelinated afferents constitute a second system coding tactile stimuli of the human hairy skin. *Journal of Neurophysiology, 81*, 2753-2763.

Van Ijzendoorn, M. H. (1995). Adult attachment representations, parental responsiveness, and infant attachment: A meta-analysis on the predictive validity of the Adult Attachment Interview. *Psychological Bulletin, 117*, 387-403.

Van Ijzendoorn, M., & Bakermans-Kranenburg, M. (1996). Attachment representations in mothers, fathers, adolescents, and clinical groups: A meta-analytic search for normative data. *Journal of Consulting and Clinical Psychology, 64*, 8-21.

Van Oers, H. J., de Kloet, D., Whelan, T., & Levine, S. (1998). Maternal deprivation effect on the infant´s neural stress markers is reversed by tactile stimulation and feeding but not by suppressing corticosterone. *Journal of Neuroscience, 18*, 10171-10179.

Vazquez, D. M., Watson, S. J., & Lopez, J. F. (2000, July). *Failure to terminate stress responses in children with psychosocial dwarfism: A mechanism for growth failure.* Paper presented at the International Conference on Infant Studies, Brighton, UK.

Velandia, M., Matthisen, A. S., Uvnäs-Moberg, K., & Nissen, E. (2010). Onset of vocal interaction between parents and newborns in skin-to-skin contact immediately after elective cesarean section. *Birth, 37*, 192-201.

Viau, R., Arsenault-Lapierre, G., Fecteau, S., Champagne, N., Walker, C.-D., & Lupien, S. (2010). Effect of service dogs on salivary cortisol secretion in autistic children. Psychoneuroendocrinology, *35*, 1187-1193.

Villalta-Gil, V., Roca, M., Gonzalez, N., Domenec, E., Cuca, B., Escanilla, A., & Haro, J. M. (2009). Dog-assisted therapy in the treatment of chronic schizophrenia inpatients. *Anthrozoös, 22*, 149-159.

Von Holst, E. (1936). Versuche zur Theorie der relativen Koordination [Experiments on the theory of relative coordination]. *Archive für gesamte Physiologie, 236*, 93-121.

Von Holst, D. (1998). The concept of stress and its relevance for animal behavior. *Advances in the Study of Behavior, 27*, 1-131.

Von Knorring, A. L., Söderberg, A., Austin, L., Uvnäs-Moberg, K. (2008). Massage decreases aggression in preschool children: A long-term study. *Acta Paediatrica, 97*, 1265-1269.

Vormbrock, J. K., & Grossberg, J. M (1988). Cardiovascular effects of human-pet dog interactions. *Journal of Behavioral Medicine, 11*, 509-517.

Waiblinger, S., Boivin, X., Pedersen, V., Tosi, M-V., Janczak, A., Visser E., & Jones, R. (2006). Assessing the human-animal relationship in farmed species: A critical review. *Applied Animal Behaviour Science, 101*, 185-242.

Wartner, U. G., Grossmann, K. E., Fremmer-Bombik, E., & Suess, G. (1994). Attachment patterns at age six in South Germany. Predictability from infancy and implications for preschool behavior. *Child Development, 65*, 1014-1027.

Wascher, C. A., Arnold, W., & Kotrschal, K. (2008a). Heart rate modulation by social contexts in greylag geese (*Anser anser*). *Journal of Comparative Psychology, 122*, 100-107.

Wascher, C. A., Scheiber, I. B., & Kotrschal, K. (2008b). Heart rate modulation in bystanding geese watching social and nonsocial events. *Proceedings of the Royal Society B, 275*, 1653-1659.

Wascher, C. A., Scheiber, I. B., Weiss, B. M., & Kotrschal, K. (2009). Heart rate responses to agonistic encounters in greylag geese, *Anser anser*. *Animal Behaviour, 77*, 955-961.

Wedl, M., Bauer, B., Grabmayer, C., Gracey, D., Spielauer, E., Day, J., & Kotrschal, K. (2011). Temporal Patterns in cathuman dyads. *Behavioural Processes, 86*, 58-67.

Wedl, M., & Kotrschal, K. (2009). Social and individual components of animal contact withanimals in preschool children. *Anthrozoös, 22*, 383-396.

Wei, M., Mallinckrodt, B., Larson, L. M., & Zakalik, R. A. (2005). Adult attachment, depressive symptoms, and validation from self versus others. *Journal of Counseling Psychology, 52*, 368-377.

Weiss, B., & Kotrschal, K. (2004). Effects of passive social support inn juvenile greylag geese (*Anser anser*): A study from fledging to adulthood. *Ethology, 110*, 429-444.

Weiss, B., Kotrschal, K., Frigerio, D., Hemetsberger, J., & Scheiber, I. (2008). Birds of a feather stay together: Extended family bonds, clan structures and social support in greylag geese. In R. N. Ramirez (Ed.), *Family relations. Issues and challenges* (pp. 87-99). New York: Nova.

Welkner, W. (1976). Brain evolution in mammals: A review of concepts, problems and methods. In R. B. Masterton, M. E. Bitterman, C. B. Campbell, & N. Hotton (Eds.), *Evolution of brain and behavior in vertebrates* (pp. 251-344). Hillsdale, NJ: Erlbaum.

Wells, D. (2007). Domestic dogs and human health: An overview. *British Journal of Health Psychology, 12*, 145-156.

Wells, D. (2009). The effects of animals on human health and well-being. *Journal of Social Issues, 65*, 523-543.

Wells, D. L. (2004). The facilitation of social interactions by domestic dogs. *Anthrozoös, 17*, 340-352.

Werner, E. E., & Smith, R. S. (1989). *Vulnerable but invincible: A longitudinal study of resilient children and youth*. New York: Adams, Bannister and Cox.

Werner, E. E., & Smith, R. S. (1992). *Overcoming the odds: High-risk children from birth to adulthood*. Ithaca, NY: Cornell University Press.

Wesley, M. C., Minatrea, N. B., & Watson, J. C. (2009). Animal assisted therapy in the treatment of substance dependence. *Anthrozoös, 22*, 137-148.

West, M., & Sheldon-Keller, A. E. (1994). *Patterns of relating: An adult attachment perspective*. New York: Guilford.

Widström, A. M., Matthiesen, A. S., Winberg, J., & Uvnäs-Moberg K. (1989). Maternal somatostatin levels and their correlation with infant birth weight. *Early Human Development, 20*, 165-74.

Widström, A. M., Ransjö-Arvidson, A. B., Christensson, K., Matthiesen, A. S., Winberg, J., & Uvnäs-Moberg, K. (1987). Gastric suction in healthy newborn infants. Effects on circulationand developing feeding behaviour. *Acta Pediatrica Scandinavica, 76*, 566-572.

Willemsen-Swinkels, S., Bakermans-Kranenburg, M., Buitelaar, J., Van Ijzendoorn, M., & Van Engeland, H. (2000). Insecure and disorganised attachment in children with a pervasive developmental disorder: Relationship with social interaction and heart rate. *Journal of Child Psychology and Psychiatry, 41*, 759-767.

Williams C. J. & Weinberg, M. S. (2003). Zoophilia in men: A study of sexual interest in animals. *Archives of Sexual Behavior, 32*, 523-535.

Williams, J. R., Insel, T. R., Harbaugh, C. R., & Carter, C. S. (1994). Oxytocin administered centrally facilitates formation of a partner preference in female prairie voles (*Microtus ochrogaster*). *Journal of Neuroendocrinology, 6*, 247-50.

Wilson, C. C. (1991). The pet as an anxiolytic intervention. *Journal of Nervous and Mental Disease, 179*, 482-489.

Wilson, C. C. & Turner, D. (1998). *Companion animals in human health*. London: Sage.

Wilson, D. S. (1998). Adaptive individual differences within single populations. *Philosophical Transactions of the Royal Society London B, 353*, 199-205.

Wilson, D. S., Clark, A. B., Coleman, K., & Dearstyne, T. (1994). Shyness and boldness in humans and other animals. *Trends in Ecology and Evolution, 9*, 442-446.

Wilson, E. O. (1984). *Biophilia*. Campridge, MA: Harvard University Press.

Windle, R. J., Shanks, N., Lightman, S. L., & Ingram, C. D. (1997). Central oxytocin administration reduces stress-induced corticosterone release and anxiety behavior in rats. *Endocrinology, 138*, 2829-2834.

Winefield, H. R., Black, A., & Chur-Hansen, A. (2008). Health effects of ownership of and attachment to companion animals in an older population. *International Journal of Behavioral Medicine, 15,* 303-310.

Wishon, P. M. (1989). Disease and injury from companion animals. *Early Child Development and Care, 46,* 31-38

Witt, D. M., Winslow, J. T., & Insel, T. R. (1992). Enhanced social interactions in rats following chronic, centrally infused oxytocin. *Pharmacology Biochemistry and Behavior, 43,* 855-61.

Wolterek, R. (1922). Variation und Artbildung. Analytische und experimentelle Untersuchungen an pelagischen Daphnien und anderen Cladoceren [Variation and species development. Analytical and experimental studies on pelagian Daphnia and other Cladocera]. *Molecular and General Genetics, 29,* 63-87.

Wrangham, R. W., McGrew, W. C., de Waal, F. B., & Heltne, P. G. (1994) *Chimpanzee cultures.* Chicago, IL: Chicago Academy of Sciences.

Wright, D. M., & Clarke, G. (1984). Inhibition of oxytocin secretion by μ and δ receptor selective enkephalin analogues. *Neuropeptides, 5,* 273-276.

Wu, S., Jia, M., Ruan, Y., Liu, J., Guo, Y., Shuang, M., ... Zhang, D. (2005). Positive association of the oxytocin receptor gene (OXTR) with autism in the Chinese Han population. *Biological Psychiatry, 58,* 74-77.

Yamashita, H., Kannan, H., Kasai, M., & Osaka, T. (1987). Decrease in blood pressure by stimulation of the rat hypothalamic paraventricular nucleus with 1-glutamat or weak current. *Journal of the Autonomic Nervous system, 19,* 229-234

Yazawa, H., Hirasawa, A., Horie, K., Saita, Y., Iida, E., Honda, K., & Tsujimoto G. (1996). Oxytocin receptors expressed and coupled to Ca^{2+} signaling in a human vascular smooth muscle cell line. *British Journal of Pharmacology, 117,* 799-804.

Yehuda, R. (2003) Hypothalamic-pituitary-adrenal alterations in PTSD: Are they relevant to understanding cortisol alterations in cancer? *Brain, Behavior and Immunity, 17,* 73-83.

Zahn-Waxler, C., Hollenbeck, B., & Radke-Yarrow, M. (1984). The origins of empathy and altruism. In M. W. Fox & L. D. Mickley (Eds.), *Advances in animal welfare science* (pp. 21-39). Washington, D. C.: Humane Society US.

Zeanah, C. H., Keyes, A., & Settles, L. (2003). Attachment relationship experiences and childhood psychopathology. *Annals of the New York Academy of Sciences, 1008,* 22-30.

Zelenko, M., Kraemer, H., Huffman, L., Gschwendt, M., Pageler, N., & Steiner, H. (2005). Heart rate correlates of attachment status in young mothers and their infants. *Journal of the American Academy of Child and Adolescent Psychiatry, 44,* 470-476.

Zheng, R. (2007, October). *Companion animals and the psychological health of the elderly.* Plenary abstract for the International Association of the Human Animal Interaction Organizations Meeting, Tokyo,Japan.

Zilcha-Mano, S., Mikulincer, M., & Shaver, H. (2011). An attachment perspective on human-pet relationships: Conceptualization and assessment of pet attachment orientations. *Journal of Research in Personality, 45,* 345-357.

Zimen, E. (1988). *Der Hund. Abstammung, Verhalten, Mensch und Hund* [The dog. Ancestry, behavior, human being and dog]. Munich, Germany: Bertelsmann.

Zimmermann, P. (1997). Bindungsentwicklung von der frühen Kindheit bis zum Jugendalter und ihre Bedeutung für den Umgang mit Freundschaftsbeziehungen [Attachment development from early childhood until adolescence and the importance for handling friendships]. In G. Spangler & P. Zimmermann (Eds.), *Die Bindungstheorie: Grundlagen, Forschung und Anwendung* (pp. 203-232). Stuttgart, Germany: Klett-Cotta.

Zimolag, U., & Krupa, T. (2009). Pet ownership as a meaningful community occupation for people with serious mental illness. *The American Journal of Occupational Therapy, 63,* 126-137.

索引

あ行

アイコンタクト ... 73
愛着 ... 90
愛着概念 ... 86
愛着関係 ... 127
愛着行動システム ... 87
愛着システム ... 85, 132
愛着信号 ... 86, 107, 132
愛着スタイル ... 33
愛着対象 ... 107, 127
愛着対象者 ... 87
愛着と養育システム ... 107
愛着パターン ... 85
愛着表象 ... 129
愛着要求 ... 145
愛着理論 ... 85, 127
アニミズム ... 25
アルギニン・バソプレシン ... 31
アルコール依存症 ... 120
アレルギー ... 148
安全基地 ... 89, 128
安定型愛着 ... 92, 93, 117, 127
安定型関係 ... 146
アンドロゲン ... 41
育児放棄 ... 85, 131
意思決定 ... 31
イソトシン ... 30
依存 ... 38
依存心 ... 94
一次体性感覚皮質 ... 74
一次的愛着 ... 143
一次的戦略 ... 93
一雄一雌関係 ... 31
逸脱行動 ... 102
一般化愛着パターン ... 129
一般化養育表象 ... 133
一夫一婦制 ... 70
遺伝子変異 ... 108
遺伝的気質 ... 108
遺伝的多様性 ... 32
インスリン ... 71
うつ ... 41
運動核 ... 69
エストロゲン ... 28, 31, 68
エネルギー効率 ... 43
エネルギー消費 ... 119
エピソード記憶 ... 29
エピネフリン ... 61
オキシトシン ... 28, 135
オキシトシン拮抗薬 ... 75
オキシトシン系 ... 107, 127
オキシトシン受容体 ... 69
オキシトシン受容体ノックアウトマウス ... 70, 109
オキシトシンノックアウトマウス ... 71
オキシトシンピーク ... 76
オピオイド作動性 ... 72
音読 ... 62

か行

外向的 ... 28
外側中隔 ... 27
海馬 ... 69
回避型 ... 134
回避型愛着 ... 108
回避型表象 ... 135
外部世界 ... 144
開放性 ... 28
解離 ... 95
解離防御戦略 ... 95
過覚醒 ... 120
学習 ... 26
隔離システム ... 95, 121, 144
過剰刺激 ... 116
下垂体後葉 ... 31
ガストリン ... 71
家畜 ... 130
家畜化 ... 27
家庭内暴力 ... 116
カテコールアミン ... 41
下方調節 ... 110
感覚刺激 ... 67
感覚神経 ... 119
感受期 ... 38
感情感化 ... 34
感情コミュニケーション ... 34
感情システム ... 41
感情処理 ... 118
感情的社会的サポート機構 ... 40
感情的つながり ... 86
感情バランス ... 61
緩和 ... 67, 124
記憶 ... 118
記憶課題 ... 57
危険因子 ... 101
気質 ... 40, 108
起床時コルチゾール反応（CAR） ... 64
擬人化 ... 42
絆 ... 27, 90
絆の形成 ... 31, 108
拮抗作用 ... 110
気分高揚効果 ... 60
気分障害 ... 59
逆相関 ... 123
虐待 ... 85
嗅覚 ... 33
嗅球 ... 69
急性心筋梗塞 ... 54
共感 ... 34, 40
共感性 ... 57
共感能力 ... 83
共感力 ... 57

共時性 … 117	孤束核 … 69	社会性動物 … 124, 150
共進化仮説 … 30	古典的条件付け … 122	社会性レベル … 108
矯正施設 … 61	コミュニケーション … 144	社会的外向性 … 55
脅迫的刺激 … 110	コリン作動性ニューロン … 71	社会的関係 … 127
恐怖 … 34	コルチコステロン … 40	社会的絆 … 31
恐怖反応 … 118	コルチコトロピン放出因子（CRF） … 40	社会的交流 … 132
拒絶 … 94, 122	コルチゾール … 28, 135	社会的サポート … 102
緊急機構 … 116	コレスシトキニン … 71	社会的サポート理論 … 128
近接 … 85, 117	コレステロール … 46	社会的刺激 … 110
近接探索 … 109	昏睡状態 … 116	社会的潤滑油 … 144
近接の維持 … 128		社会的触媒 … 144
グルカゴン … 71	**さ行**	社会的ストレス … 111, 149
グルココルチコイド … 41	再帰的感情 … 21	社会的ストレス課題 … 61
グロブリン … 40	再構築 … 104	社会的制御 … 117
計算課題 … 63	視運動反射システム … 34	社会的制御脳 … 22
系統発生 … 87	使役犬 … 26	社会的積極性 … 60
毛繕い … 28	視覚刺激 … 34	社会的接近行動 … 118
嫌悪刺激 … 118	視覚定位 … 99	社会的相互作用 … 45, 133, 140
健康促進効果 … 23, 77	子宮収縮 … 68	社会的相互能力 … 125
健康促進作用 … 141	刺激不足 … 116	社会的促進 … 22, 34
言語障害 … 57	自己効力感 … 54, 102	社会的知覚 … 60
行為パターン系 … 35	視索上核（SON） … 69	社会的注目 … 54
交感神経系 … 110	視索前野 … 27	社会的ツールボックス … 26
交感神経副腎髄質系（SA） … 39, 41	視床下部・下垂体部位 … 20	社会的動機付け … 55
攻撃行動 … 43	視床下部下垂体副腎皮質系 … 110	社会的統合 … 56
向社会的行動 … 60	視床下部室傍核（PVN） … 31, 68	社会的な性的行動 … 30
抗ストレス効果 … 79	視床下部腹内側核 … 27	社会的認知 … 38, 117
抗ストレス作用 … 139	視床下部－下垂体－副腎（HPA）軸 … 39, 41, 110	社会的ニーズ … 42
抗ストレス作用物質 … 71	自然淘汰 … 27	社会的パートナー … 41, 107
後成の影響 … 116	指尖皮膚温 … 63	社会的評価 … 113
肯定的な感情 … 91, 125	持続効果 … 82	社会的複雑性 … 36
行動システム … 85	失活化 … 91, 132	社会的報酬システム … 28
行動障害 … 149	失見当 … 109	社会的結びつき … 43
行動的表現型 … 28	実行機能 … 26	社会的要求 … 42, 135
広汎性発達障害 … 55	質の高い世話 … 114	社会的ワーキングメモリー … 26
抗不安 … 71	支配的行動 … 105	社会脳仮説 … 29
抗不安作用 … 119	自閉症 … 72	遮断 … 116
抗不安様作用 … 70	自閉症スペクトラム障害 … 53, 73	射乳 … 69
交絡変数 … 46	社会化 … 42	シャーマニズム … 25
功利主義 … 42	社会行動システム … 44	収縮期圧 … 62
功利的形而上学 … 25	社会性 … 120	収縮期肺動脈圧 … 62
呼吸性洞性不整脈（RSA） … 110		柔軟な養育 … 107, 124, 127, 137
心の理論 … 29		収斂進化 … 22

177

種間社会的コミュニケーション … 26	親和システム … 87	セロトニン受容体遺伝子 … 108
出産 … 31	睡眠障害 … 53	全か無か … 35
授乳 … 119	ステロイドホルモン … 39	前視床下部 … 27
準最適 … 93	ストレス緩衝作用 … 131	線条体 … 37, 69
条件反射系 … 35	ストレス管理 … 33	選択圧 … 30
小細胞性視束前核 … 31	ストレス緩和 … 43, 88	選択交配 … 42
小細胞性ニューロン … 69	ストレス系 … 41, 107, 140	前島 … 125
情緒障害 … 149	ストレス傾向 … 108	前頭前皮質（PC）… 27, 36, 37
情緒的関係 … 86	ストレス現象作用 … 130	早期社会化 … 130
情緒的コミュニケーション … 42	ストレスサイン … 148	早期情緒剥奪 … 115
情緒的サポート … 102, 138	ストレス軸 … 61	相互同期 … 120
常同行動 … 95	ストレス対処 … 19, 27	創傷治癒 … 72
情動性 … 108	ストレス耐性 … 75	早成 … 33
情動的・社会的サポート … 29, 128	ストレス認知 … 82	想像課題 … 123
情動的関係 … 127	ストレッサー … 89, 137	相同 … 27
情動同調性 … 125	スピーチ課題 … 63	側坐核 … 69
情動脳システム … 34	刷り込み … 38	ソーシャルスキル … 67
情動表現 … 92	性格 … 20, 27	
情動不安 … 59	制御行動 … 95	**た行**
衝動抑制 … 26	制御不能 … 98	大うつ病性障害 … 113
小児がん … 123	誠実性 … 28	大細胞性ニューロン … 69
小脳 … 30	脆弱性 … 101	代謝ホルモン … 41
乗馬療法プログラム … 53	生殖適応度 … 88	対処能力 … 54
情報サポート … 102	精神的サポート … 82	対人恐怖症 … 73
触知覚 … 74	生存価 … 87	対人暴力 … 45
触覚刺激 … 33	生存確率 … 89	大脳基底核 … 37
自律神経系（ANS）… 80, 110	正中隆起下垂体前葉 … 69	大脳皮質 … 37
侵害受容閾値 … 70	成長ホルモン … 74	対立遺伝子頻度 … 42
神経遮断薬 … 73	性的虐待 … 123	対立状況 … 101
神経症傾向 … 28	性的システム … 87	探索 … 34
心血管系リスク … 54	生得的な反応 … 118	探索システム … 87
信号刺激 … 36	正の無条件刺激 … 118	ダーウィンの進化論 … 35
人獣共通感染症 … 43, 148	青斑核（LC）… 68	ダーウィンの連続性 … 22
身体的虐待 … 131	生命維持機能 … 31	知覚 … 35
身体的接触 … 84, 130	脊髄後角 … 69	知覚核 … 69
身体的疼痛ストレッサー … 61	責任感 … 57	知覚線維 … 119
心的外傷 … 129	接触維持 … 109	注視 … 84, 125
心的表象 … 103	接触抵抗 … 109	中性刺激 … 118
心拍数 … 63	セラピー動物 … 134	中脳水道周囲灰白質 … 69
心拍変動 … 62	セロトニン … 108	聴覚ミラーニューロン … 35
信頼 … 102, 118	セロトニン再取り込み阻害薬 … 73	長期効果 … 81
信頼性 … 59	セロトニン作動系 … 108	長期調節 … 120
心理社会的ストレス … 113	セロトニン作動性 … 72	調節障害 … 113

調和性 28	二次的戦略 93, 137	ファーガソン反射 76
鎮静作用 66, 74	日内変動 114	フィードバック 133
鎮静システム 39	ニドパリウム帯 22	フェロモン 32
痛覚閾値 120	乳汁射出 31	副交感神経系 64, 110
つがいの絆 70	尿中オキシトシン濃度 123	副腎皮質機能亢進症 116
適応機能 54	認知課題 63	副腎皮質機能低下症 116
適応行動 36	認知遮断 97, 121	副腎皮質刺激ホルモン（ACTH） 40, 41
適応値 43	認知症 56	腹側線条体 125
適応度 43	認知制御システム 87	負の感情 91, 122
敵対 101, 102	認知表現 92	プラス効果 82, 145
テストステロン 68	ぬくもり 76	プラセボ 121
テールフリックテスト 70	脳性まひ児 53	プラハ宣言 147
投映課題 121	脳のソーシャルネットワーク 21	フリーズ 116
同化作用 67	ノルエピネフリン 61	プロゲステロン 31, 68
同期 27, 34		プロラクチン 28, 79
動機付け 34, 55, 144	**は行**	分娩 72
道具的サポート 102	バイオフィリア 22, 131	分離 111
統合失調症 54, 73	羽繕い 28	別離 128
統合モデル 45	発話課題 58	辺縁系 34
糖質コルチコイド受容体 71	場独立性 58	扁桃体内側核 27
闘争・逃走反応 67	パブロフの条件付け 36	防衛的戦略 121
淘汰圧 25	場面緘黙症 144	防御機構 148
同調性 92, 121	反射的行為 35	防御機能 95, 116
疼痛管理 83	晩成性 28	報酬系 31, 117
動物介在療法 43, 55, 146	ハンドリング 136	報酬処理 20
動物介在介入（AAI） 55, 121, 146	反応基準 26	縫線核 69
動物介在活動 46, 55	反復暴露 82	保護因子 101
動物介在教育 55	被蓋野 26	母子相互作用 78
動物虐待 45	非柔軟型 135	補助犬 26
動物福祉 43, 45	非侵害感覚刺激 74	母性効果 39
特殊教育 149	非同調性 92	母性行動 70, 125
トラウマ 94, 114, 138	皮膚感覚神経 78	母性スタイル 33
ドルフィンセラピー 43	皮膚コンダクタンス 62	ボディランゲージ 36
ドーパミン 108	不安 41	
ドーパミン作動系 108	不安緩和 59, 67	**ま行**
ドーパミン作動性 32, 72	不安軽減作用 143	マッサージ 78, 118
ドーパミン受容体遺伝子 108	不安欠如 125	慢性ストレス作用 110
	不安障害 73	見本合わせ課題 57
な行	不安定回避型愛着 93	ミラーニューロン 34
内因性オピオイド 70	不安定型 130	無関心な世話 112
内的ワーキングモデル 87, 92, 131	不安定型愛着 92, 107	無条件刺激（UCS） 118
におい記憶 31	不安定な戦略 105	無秩序型愛着 93, 107, 130, 134
二次的条件付き戦略 93	不安定両価型愛着 93	

179

無秩序な養育システム ……… 98
無方向型愛着 ……………… 134
迷走神経 ………………… 74, 110
メソトシン ………………… 33
免疫グロブリン A（IgA）……… 65
目領域 …………………… 118
模倣課題 …………………… 57
モラル脳 …………………… 37
問題行動 …………………… 53

や行

薬物乱用 …………………… 56
遊戯行動システム ………… 87
遊戯療法 …………………… 61
有髄 Ab 繊維 ……………… 74
養育行動システム ……… 87, 133
養育システム …………… 85, 132
養育者 …………………… 87, 107
養育スタイル ……………… 33
養育戦略 ………………… 143
養育の質 ………………… 124
養育パターン …………… 127
養育表象 ………………… 133
要求信号 …………………… 99
幼型成熟（ネオトニー）……… 131

陽性強化法 ……………… 147
抑うつ ……………………… 60
4つの問い ………………… 44

ら行

離合集散機構 ……………… 29
利他主義 …………………… 35
利他的衝動 ………………… 41
利他的な刺激 ……………… 35
リトルアルバート ………… 118
両価型愛着 …………… 108, 134
良質の養育 ……………… 125
リラックス状態 …………… 62
臨界値 ……………………… 90
連結 ………………………… 68

欧文

AIBO ……………………… 56
Ainsworth ……………… 91, 127
ASST ……………………… 109
ANS 反応性 ……………… 111
AAP ………………… 120, 121
AP …………………………… 35
α_2-アドレナリン受容体 …… 70
Boris Levinson ………… 143

B 線維 ……………………… 75
Bowlby …………………… 85
CSF（脳脊髄液）………… 122
C 線維（CT）……………… 75
Green Chimneys ……… 147
Human-animal-relationship（人と動物との関係、HAR）…… 136
HPA 軸 …………………… 61, 67
IAHAIO …………………… 147
kindchenschema（ベビースキーマ）…………………………… 27
MRI ……………………… 125
MFAS ……………………… 124
NTS ……………………… 69
OSA ……………………… 105
PEP（前駆出期）………… 110
PTSD …………………… 114
Pavlov …………………… 118
RIA（放射免疫測定法）…… 82, 125
SA 軸 ……………………… 61
Tinbergen ………………… 24
TSST …………………… 113
TSST-C ………………… 113

【監訳者】

太田 光明　Mitsuaki Ohta

東京大学農学部畜産獣医学科卒、同大学大学院獣医学専攻修士課程修了。（財）競走馬理化学研究所研究員、東京大学助手、大阪府立大学助教授、麻布大学獣医学部教授を経て、2015年に東京農業大学農学部教授、ならびに麻布大学名誉教授。ヒトと動物の関係学会会長（2006-2008年）、（一社）日本動物看護職協会会長（2011-2013年）、International Society for Animal-Assisted Therapy（ISAAT）副会長（2006-現在）。監修に「大地震の被災動物を救うために：兵庫県南部地震動物救援本部活動の記録」（兵庫県南部地震動物救援本部）、共編著に「ドッグトレーニング　パーフェクトマニアル」（緑書房）、共著に「イラストで見る犬学」、「イラストで見る猫学」（講談社）ほか。

大谷 伸代　Nobuyo Ohtani

大阪府立大学農学部卒、同大学大学院博士課程修了。日本学術振興会特別研究員（PD）、東京大学大学院農学生命科学研究科特別研究員、高等応用動物研究所主任研究員を経て、2007年より麻布大学獣医学部動物応用科学科介在動物学研究室講師。獣医学博士、獣医師。本来の専門である獣医生理学の知識を用いて、近年注目を集めている動物介在介入（動物介在療法／活動／教育の総称）における動物側の評価（ストレスを受けていないか、動物も楽しんでいるかなど）を研究している。共編著に「ドッグトレーニング　パーフェクトマニアル」（緑書房）ほか。

【翻訳者】

加藤 真紀　Maki Kato

ハワイ大学アニマルサイエンス学科卒。麻布大学大学院獣医学研究科にて博士号を取得。現在、麻布大学にて教鞭をとる傍ら、犬の攻撃行動などのカウンセリング事業「K9ビヘイビア」を立ち上げ、運営している。

ペットへの愛着
人と動物のかかわりのメカニズムと動物介在介入

2015年9月20日　第1刷発行©

編著者	Henri Julius, Andrea Beetz, Kurt Kotrschal, Dennis Turner, Kerstin Uvnäs-Moberg
監訳者	太田光明　大谷伸代
翻訳者	加藤真紀
発行者	森田　猛
発行所	株式会社　緑書房 〒 103-0004 東京都中央区東日本橋2丁目8番3号 TEL　03-6833-0560 http://www.pet-honpo.com
編　集	羽貝雅之・森川　茜
編集協力	河原めぐみ
カバーデザイン	尾田直美
印刷・製本	アイワード

ISBN 978-4-89531-243-1　Printed in Japan
落丁，乱丁本は弊社送料負担にてお取り替えいたします。

本書の複写にかかる複製，上映，譲渡，公衆送信（送信可能化を含む）の各権利は株式会社緑書房が管理の委託を受けています。

JCOPY〈(一社)出版者著作権管理機構 委託出版物〉

本書を無断で複写複製（電子化を含む）することは，著作権法上での例外を除き，禁じられています。
本書を複写される場合は，そのつど事前に，(一社)出版者著作権管理機構（電話03-3513-6969，FAX03-3513-6979，e-mail：info @ jcopy.or.jp）の許諾を得てください。
本書を代行業者等の第三者に依頼してスキャンやデジタル化することは，たとえ個人や家庭内の利用であっても一切認められておりません。